机械设计手册

第 6 版

单 行 本

数字化设计

主　编　闻邦椿

副主编　鄂中凯　张义民　陈良玉　孙志礼

　　　　宋锦春　柳洪义　巩亚东　宋桂秋

机 械 工 业 出 版 社

《机械设计手册》第 6 版 单行本共 26 分册，内容涵盖机械常规设计、机电一体化设计与机电控制、现代设计方法及其应用等内容，具有系统全面、信息量大、内容现代、突显创新、实用可靠、简明便查、便于携带和翻阅等特色。各分册分别为：《常用设计资料和数据》《机械制图与机械零部件精度设计》《机械零部件结构设计》《连接与紧固》《带传动和链传动　摩擦轮传动与螺旋传动》《齿轮传动》《减速器和变速器》《机构设计》《轴　弹簧》《滚动轴承》《联轴器、离合器与制动器》《起重运输机械零部件和操作件》《机架、箱体与导轨》《润滑　密封》《气压传动与控制》《机电一体化技术及设计》《机电系统控制》《机器人与机器人装备》《数控技术》《微机电系统及设计》《机械系统概念设计》《机械系统的振动设计及噪声控制》《疲劳强度设计　机械可靠性设计》《数字化设计》《工业设计与人机工程》《智能设计　仿生机械设计》。

本单行本为《数字化设计》，主要介绍了数字化设计概述、计算机图形学基础、产品的数字化建模、数字仿真与分析技术、逆向工程与快速原型制造、协同设计、虚拟设计等内容。

本书供从事机械设计、制造、维修及有关工程技术人员作为工具书使用，也可供大专院校的有关专业师生使用和参考。

图书在版编目（CIP）数据

机械设计手册. 数字化设计/闻邦椿主编. —6 版. —北京：机械工业出版社，2020.4（2023.5 重印）
ISBN 978-7-111-64898-7

Ⅰ.①机… Ⅱ.①闻… Ⅲ.①机械设计-技术手册②数字技术-应用-机械设计-技术手册　Ⅳ.①TH122-62

中国版本图书馆 CIP 数据核字（2020）第 034479 号

机械工业出版社（北京市百万庄大街 22 号　邮政编码 100037）
策划编辑：曲彩云　责任编辑：曲彩云　高依楠
责任校对：徐　强　封面设计：马精明
责任印制：单爱军
北京虎彩文化传播有限公司印刷
2023 年 5 月第 6 版第 2 次印刷
184mm×260mm · 10.5 印张 · 254 千字
标准书号：ISBN 978-7-111-64898-7
定价：39.00 元

电话服务　　　　　　　网络服务
客服电话：010-88361066　机 工 官 网：www.cmpbook.com
　　　　　010-88379833　机 工 官 博：weibo.com/cmp1952
　　　　　010-68326294　金 书 网：www.golden-book.com
封底无防伪标均为盗版　机工教育服务网：www.cmpedu.com

出 版 说 明

《机械设计手册》自出版以来，已经进行了 5 次修订，2018 年第 6 版出版发行。截至 2019 年，《机械设计手册》累计发行 39 万套。作为国家级重点科技图书，《机械设计手册》深受广大读者的欢迎和好评，在全国具有很大的影响力。该书曾获得中国出版政府奖提名奖、中国机械工业科学技术奖一等奖、全国优秀科技图书奖二等奖、中国机械工业部科技进步奖二等奖，并多次获得全国优秀畅销书奖等奖项。《机械设计手册》已成为机械设计领域的品牌产品，是机械工程领域最具权威和影响力的大型工具书之一。

《机械设计手册》第 6 版共 7 卷 55 篇，是在前 5 版的基础上吸收并总结了国内外机械工程设计领域中的新标准、新材料、新工艺、新结构、新技术、新产品、新的设计理论与方法，并配合我国创新驱动战略的需求编写而成的。与前 5 版相比，第 6 版无论是从体系还是内容，都在传承的基础上进行了创新。重点充实了机电一体化系统设计、机电控制与信息技术、现代机械设计理论与方法等现代机械设计的最新内容，将常规设计方法与现代设计方法相融合，光、机、电设计融为一体，局部的零部件设计与系统化设计互相衔接，并努力将创新设计的理念贯穿其中。《机械设计手册》第 6 版体现了国内外机械设计发展的新水平，精心诠释了常规与现代机械设计的内涵、全面荟萃凝练了机械设计各专业技术的精华，它将引领现代机械设计创新潮流、成就新一代机械设计大师，为我国实现装备制造强国梦做出重大贡献。

《机械设计手册》第 6 版的主要特色是：体系新颖、系统全面、信息量大、内容现代、突显创新、实用可靠、简明便查。应该特别指出的是，第 6 版手册具有较高的科技含量和大量技术创新性的内容。手册中的许多内容都是编著者多年研究成果的科学总结。这些内容中有不少依托国家"863 计划""973 计划""985 工程""国家科技重大专项""国家自然科学基金"重大、重点和面上项目资助项目。相关项目有不少成果曾获得国际、国家、部委、省市科技奖励、技术专利。这充分体现了手册内容的重大科学价值与创新性。如仿生机械设计、激光及其在机械工程中的应用、绿色设计与和谐设计、微机电系统及设计等前沿新技术；又如产品综合设计理论与方法是闻邦椿院士在国际上首先提出，并综合 8 部专著后首次编入手册，该方法已经在高铁、动车及离心压缩机等机械工程中成功应用，获得了巨大的社会效益和经济效益。

在《机械设计手册》历次修订的过程中，出版社和作者都广泛征求和听取各方面的意见，广大读者在对《机械设计手册》给予充分肯定的同时，也指出《机械设计手册》卷册厚重，不便携带，希望能出版篇幅较小、针对性强、便查便携的更加实用的单行本。为满足读者的需要，机械工业出版社于 2007 年首次推出了《机械设计手册》第 4 版单行本。该单行本出版后很快受到读者的欢迎和好评。《机械设计手册》第 6 版已经面市，为了使读者能按需要、有针对性地选用《机械设计手册》第 6 版中的相关内容并降低购书费用，机械工业出版社在总结《机械设计手册》前几版单行本经验的基础上推出了《机械设计手册》第 6 版单行本。

《机械设计手册》第 6 版单行本保持了《机械设计手册》第 6 版（7 卷本）的优势和特色，依据机械设计的实际情况和机械设计专业的具体情况以及手册各篇内容的相关性，将原手册的 7 卷 55 篇进行精选、合并，重新整合为 26 个分册，分别为：《常用设计资料和数据》《机械制图与机械零部件精度设计》《机械零部件结构设计》《连接与紧固》《带传动和链传动 摩擦轮传动与螺旋传动》《齿轮传动》《减速器和变速器》《机构设计》《轴 弹簧》《滚动轴承》《联轴器、离合器与制动器》《起重运输机械零部件和操作件》《机架、箱体与导轨》《润滑 密封》《气压传动与控制》《机电一体化技术及设计》《机电系统控制》《机器人与机器人装备》《数控技术》《微机电系统及设计》《机械系统概念设计》《机械系统的振动设计及噪声控制》《疲劳强度设计 机械可靠性设计》《数字化设计》《工业设计与人机工程》《智能设计 仿生机械设计》。各分册内容针对性强、篇幅适中、查阅和携带方便，读者可根据需要灵活选用。

《机械设计手册》第6版单行本是为了助力我国制造业转型升级、经济发展从高增长迈向高质量，满足广大读者的需要而编辑出版的，它将与《机械设计手册》第6版（7卷本）一起，成为机械设计人员、工程技术人员得心应手的工具书，成为广大读者的良师益友。

由于工作量大、水平有限，难免有一些错误和不妥之处，殷切希望广大读者给予指正。

机械工业出版社

前　言

本版手册为新出版的第 6 版 7 卷本《机械设计手册》。由于科学技术的快速发展，需要我们对手册内容进行更新，增加新的科技内容，以满足广大读者的迫切需要。

《机械设计手册》自 1991 年面世发行以来，历经 5 次修订，截至 2016 年已累计发行 38 万套。作为国家级重点科技图书的《机械设计手册》，深受社会各界的重视和好评，在全国具有很大的影响力，该手册曾获得全国优秀科技图书奖二等奖（1995 年）、中国机械工业部科技进步奖二等奖（1997 年）、中国机械工业科学技术奖一等奖（2011 年）、中国出版政府奖提名奖（2013 年），并多次获得全国优秀畅销书奖等奖项。1994 年，《机械设计手册》曾在我国台湾建宏出版社出版发行，并在海内外产生了广泛的影响。《机械设计手册》荣获的一系列国家和部级奖项表明，其具有很高的科学价值、实用价值和文化价值。《机械设计手册》已成为机械设计领域的一部大型品牌工具书，已成为机械工程领域权威的和影响力较大的大型工具书，长期以来，它为我国装备制造业的发展做出了巨大贡献。

第 5 版《机械设计手册》出版发行至今已有 7 年时间，这期间我国国民经济有了很大发展，国家制定了《国家创新驱动发展战略纲要》，其中把创新驱动发展作为了国家的优先战略。因此，《机械设计手册》第 6 版修订工作的指导思想除努力贯彻"科学性、先进性、创新性、实用性、可靠性"外，更加突出了"创新性"，以全力配合我国"创新驱动发展战略"的重大需求，为实现我国建设创新型国家和科技强国梦做出贡献。

在本版手册的修订过程中，广泛调研了厂矿企业、设计院、科研院所和高等院校等多方面的使用情况和意见。对机械设计的基础内容、经典内容和传统内容，从取材、产品及其零部件的设计方法与计算流程、设计实例等多方面进行了深入系统的整合，同时，还全面总结了当前国内外机械设计的新理论、新方法、新材料、新工艺、新结构、新产品和新技术，特别是在现代设计与创新设计理论与方法、机电一体化及机械系统控制技术等方面做了系统和全面的论述和凝练。相信本版手册会以崭新的面貌展现在广大读者面前，它将对提高我国机械产品的设计水平、推进新产品的研究与开发、老产品的改造，以及产品的引进、消化、吸收和再创新，进而促进我国由制造大国向制造强国跃升，发挥出巨大的作用。

本版手册分为 7 卷 55 篇：第 1 卷　机械设计基础资料；第 2 卷　机械零部件设计（连接、紧固与传动）；第 3 卷　机械零部件设计（轴系、支承与其他）；第 4 卷　流体传动与控制；第 5 卷　机电一体化与控制技术；第 6 卷　现代设计与创新设计（一）；第 7 卷　现代设计与创新设计（二）。

本版手册有以下七大特点：

一、构建新体系

构建了科学、先进、实用、适应现代机械设计创新潮流的《机械设计手册》新结构体系。该体系层次为：机械基础、常规设计、机电一体化设计与控制技术、现代设计与创新设计方法。该体系的特点是：常规设计方法与现代设计方法互相融合，光、机、电设计融为一体，局部的零部件设计与系统化设计互相衔接，并努力将创新设计的理念贯穿于常规设计与现代设计之中。

二、凸显创新性

习近平总书记在 2014 年 6 月和 2016 年 5 月召开的中国科学院、中国工程院两院院士大会上分别提出了我国科技发展的方向就是"创新、创新、再创新"，以及实现创新型国家和科技强国的三个阶段的目标和五项具体工作。为了配合我国创新驱动发展战略的重大需求，本版手册突出了机械创新设计内容的编写，主要有以下几个方面：

（1）新增第 7 卷，重点介绍了创新设计及与创新设计有关的内容。

该卷主要内容有：机械创新设计概论，创新设计方法论，顶层设计原理、方法与应用，创新原理、思维、方法与应用，绿色设计与和谐设计，智能设计，仿生机械设计，互联网上的合作设计，工业通信网络，面向机械工程领域的大数据、云计算与物联网技术，3D 打印设计与制造技术，系统化设计理论与方法。

（2）在一些篇章编入了创新设计和多种典型机械创新设计的内容。

"第 11 篇　机构设计"篇新增加了"机构创新设计"一章，该章编入了机构创新设计的原理、方法及飞剪机剪切机构创新设计，大型空间折展机构创新设计等多个创新设计的案例。典型机械的创新设计有大型全断面掘进机（盾构机）仿真分析与数字化设计、机器人挖掘机的机电一体化创新设计、节能抽油机的创新设计、产品包装生产线的机构方案创新设计等。

（3）编入了一大批典型的创新机械产品。

"机械无级变速器"一章中编入了新型金属带式无级变速器，"并联机构的设计与应用"一章中编入了数十个新型的并联机床产品，"振动的利用"一章中新编入了激振器偏移式自同步振动筛、惯性共振式振动筛、振动压路机等十多个典型的创新机械产品。这些产品有的获得了国家或省部级奖励，有的是专利产品。

（4）编入了机械设计理论和设计方法论等方面的创新研究成果。

1）闻邦椿院士团队经过长期研究，在国际上首先创建了振动利用工程学科，提出了该类机械设计理论和方法。本版手册中编入了相关内容和实例。

2）根据多年的研究，提出了以非线性动力学理论为基础的深层次的动态设计理论与方法。本版手册首次编入了该方法并列举了若干应用范例。

3）首先提出了和谐设计的新概念和新内容，阐明了自然环境、社会环境（政治环境、经济环境、人文环境、国际环境、国内环境）、技术环境、资金环境、法律环境下的产品和谐设计的概念和内容的新体系，把既有的绿色设计篇拓展为绿色设计与和谐设计篇。

4）全面系统地阐述了产品系统化设计的理论和方法，提出了产品设计的总体目标、广义目标和技术目标的内涵，提出了应该用 IQCTES 六项设计要求来代替 QCTES 五项要求，详细阐明了设计的四个理想步骤，即"3I 调研""7D 规划""1+3+X 实施""5（A+C）检验"，明确提出了产品系统化设计的基本内容是主辅功能、三大性能和特殊性能要求的具体实现。

5）本版手册引入了闻邦椿院士经过长期实践总结出的独特的、科学的创新设计方法论体系和规则，用来指导产品设计，并提出了创新设计方法论的运用可向智能化方向发展，即采用专家系统来完成。

三、坚持科学性

手册的科学水平是评价手册编写质量的重要方面，因此，本版手册特别强调突出内容的科学性。

（1）本版手册努力贯彻科学发展观及科学方法论的指导思想和方法，并将其落实到手册内容的编写中，特别是在产品设计理论方法的和谐设计、深层次设计及系统化设计的编写中。

（2）本版手册中的许多内容是编著者多年研究成果的科学总结。这些内容中有不少是国家863、973 计划项目，国家科技重大专项，国家自然科学基金重大、重点和面上项目资助项目的研究成果，有不少成果曾获得国际、国家、部委、省市科技奖励及技术专利，充分体现了本版手册内容的重大科学价值与创新性。

下面简要介绍本版手册编入的几方面的重要研究成果：

1) 振动利用工程新学科是闻邦椿院士团队经过长期研究在国际上首先创建的。本版手册中编入了振动利用机械的设计理论、方法和范例。

2) 产品系统化设计理论与方法的体系和内容是闻邦椿院士团队提出并加以完善的，编写者依据多年的研究成果和系列专著，经综合整理后首次编入本版手册。

3) 仿生机械设计是一门新兴的综合性交叉学科，近年来得到了快速发展，它为机械设计的创新提供了新思路、新理论和新方法。吉林大学任露泉院士领导的工程仿生教育部重点实验室开展了大量的深入研究工作，取得了一系列创新成果且出版了专著，据此并结合国内外大量较新的文献资料，为本版手册构建了仿生机械设计的新体系，编写了"仿生机械设计"篇（第 50 篇）。

4) 激光及其在机械工程中的应用篇是中国科学院长春光学精密机械与物理研究所王立军院士依据多年的研究成果，并参考国内外大量较新的文献资料编写而成的。

5) 绿色制造工程是国家确立的五项重大工程之一，绿色设计是绿色制造工程的最重要环节，是一个新的学科。合肥工业大学刘志峰教授依据在绿色设计方面获多项国家和省部级奖励的研究成果，参考国内外大量较新的文献资料为本版手册首次构建了绿色设计新体系，编写了"绿色设计与和谐设计"篇（第 48 篇）。

6) 微机电系统及设计是前沿的新技术。东南大学黄庆安教授领导的微电子机械系统教育部重点实验室多年来开展了大量研究工作，取得了一系列创新研究成果，本版手册的"微机电系统及设计"篇（第 28 篇）就是依据这些成果和国内外大量较新的文献资料编写而成的。

四、重视先进性

（1）本版手册对机械基础设计和常规设计的内容做了大规模全面修订，编入了大量新标准、新材料、新结构、新工艺、新产品、新技术、新设计理论和计算方法等。

1) 编入和更新了产品设计中需要的大量国家标准，仅机械工程材料篇就更新了标准 126 个，如 GB/T 699—2015《优质碳素结构钢》和 GB/T 3077—2015《合金结构钢》等。

2) 在新材料方面，充实并完善了铝及铝合金、钛及钛合金、镁及镁合金等内容。这些材料由于具有优良的力学性能、物理性能以及回收率高等优点，目前广泛应用于航空、航天、高铁、计算机、通信元件、电子产品、纺织和印刷等行业。增加了国内外粉末冶金材料的新品种，如美国、德国和日本等国家的各种粉末冶金材料。充实了国内外工程塑料及复合材料的新品种。

3) 新编的"机械零部件结构设计"篇（第 4 篇），依据 11 个结构设计方面的基本要求，编写了相应的内容，并编入了结构设计的评估体系和减速器结构设计、滚动轴承部件结构设计的示例。

4) 按照 GB/T 3480.1~3—2013（报批稿）、GB/T 10062.1~3—2003 及 ISO 6336—2006 等新标准，重新构建了更加完善的渐开线圆柱齿轮传动和锥齿轮传动的设计计算新体系；按照初步确定尺寸的简化计算、简化疲劳强度校核计算、一般疲劳强度校核计算，编排了三种设计计算方法，以满足不同场合、不同要求的齿轮设计。

5) 在"第 4 卷　流体传动与控制"卷中，编入了一大批国内外知名品牌的新标准、新结构、新产品、新技术和新设计计算方法。在"液力传动"篇（第 23 篇）中新增加了液黏传动，它是一种新型的液力传动。

（2）"第 5 卷　机电一体化与控制技术"卷充实了智能控制及专家系统的内容，大篇幅增加了机器人与机器人装备的内容。

机器人是机电一体化特征最为显著的现代机械系统，机器人技术是智能制造的关键技术。由于智能制造的迅速发展，近年来机器人产业呈现出高速发展的态势。为此，本版手册大篇幅增加了"机器人与机器人装备"篇（第 26 篇）的内容。该篇从实用性的角度，编写了串联机器人、并联机器人、轮式机器人、机器人工装夹具及变位机；编入了机器人的驱动、控制、传感、视角和人工智能等共性技术；结合喷涂、搬运、电焊、冲压及压铸等工艺，介绍了机器人的典型应用实例；介绍了服务机器人技术的新进展。

（3）为了配合我国创新驱动战略的重大需求，本版手册扩大了创新设计的篇数，将原第 6 卷扩编为两卷，即新的"现代设计与创新设计（一）"（第 6 卷）和"现代设计与创新设计（二）"（第 7 卷）。前者保留了原第 6 卷的主要内容，后者编入了创新设计和与创新设计有关的内容及一些前沿的技术内容。

本版手册"现代设计与创新设计（一）"卷（第 6 卷）的重点内容和新增内容主要有：

1）在"现代设计理论与方法综述"篇（第 32 篇）中，简要介绍了机械制造技术发展总趋势、在国际上有影响的主要设计理论与方法、产品研究与开发的一般过程和关键技术、现代设计理论的发展和根据不同的设计目标对设计理论与方法的选用。闻邦椿院士在国内外首次按照系统工程原理，对产品的现代设计方法做了科学分类，克服了目前产品设计方法的论述缺乏系统性的不足。

2）新编了"数字化设计"篇（第 40 篇）。数字化设计是智能制造的重要手段，并呈现应用日益广泛、发展更加深刻的趋势。本篇编入了数字化技术及其相关技术、计算机图形学基础、产品的数字化建模、数字化仿真与分析、逆向工程与快速原型制造、协同设计、虚拟设计等内容，并编入了大型全断面掘进机（盾构机）的数字化仿真分析和数字化设计、摩托车逆向工程设计等多个实例。

3）新编了"试验优化设计"篇（第 41 篇）。试验是保证产品性能与质量的重要手段。本篇以新的视觉优化设计构建了试验设计的新体系、全新内容，主要包括正交试验、试验干扰控制、正交试验的结果分析、稳健试验设计、广义试验设计、回归设计、混料回归设计、试验优化分析及试验优化设计常用软件等。

4）将手册第 5 版的"造型设计与人机工程"篇改编为"工业设计与人机工程"篇（第 42 篇），引入了工业设计的相关理论及新的理念，主要有品牌设计与产品识别系统（PIS）设计、通用设计、交互设计、系统设计、服务设计等，并编入了机器人的产品系统设计分析及自行车的人机系统设计等典型案例。

（4）"现代设计与创新设计（二）"卷（第 7 卷）主要编入了创新设计和与创新设计有关的内容及一些前沿技术内容，其重点内容和新编内容有：

1）新编了"机械创新设计概论"篇（第 44 篇）。该篇主要编入了创新是我国科技和经济发展的重要战略、创新设计的发展与现状、创新设计的指导思想与目标、创新设计的内容与方法、创新设计的未来发展战略、创新设计方法论的体系和规则等。

2）新编了"创新设计方法论"篇（第 45 篇）。该篇为创新设计提供了正确的指导思想和方法，主要编入了创新设计方法论的体系、规则，创新设计的目的、要求、内容、步骤、程序及科学方法，创新设计工作者或团队的四项潜能，创新设计客观因素的影响及动态因素的作用，用科学哲学思想来统领创新设计工作，创新设计方法论的应用，创新设计方法论应用的智能化及专家系统，创新设计的关键因素及制约的因素分析等内容。

3）创新设计是提高机械产品竞争力的重要手段和方法，大力发展创新设计对我国国民经济发展具有重要的战略意义。为此，编写了"创新原理、思维、方法与应用"篇（第 47 篇）。除编入了创新思维、原理和方法，创新设计的基本理论和创新的系统化设计方法外，还编入了 29 种创新思维方法、30 种创新技术、40 种发明创造原理，列举了大量的应用范例，为引领机械创新设计做出了示范。

4）绿色设计是实现低资源消耗、低环境污染、低碳经济的保护环境和资源合理利用的重要技术政策。本版手册中编入了"绿色设计与和谐设计"篇（第 48 篇）。该篇系统地论述了绿色设计的概念、理论、方法及其关键技术。编者结合多年的研究实践，并参考了大量的国内外文献及较新的研究成果，首次构建了系统实用的绿色设计的完整体系，包括绿色材料选择、拆卸回收产品设计、包装设计、节能设计、绿色设计体系与评估方法，并给出了系列典型范例，这些对推动工程绿色设计的普遍实施具有重要的指引和示范作用。

5）仿生机械设计是一门新兴的综合性交叉学科，本版手册新编入了"仿生机械设计"篇（第 50 篇），包括仿生机械设计的原理、方法、步骤，仿生机械设计的生物模本，仿生机械形态与结构设计，仿生机械运动学设计，仿生机构设计，并结合仿生行走、飞行、游走、运动及生机电仿生手臂，编入了多个仿生机械设计范例。

6）第 55 篇为"系统化设计理论与方法"篇。装备制造机械产品的大型化、复杂化、信息化程度越来越高，对设计方法的科学性、全面性、深刻性、系统性提出的要求也越来越高，为了满足我国制造强国的重大需要，亟待创建一种能统领产品设计全局的先进设计方法。该方法已经在我国许多重要机械产品（如动车、大型离心压缩机等）中成功应用，并获得重大的社会效益和经济效益。本版手册对该系统化设计方法做了系统论述并给出了大型综合应用实例，相信该系统化设计方法对我国大型、复杂、现代化机械产品的设计具有重要的指导和示范作用。

7）本版手册第 7 卷还编入了与创新设计有关的其他多篇现代化设计方法及前沿新技术，包括顶层设计原理、方法与应用，智能设计，互联网上的合作设计，工业通信网络，面向机械工程领域的大数据、云计算与物联网技术，3D 打印设计与制造技术等。

五、突出实用性

为了方便产品设计者使用和参考，本版手册对每种机械零部件和产品均给出了具体应用，并给出了选用方法或设计方法、设计步骤及应用范例，有的给出了零部件的生产企业，以加强实际设计的指导和应用。本版手册的编排尽量采用表格化、框图化等形式来表达产品设计所需要的内容和资料，使其更加简明、便查；对各种标准采用摘编、数据合并、改排和格式统一等方法进行改编，使其更为规范和便于读者使用。

六、保证可靠性

编入本版手册的资料尽可能取自原始资料，重要的资料均注明来源，以保证其可靠性。所有数据、公式、图表力求准确可靠，方法、工艺、技术力求成熟。所有材料、零部件、产品和工艺标准均采用新公布的标准资料，并且在编入时做到认真核对以避免差错。所有计算公式、计算参数和计算方法都经过长期检验，各种算例、设计实例均来自工程实际，并经过认真的计算，以确保可靠。本版手册编入的各种通用的及标准化的产品均说明其特点及适用情况，并注明生产厂家，供设计人员全面了解情况后选用。

七、保证高质量和权威性

本版手册主编单位东北大学是国家 211、985 重点大学、"重大机械关键设计制造共性技术" 985 创新平台建设单位、2011 国家钢铁共性技术协同创新中心建设单位，建有"机械设计及理论国家重点学科"和"机械工程一级学科"。由东北大学机械及相关学科的老教授、老专家和中青年学术精英组成了实力强大的大型工具书编写团队骨干，以及一批来自国家重点高校、研究院所、大型企业等 30 多个单位、近 200 位专家、学者组成了高水平编审团队。编审团队成员的大多数都是所在领域的著名资深专家，他们具有深广的理论基础、丰富的机械设计工作经历、丰富的工具书编纂经验和执着的敬业精神，从而确保了本版手册的高质量和权威性。

在本版手册编写中，为便于协调，提高质量，加快编写进度，编审人员以东北大学的教师为主，并组织邀请了清华大学、上海交通大学、西安交通大学、浙江大学、哈尔滨工业大学、吉林大学、天津大学、华中科技大学、北京科技大学、大连理工大学、东南大学、同济大学、重庆大学、北京化工大学、南京航空航天大学、上海师范大学、合肥工业大学、大连交通大学、长安大学、西安建筑科技大学、沈阳工业大学、沈阳航空航天大学、沈阳建筑大学、沈阳理工大学、沈阳化工大学、重庆理工大学、中国科学院长春光学精密机械与物理研究所、中国科学院沈阳自动化研究所等单位的专家、学者参加。

在本版手册出版之际，特向著名机械专家、本手册创始人、第 1 版及第 2 版的主编徐灏教授致以崇高的敬意，向历次版本副主编邱宣怀教授、蔡春源教授、严隽琪教授、林忠钦教授、余俊教授、汪恺总工程师、周士昌教授致以崇高的敬意，向参加本手册历次版本的编写单位和人员表示衷心感谢，向在本手册历次版本的编写、出版过程中给予大力支持的单位和社会各界朋友们表示衷心感谢，特别感谢机械科学研究总院、郑州机械研究所、徐州工程机械集团公司、北方重工集团沈阳重型机械集团有限责任公司和沈阳矿山机械集团有限责任公司、沈阳机床集团有限责任公司、沈阳鼓风机集团有限责任公司及辽宁省标准研究院等单位的大力支持。

由于编者水平有限，手册中难免有一些不尽如人意之处，殷切希望广大读者批评指正。

主编　闻邦椿

目　　录

第40篇　数字化设计

第 40 篇　数字化设计

主　编　王宛山　于天彪

编写人　王宛山　郭　钢　于天彪　朱立达

　　　　李　虎　孙　伟　杨建宇　王学智

审稿人　巩亚东

第1章　概　述

1　数字化设计技术

1.1　产品设计特点与数字化设计技术

随着市场竞争的加剧和产品生命周期的缩短,制造企业都迫切希望采用新的设计技术来提高产品设计效率和质量,缩短设计周期,以满足顾客需求,赢得市场竞争的主动权。在此背景下,传统的手工绘图或二维CAD绘图方式已不能满足制造业快速发展的需求,新的数字化设计技术就此应运而生。

制造业产品数字化设计技术,是现代设计方法学、各专业领域知识和信息技术相互融合的一系列技术学科的总称,主要以CAD为基础,集成计算机辅助工程(Computer Aided Engineering, CAE)、计算机辅助工艺规划(Computer Aided Process Planning, CAPP)、计算机辅助制造(Computer Aided Manufacturing, CAM)、产品数据管理(Product Data Management, PDM)和知识工程(Knowledge Based Engineering, KBE)等一系列计算机辅助技术,形成一套完整的用数字化表达的产品几何结构、装配关系、尺寸连接、功能表达、性能预测、产品配置、零部件物料清单、变更状态、版本等几何和非几何属性信息,也就是用全数字方式描述产品在全生命周期内的结构、属性和状态,并以数字样机(Digital Mock-Up, DMU)方式表现出来,以数字化设计手段支撑制造业产品的设计制造。产品设计的领域知识与数字化技术的结合,就构成了现代制造业数字化设计技术的完整体系。

1.2　数字化设计技术的内涵和学科体系

产品数字化设计技术的内涵可从以下两个方面来说明。

1)产品数字化设计技术是工程技术学科与信息技术交叉融合的产物。就目前产品数字化设计技术所

涉及的理论、方法和技术范畴来看,可以认为它是现代设计方法学、计算机辅助设计、计算机辅助工程与数字仿真技术、虚拟测试技术、产品设计业务流程再造与协同管理、网络和通信技术、价值工程、质量功能配置(QFD)、产品数据管理(PDM)技术、逆向工程与快速原型技术等多技术学科的交叉与融合。产品数字化设计技术群体各学科之间既相对独立又相互联系,相互渗透。可根据设计对象和任务的不同,以及设计过程中各阶段的特点,采用其中某些相适宜的、有效的方法和技术来解决整个产品设计中的总体及各个具体的问题。

2)以信息技术为依托的现代产品数字化设计技术,是传统设计技术与信息技术相结合的产物,是对传统设计技术的继承、延伸和提高,它们在一定的时间和一定的对象中共存一体。例如,传统的运动学、动力学、机构学、结构力学、强度理论、机械零部件设计等基本原理与方法是现代设计技术的数学建模及许多分支学科(如可靠性设计、疲劳强度设计、优化设计等)的基础;另外,许多现代产品数字化设计技术是在吸收了传统设计技术的核心思想、观点和方法的精华的基础上发展起来的。因此,在论述产品数字化设计技术的时候,不能将产品数字化设计技术与传统的设计技术割裂开来,片面夸大数字化技术的作用,而应将它们看成是一个整体的不同方面,它们是不可分割的。

产品数字化设计技术作为一个独立的技术学科,有它自己的体系和结构(见表40.1-1)。按产品设计的过程来划分,可分为以下几大方面:

在产品数字化设计技术中,包含CAD、CAID、逆向工程、GT、KBE和CBD等数字化技术;在工程仿真分析技术中,包含CAE、CAT、工艺仿真等技术;在数字化制造技术中,包含数控加工、NC仿真、激光加工、快速原型制造等数字化技术。产品数字化设计技术的体系结构如图40.1-1所示。

表40.1-1　数字化设计的体系和结构

序号	阶段	内容	所采用的方法和技术
1	产品策划阶段的数字化技术	规划未来2~3年需要设计开发的产品,定义未来产品品种、技术规格、性能、目标客户、目标成本等	采用的数字化设计方法:市场需求预测与分析、用户需求与目标产品的功能转化、新产品概念定义、产品设计计划制订及产品目标成本预测等 采用的数字化技术:市场调查与问卷设计技术、调查数据的统计分析技术、战略情报分析、市场预测与分析、用于市场预测的虚拟现实技术(如三维CAD、动画仿真)、QFD用户需求转换技术、技术经济分析技术、新产品概念评价和项目管理数字化技术等

（续）

序号	阶段	内 容	所采用的方法和技术
2	产品概念设计（或报价设计）阶段的数字化技术	原理设计、总体布局设计、工业设计、人机工程设计、整机初步性能仿真分析、先期质量计划、技术经济分析与目标成本控制计划、产品结构初步配置、供应商选择、产品设计方案评审等	采用的数字化设计技术：CAID—计算机辅助工业设计、CAD—计算机辅助设计、CAE—计算机辅助工程、KBE—知识工程、CAM—计算机辅助制造（概念产品制作）、可视化协同设计工具（如 VisView）和 PDM/PLM 技术等
3	产品工程化设计阶段的数字化技术	产品总体结构（装配）设计、部件装配设计、零部件设计、整机及零部件性能计算与仿真分析、工艺性评估、零部件物料清单输出、装配图、零件图输出、计算书、说明书输出、设计评审等	采用的数字化设计技术：CAD/CAE、CAT—计算机辅助试验、DFX（面向装配的设计、面向制造的设计、面向质量的设计、面向成本的设计、面向环保的设计等）、逆向工程技术、快速原型技术、KBE、CBD—基于实例的设计、基于 GT 的相似设计、PDM、供应商信息管理等
4	产品工艺、工装设计阶段的数字化技术	产品工艺设计包括产品及部件装配工艺设计、零件冷热加工工艺设计、检验工艺设计、作业指导书编制、工艺过程验证等 工装设计包括刀夹量辅具、模具、检具等的数字化设计	产品工艺设计采用的数字化设计技术有：GT—成组技术、CAPP、三维工艺设计、工艺过程仿真分析（如冲压仿真、铸造工艺仿真、注塑工艺仿真、锻造工艺仿真、装配仿真、生产线物流仿真）、制造资源数据库、工艺知识库、工艺决策支持系统、工艺技术信息管理等 产品工装设计采用的数字化设计技术：CAD/CAE/CAT/DFX/KBE/GT/PDM 等
5	产品数据管理中的数字化技术	设计业务流程再造、产品设计项目管理、配置管理、文档管理、变更管理、编码管理、组织结构与人员角色管理等业务内容	设计过程中可能涉及的技术问题和解决措施，以及产品设计业务流程的顺畅和设计项目计划制订的合理性与科学性，将直接影响产品设计的成功与否

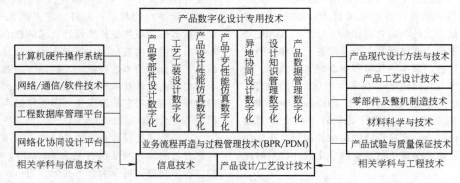

图 40.1-1　产品数字化设计技术的体系结构

从图 40.1-1 可看出，产品数字化设计技术的体系结构由四层组成：底层为现代信息技术和产品设计/工艺设计专业技术，它们是整个产品设计技术的基础；第二层为利用现代管理技术和信息技术融合形成的 BPR 和 PDM 技术，它贯穿于整个产品设计全过程，是产品数字化设计的集成平台；第三层为贯穿于产品设计各阶段的具体数字化技术；第四层是为满足各制造企业的个性化需求而形成的数字化设计专用技术，如某企业塑料成型模具设计 KBE 技术，就只能用于该企业的模具设计中，而不适合用于别的企业的模具设计。产品数字化设计的四层体系结构形成了一

个完整的应用工程技术体系，并在产品的创新设计中发挥着越来越重要的作用。

1.3　数字化设计流程

产品数字化设计包括三部分：第一部分是零件的数字化设计，第二部分是由零件组成部件的装配数字化设计，第三部分是由零件、部件组成产品的装配数字化设计。部件的装配和产品的装配设计流程基本上是一样的，因此本节主要介绍产品的零件的数字化设计流程和装配数字化设计流程。

（1）机械零件数字化设计流程

零件数字化设计流程一般来说是根据零件正向设计步骤展开的，即从接到零件设计任务书后，如果设计者事先建立了三维零件参数化图库或设计实例库，在设计新零件时，则根据构思的新零件几何结构、性能、工艺和材料要求，按相似性原则在图库中匹配寻找，若能找到相似性在 70% 以上的零件，则调出按新零件设计要求进行修改设计，即可得到新零件设计输出。如果在图库中找不到相似的零件，则按新零件设计要求进行构思、草图设计、计算校核、零件图详细设计、CAE 仿真分析、结构和性能优化、设计结果输出等设计流程完成零件的最终设计，如图 40.1-2 所示。

（2）机械产品装配数字化设计流程

产品装配数字化设计是在零部件数字化设计完成后展开的，或部分零部件设计完成后，边进行产品装配设计，边进行新零部件的设计，交替进行直至产品装配设计全部完成，其设计流程见表 40.1-2。

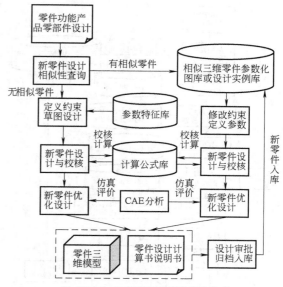

图 40.1-2　机械零件数字化设计流程

表 40.1-2　机械产品装配数字化设计流程

序号	流程名称	内　　容
1	明确设计要求	分析研究产品设计功能、性能、结构、零部件组成、装配关系、配合要求、装配公差和装配尺寸链等技术要求，理解产品设计要求，明确设计思路，查找参考资料
2	产品配置与结构定义	从产品系列型谱或已有产品设计历史档案中查找可借鉴的产品平台和设计材料清单（Bill of Materials，BOM）数据，包括零部件配置与结构，定义在新产品设计中，原有产品和零部件库、物料库中的哪些零部件能直接共用，哪些需要进行修改设计，哪些需要全新设计，定义出产品概念设计 BOM
3	产品概念设计	参考已有产品装配图库，在已有产品装配总体布置基础上进行概念设计，概念设计包括对产品功能、性能、工作原理、总体布局、主要零部件结构、设计质量要求、目标成本等方面的定义。而总体布局是产品概念设计的起点和基础，根据产品的原理方案和功能要求，在产品装配图库中通过相似性派生推出新产品总体布局，获得整个产品的装配设计方案
4	产品装配序列、路径规划	在总体布局设计基础上，对产品装配空间和装配层次的划分，即对产品的装配空间进行分解，结合装配环境的实际情况，将分解的装配空间具体化为产品在某装配空间或某物理安装面上的装配，再结合装配工艺实现的可行性，从而将产品装配划分为若干子装配，然后在子装配的基础上产生其下一层的装配和零部件，自顶向下逐级设计产生产品的装配和零部件
5	产品装配坐标系定义	先定义产品装配状态下的绝对坐标系，再定义装配体中各零部件相对产品绝对坐标系的相对坐标，零部件的三维设计按此相对坐标进行，当设计好的零部件进入产品三维装配设计环境时，就能按事先定义好的坐标系进行装配
6	产品装配设计	供产品装配所需的零部件三维模型主要有三种来源：一是企业已建立的基本零部件库中的零部件三维模型（包括标准件、外购件）；二是已有产品图库中可共用的零部件三维模型；三是在 CAD 系统中新设计的零部件三维模型
7	产品装配设计检查	产品装配设计检查主要包括装配位置的合理性、配合面选择的正确性、装配尺寸链正确性、装配干涉检查、装配公差校核、装配序列、装配路径、可达性与可维护性检查等。在实际的产品装配中，特别是复杂产品的装配中，很容易出现零部件间的干涉，甚至无法安装，利用数字化装配可以对零部件装配性进行评价，优化装配路径，缩短实际的装配时间
8	产品性能仿真分析	采用 CAE 分析工具软件，对装配设计完成的数字化产品进行功能、性能仿真分析和优化设计。主要包括采用有限元分析技术进行产品强度、刚度、疲劳寿命、振动噪声、温度场、电磁场和采用多体系统动力学分析技术进行的产品整体结构、功能和性能分析。通过 CAE 分析，及早发现产品和零部件设计过程中存在的缺陷或不足，及时进行修改和优化，提高产品设计质量和技术水平
9	产品设计输出	经 CAE 分析和不断优化设计后，形成了产品最终设计状态和输出结果。产品装配设计输出结果包括产品三维装配设计模型、产品设计 BOM 和版本标识、与产品设计 BOM 各节点关联的零部件设计图文档、产品设计计算书、说明书、CAE 分析报告、专用零部件汇总表、通用件汇总表、外购件汇总表、标准件汇总表和原辅材料汇总表等。产品设计输出结果经审批后归档，即完成了产品数字化设计流程的全过程，如图 40.1-3 所示

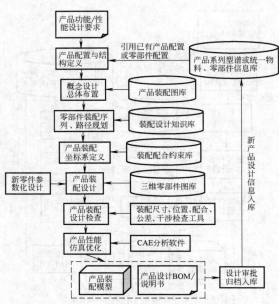

图 40.1-3 机械产品装配数字化设计流程

2 数字化设计技术的相关技术

2.1 计算机辅助设计

计算机辅助设计（CAD）是集计算机科学与工程科学为一体的综合性学科。近几年来，CAD 得到迅速发展，已成为以"计算机技术"和"计算机图形学"为技术基础，并融合了各工程学科知识的一种应用技术。CAD 技术是 CAD/CAM 的基础，也是一项理论与实践相结合的技术。也可以这样理解 CAD 技术：

1）它是一个过程，在计算机环境下完成产品设计的创新、分析和修改，以达到预期的设计目标。

2）它是一项产品建模技术，把产品的物理模型转化为产品数据模型，并将其储存在计算机内供后续的计算机辅助技术（CAX）所共享，实现产品生命周期管理（Product Lifecycle Management，PLM）的数字化。

在 CAD 技术研究与应用的最初阶段，主要集中在几何造型方面，经历了线框造型、曲面造型、实体造型和特征造型等发展阶段。几何造型技术解决了设计对象在计算机内部表达的问题。但一个完整的产品设计不仅仅是对几何形状有要求，还有诸如力学特性、运动学特性等方面的要求。随着计算机技术的发展，CAX 技术广泛应用于制造业，在生产实践中对提高生产过程的集成化和自动化程度有了进一步的要求，因而 CAD 的概念也进一步扩展到与制造全过程

相关联，如在产品数据模型中应考虑如何方便工艺过程设计、数控加工自动编程、自动检测等环节的要求。因此，机械产品 CAD 工作过程包括从产品数据模型建立、工程分析、动态模拟、动力学分析与仿真、运动学分析与仿真等，到生成产品的设计文档材料（装配图、零件图及设计过程需要的各种技术文档）的全部过程。

2.2 计算机辅助制造

产品制造是从工艺设计开始，经加工、检测、装配直至进入市场的整个过程。在这个过程中，工艺设计是基础，它包括了工序规划、刀具、夹具、材料计划以及采用数控机床时的加工编程等，然后进行加工、检验与装配。实现这些环节的计算机信息处理系统就构成了计算机辅助制造（CAM）系统。

计算机辅助制造（CAM）至今尚无统一的定义。一般来说，可以从狭义和广义两个方面来理解 CAM。

1）狭义 CAM。指应用计算机辅助技术编制数控机床加工指令（Numerical Control Programming，NCP）。

2）广义 CAM。指应用计算机及其交互设备进行制造信息处理的全过程。它不仅仅包括应用计算机辅助手段编制数控程序，还包括用计算机辅助完成生产前的准备及生产过程中的管理与控制工作，如计算机辅助工艺过程设计（CAPP）、计算机辅助生产管理（Computer Aired Production Management，CAPM）、生产过程控制和质量监控等。

2.3 计算机辅助工艺过程设计

计算机辅助工艺规划（Computer Aided Process Planing，CAPP）是指利用计算机来制订零件加工工艺的方法和过程。它是通过向计算机输入被加工零件的几何信息（如形状、尺寸等）、工艺信息（如材料、热处理、批量等）、加工条件以及加工要求等，由计算机自动输出经过优化的工艺路线和工序内容等。

我们知道，产品的制造过程涉及产品种类、企业设备状况、生产批量、加工成本、操作人员的素质及习惯等多方面因素，信息量大且信息之间有着复杂的关系。传统的工艺规划完全取决于工艺人员的技术和经验，编制的工艺规程一致性差，难以得到最佳的方案。

计算机及信息技术的发展使得利用计算机辅助编制工艺规划成为可能，进而产生了计算机辅助工艺规划（CAPP）技术。CAPP 是产品造型和数控加工技术之间的桥梁，它可以使数字化设计的结果快速地应

用于生产制造，也可以充分发挥数控编程及加工技术的效益，从而实现了数字化设计与制造之间的信息集成。

1969 年，挪威开发成功世界上第一个 CAPP 系统——AUTOPROS。它根据成组技术原理，利用零件的相似性以检索和修改标准工艺过程，进而形成相应零件的工艺规程。AUTOPROS 系统的出现，引起世界各国的普遍重视。几十年来，CAPP 的研究取得很大进展，已开发出很多实用的 CAPP 系统。

随着数字化设计与制造技术不断向系统化、集成化方向发展，CAPP 的内涵也不断扩展，进而出现了狭义 CAPP 和广义 CAPP。狭义 CAPP 含义如前所述，是指利用计算机辅助编制工艺规划的过程；广义 CAPP 是在数字化设计与制造集成系统中，利用计算机实现生产计划的最优化及作业过程的最优化，从而构成产品制造过程、制造资源计划（MPPII）和企业资源计划（ERP）的重要组成部分。

2.4　计算机辅助工程

计算机辅助工程（Computer Aided Engineering，CAE）是利用计算机强大的数字计算功能进行产品性能分析计算的学科，是以计算力学为基础、以计算机仿真模拟为手段的工程分析技术。CAE 技术是产品设计过程中的重要环节。该技术利用计算机设计产品，并对产品的功能和性能进行研究分析，包括对产品几何模型进行分析、计算，通过应力变形进行结构分析，对设计方案进行分析、评价等。例如，分析计算核反应堆的温度场，以确定传热和冷却系统是否合理；分析涡轮机叶片内的流体动力学参数，以提高其运转效率等。但是，把现代复杂的机电产品在设计阶段需要精确预测及分析的一些技术参数都归结到求解物理问题的偏微分方程式中往往是不可能的。近年来，在计算机技术和数值分析方法的支持下发展起来的有限元分析（Finite Element Analysis，FEA）方法为解决这些复杂的工程分析计算问题提供了有效的途径。

CAE 的关键是在 CAD 建模的基础上，从产品设计方案阶段开始，按照实际使用的条件进行仿真和结构分析，按其性能要求进行设计和综合评价，从而找出产品结构中的薄弱环节，并改进其结构尺寸，以便使材料充分发挥其潜力，设计出最佳方案。因此，CAE 的主要内容包括以下几个方面。

（1）有限元法（FEM）与网格自动生成

用有限元法对产品结构的静、动态特性及强度、振动、热变形、磁场强度、流场等进行分析和研究，并自动生成有限元网格，从而为用户精确研究产品结构的受力，以及用深浅不同颜色描述应力或磁力分布提供了技术支持。有限元网格，特别是复杂的三维模型有限元网格的自动划分能力是十分重要的。

（2）优化设计

研究用参数优化法进行方案优选，这是 CAE 系统应具有的基本功能。优化设计是保证现代化产品设计具有高速度、高质量和良好的市场销售前景的主要技术手段之一。

（3）三维运动机构的分析和仿真

研究机构的运动学特性，即对运动机构（如凸轮连杆机构）的运动参数、运动轨迹、干涉校核进行研究，以及用仿真技术研究运动系统的某些性质，从而为人们设计运动机构时提供直观的、可以仿真或交互的设计技术。

2.5　产品数据管理

产品数据管理（Product Data Management，PDM）是一项用来管理所有与产品相关信息（包括零件信息、配置、文档、CAD 文件、结构、权限信息等）和所有与产品相关过程、更改流程等的技术。它能有效地将产品数据从概念设计、计算分析、详细设计、过程设计、加工制造、试验验证、销售维护，直至产品消亡的整个生命周期内及其各个阶段的相关数据，按照一定的数学模型加以定义、组织和管理，使产品数据在其整个生命周期内一致、最新、共享和安全。它提供产品生命周期的信息管理，在企业为产品的设计与制造建立了一个并行化的协作环境。

PDM 作为工程领域的信息集成框架，为产品数据及过程管理、并行化产品设计、CAD/CAE/CAPP/CAM 系统集成提供了必要的支撑环境。

3　数字化设计技术的发展趋势

随着计算机技术的不断提高、Internet 网络技术的普及应用，以及用户的不同需求，CAD、CAE、CAPP、CAM、PDM（C4P）等技术本身也在不断发展，给制造企业和新产品开发带来了巨大的挑战，也提供了机遇。在网络信息时代，产品的数字化设计技术发展趋势主要表现在以下几个方面：

1）利用基于网络的 CAD/CAE/CAPP/CAM/PDM（C4P）集成技术，实现产品全数字化设计与制造。在 CAD/CAM 应用过程中，利用产品数据管理 PDM 技术实现并行工程，可以极大地提高产品开发的效率和质量，缩短设计周期，提高企业的竞争力。

2）CAD/CAE/CAPP/CAM/PDM 技术与企业资源计划、供应链管理、客户关系管理相结合，形成制造企业信息化的总体构架。CAD/CAE/CAPP/CAM/

PDM 技术主要用于实现产品的设计、工艺和制造过程及其管理的数字化；企业资源计划（ERP）是以实现企业产、供、销、人、财、物的管理为目标；供应链管理（SCM）用于实现企业内部与上游企业之间的物流管理；客户关系管理（CRM）可以帮助企业建立、挖掘和改善与客户之间的关系。上述技术的集成，可以整合企业的管理，建立从企业的供应决策到企业内部技术、工艺、制造和管理部门，再到用户之间的信息集成，实现企业与外界的信息流、物流和资金流的顺畅传递，从而有效地提高企业的市场反应速度和产品开发速度，确保企业在竞争中取得优势。

3）虚拟工厂、虚拟设计、虚拟制造、动态企业联盟以及协同设计。以数字化设计技术为基础，可以为产品的开发提供一个虚拟环境。借助产品的三维数字化模型，可以使设计者更逼真地看到正在设计的产品及其开发过程，认识产品的形状、尺寸和色彩特征，用以验正设计的正确性和可行性，通过数字化分析，可以对虚拟产品的各种性能和动态特征进行计算仿真，模拟零部件的装配过程，检查所用零部件是否合适和正确。

第 2 章　计算机图形学基础

1　概述

1.1　计算机图形学的研究内容

1982 年，国际标准化组织 ISO 给出了计算图形学（Computer Graphics，CG）的定义：研究用计算机进行数据与图形之间相互转换的方法和技术。同年美国的 James Foley 在他的著作中给出了如下的定义：计算机图形学是研究计算机产生、存储、处理物体和物理模型及它们的图画的一门学科。而 IEEE（电气与电子工程师协会）对计算机图形学的定义是在计算机的帮助下生成图形图像的一门科学或艺术。

尽管各个定义有不同的侧重点，但是，从这些定义里可以看出，计算机图形学这门新兴学科所涉及和探讨的主要内容是利用计算机进行图形信息的表达、输入、存储、显示、输出、检索、变换及图形运算等。经过 30 多年的发展，计算机图形学已成为计算机科学中最为活跃的分支之一并得到广泛的应用。

从研究范围讲，计算机图形学是研究怎样用计算机生成、处理和显示图形的一门学科。研究计算机图形学的目的就是要利用计算机产生令人赏心悦目的真实感图形。为此，首先要建立图形所描述的场景的几何模型，再用某种光照模型计算假想的光源、纹理、材质属性下的光照效果，所以计算机图形学与计算机辅助几何设计有着密切的关系。事实上，图形学也把可以表示几何场景的曲线、曲面造型技术和实体造型技术作为其主要的研究内容。同时，真实感图形计算的结果是以数字图像的方式提供的，计算机图形学也就和图像处理有着密切的关系。

如何在计算机中表示图形，以及如何利用计算机进行图形的计算、处理和显示的相关原理与算法，构成了计算机图形学的主要研究内容。其研究范围通常包括图形软硬件、图形标准、图形交互技术、光栅图形生成算法、曲线曲面造型、实体造型、真实感图形计算与显示算法、非真实感绘制，以及科学计算可视化、计算机动画、自然景物仿真、虚拟现实等。

1.2　计算机图形学的应用

计算机硬、软件性能不断提高，而其价格却在逐步降低，因而促进了计算机图形生成技术的广泛应用。目前，计算机图形学主要应用于以下几个领域。

（1）计算机辅助设计与制造

计算机辅助设计与制造（CAD/CAM）是一个广和活跃的应用领域。

计算机图形学广泛用于飞机、汽车、船舶、电子设备与器件、机械、土建等工程 CAD 中。除了用计算机完成大量分析计算工作外，图形输入/输出设备对设计人员完成设计构思及审查修改工作都有重要的作用。在电子工业中，计算机图形学应用到集成电路、印制电路板、电子线路的设计和网络分析等方面的效果十分显著。利用交互式图形系统可以编制数控加工程序，在图形显示器可以显示加工零件的形状、刀具的切削刃轨迹及工装夹具的位置，从而大大减少加工中废品的产生，缩短了生产周期。随着计算机网络的发展，在网络环境下进行异地异构系统的协同设计，已成为 CAD 领域最热门的课题之一。现代产品设计已不再是一个设计领域内孤立的技术问题，而是综合了产品各个相关领域、相关过程、相关技术资源和相关组织形式的系统化工程。CAD 领域另一个非常重要的研究领域是基于工程图样的三维形体重建。三维形体重建是从三维信息中提取二维信息，通过对这些信息进行分类、综合等一系列处理，在一维空间中重新构造出二维信息所对应的三维形体，恢复形体的点、线、面及其拓扑关系，从而实现形体的重建。

（2）科学技术及事务管理中的交互绘图

计算机图形学知识被广泛用于绘制数学、物理、化学、天文等各类二、三维图表。在勘探、测量方面，计算机图形学知识被用于绘制地理、地质以及其他自然现象的高精度勘测图形，如地理图、地形图、矿藏分布图、海洋地理图、气象气流图、电磁场分布图、天线方向图以及其他各类等值线、等位面图。

绘制事务管理中的各种图形也是应用图形学知识较多的领域之一，如表示经济信息及数据统计的二维及三维图形：直方图、线条图及表示百分比的扇形图；又如工作进程图、库存及生产进程图以及大量其他图形。所有这些图形都以简明的形式呈现出数据的模型和趋势，以增强对复杂现象的理解，协助决策的制定。

（3）科学计算可视化与过程控制

传统的科学计算结果是数据流，这种数据流不易理解，也不易于检查其中的错误。随着科学技术的进步，人类面临着越来越多的数据需要进行处理。这些数据来自高速计算机、人造地球卫星、地震勘探、计算机层析成像和核磁共振等途径。科学计算可视化就是利用计算机图形生成技术，将科学及工程计算的中间结果或最终结果等在计算机屏幕上以图形的形式显示出来，使人们能观察到常规手段难以观察到的规律和现象，实现科学计算环境和工具的进一步现代化。科学计算可视化技术可广泛用于计算流体力学、有限元分析、天体力学、分子生物学、医学图像处理等领域。

在过程控制中，人们利用计算机图形帮助实现与控制或管理对象之间的相互作用。如从事电网控制、金属冶炼、石油化工等领域工作的科技人员可以根据设备关键部位的传感器送来的图像和数据，对设备运行过程进行有效的监视和控制；机场的飞行控制人员从雷达显示器上观察到计算机产生的标志及状态等信息，可以更快、更准确地管理空中航线。

（4）计算机动画及艺术模拟

随着计算机图形和计算机硬件的不断发展，人们已经不满足于仅仅生成高质量的静态场景，于是计算机动画就应运而生。事实上计算机动画也只是生成一幅幅静态的图像，但是每一幅都是对前一幅做一小部分修改，如何修改便是计算机动画的研究内容，这样，当这些画面连续播放时，整个场景就会动起来。计算机动画内容丰富多彩，生成动画的方法也多种多样，比如基于特征的图像变形、二维形状混合、轴变形、三维自由变形等。近年来，人们普遍将注意力转向基于物理模型的计算机动画生成方法。这是一种崭新的方法，该方法大量运用弹性力学和流体力学的方程进行计算，力求使动画过程体现出最适合真实世界的运动规律，然而要真正反映出真实运动是很难的，比如人的行走或跑步是全身的各个关节协调运动的结果，要实现很自然的人走路的画面，计算方程非常复杂且计算量极大，基于物理模型的计算机动画还有许多内容需要进一步研究。

计算机图形学在艺术领域中的应用成效显著，除了计算机动画外，还广泛用于艺术品的制作，如各种图案、花纹、工艺品外形设计以及传统的油画、中国国画、书法与篆刻等。将计算机图形学与人工智能结合起来，可构造出丰富多彩的艺术图像，这是近几年来计算机图形学的又一重要的应用领域。

（5）电子印刷及办公自动化

电子排版系统代替传统的铅字排版，这是印刷史上的一次革命。昔日需要提交给专门的印刷机构印制的资料，现在均可在办公室里印刷。办公自动化及电子出版系统可产生传统的硬拷贝文本，也可产生电子文本，包括文字、表格、图形及图像等内容。

1.3 计算机图形学的发展趋势

计算机图形学是通过算法和程序在显示设备上构造图形的一种技术。要在计算机屏幕上构造出三维物体的图像，首先必须在计算机中构造出该物体的模型。这种模型是由一批几何数据及数据之间的拓扑关系来表示的，这就是造型技术。有了三维物体的模型，在给定了观察点和观察方向后，就可以通过一系列的几何变换和投影变换，在屏幕上显示出该三维物体的二维图像。为了使二维图像具有立体感，或者尽可能逼真地显示现实世界中所观察到的三维立体形象，还需要采用适当的光照模型，准确地模拟物体在现实世界中受到各种光源照射时的效果，这就是计算机图形学中的画面绘制技术。三维物体的造型过程、绘制过程等都需要在一个操作方便、易学易用的用户界面下进行，这就是人机交互技术。近年来，人机交互技术、绘制技术及造型技术形成了计算机图形学的主要研究内容。目前，这三个方面还在不断地向前发展。

（1）交互技术的发展

在计算机图形学中，交互处理是极其重要的部分。一个图形系统，必须允许用户动态地输入位置坐标、指定选择功能、拾取操作对象、设置变换参数等，即需要一个高质量的用户接口。如何设计一个实用的用户接口成为计算机图形学的关键问题。

高质量的用户接口应该易于学习、便于操作且出错率低。近些年来出现了许多使用性能良好的人机交互技术，如屏幕上可以开多个窗口、动态菜单、图标菜单等。近年来，在三维空间实现人机交互是计算机图形技术的研究热点，虚拟环境技术的出现使三维可视交互技术有了长足的发展。

（2）造型技术的发展

造型技术可分为规则形体造型和不规则形体造型两类。

1）可以用欧氏几何进行描述的形体称为规则形体，其中平面多面体、二次曲面体、自由曲面体等统称为几何模型。构造几何模型的理论、方法和技术称为几何造型技术，它是 CAD 的核心内容之一。近年来，由于非均匀有理 B 样条具有精确表示圆锥曲线的功能，以及对控制点进行旋转、平移、比例及透视变换后曲线形状不变的特点，因此被越来越多的曲面造型系统所采用。目前，造型技术的重要研究方向是将线框造型、曲面造型及实体造型结合在一起，以不断提高造型软件的可靠性。

几何造型技术只反映了产品的几何模型，而不能全面反映产品信息，如产品的形状及位置公差、产品的材料等，给产品的 CAD/CAM 一体化带来许多困难。因此，后来又出现了特征造型技术，它将特征作为产品描述的基本单元，将产品描述成为特征的集合。它可将一个机械零件用形状特征、公差特征和技术特征三部分来进行表示，但特征造型技术在国内外还处在发展阶段，有待于进一步改进和完善。

几何造型中，模型由物体的几何数据和拓扑结构来表示。但在复杂的动画技术中，模型与模型之间的关系非常复杂，而且是动态的，用传统的定义方法定义物体的几何数据和拓扑关系是难以做到的。因此提出了基于物理的造型技术，即模型可由物体的运动规律自动生成。这种基于物理的造型技术不仅可在刚体运动中实现，而且还可在柔性物体运动中实现。

2）不能用欧氏几何定义的形体称为不规则形体。如云、烟、火、山、水、树等以及自然中其他的物体。如何用计算机构造和表示其模型，是近年来计算机图形学研究的热点。不规则形体的造型大多采用过程式模拟，即用一个简单的模型及少量的易于调节的参数表示一类物体，用不断改变参数的方法递归这一模型，逐步地产生数据量很大的物体。国际上提出的基于分形理论的随机插值模型和粒子系统模型等都是这一技术的应用。

（3）真实感图形生成技术的发展

用计算机生成三维形体的真实感图形，就是将计算机中构造好的模型，通过光源的照射生成与自然界中一样的逼真图像。在自然界中，往往有多个不同性质的光源，在这些光源的照射下，根据物体表面的性质，会产生反射、折射、阴影和高光，并相互影响，形成丰富多彩的画面。早期的真实感图形生成技术用简单的局部光照明模型，以模拟漫反射和镜面反射，将许多因素仅用一个环境光表示，所生成的图形真实感并不理想。近十几年来，人们应用以光线跟踪方法和辐射度方法为代表的全局光照明模型，使图像的逼真程度得到很大的提高，但缺点是计算时间太长，这方面还有待于算法的改进和计算速度的提高。

2　图形变换

图形学的主要部分是图形变换，图形变换是用已有的简单图形通过几何变换和运算，构造出复杂的图形；用二维图形来表示三维图形；也可以通过快速变换静态图形获得动态效果。

2.1　二维图形的基本变换

（1）比例变换

将几何图形放大或缩小的变换称为比例变换。实际上是将图形上点的 x 坐标及 y 坐标分别乘以比例因子 a 和 d 实现的，即

$$x^* = a \cdot x$$
$$y^* = d \cdot y$$

用矩阵运算的形式表示为

$$(x^*, y^*) = (x, y)\begin{pmatrix} a & 0 \\ 0 & d \end{pmatrix} = (a \cdot x, d \cdot y)$$

$$(40.2\text{-}1)$$

式（40.2-1）中，$\boldsymbol{T} = \begin{pmatrix} a & 0 \\ 0 & d \end{pmatrix}$ 为比例变换矩阵。当 $a = d$ 时，点的 x，y 坐标等比例地放大或缩小。这种比例变换叫作等比变换，也称相似变换，如图 40.2-1 所示；当 $a \neq d$ 时，点的 x，y 坐标不等比例地放大或缩小，如图 40.2-2 所示。

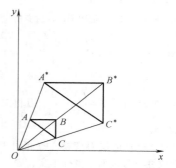

图 40.2-1　平面图形的等比变换

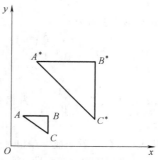

图 40.2-2　平面图形的不等比变换

（2）反射变换

变换前的图形与变换后的图形相对于某一直线或原点为对称的变换叫作反射变换，或称为对称变换。反射变换如图 40.2-3 所示。

有以下几种情况：

1）相对于 x 轴的反射变换。点相对于 x 轴反射后，y 坐标改变符号，而 x 坐标不变，即

$$\begin{cases} x_1^* = x \\ y_1^* = -y \end{cases}$$

用矩阵运算形式表示为

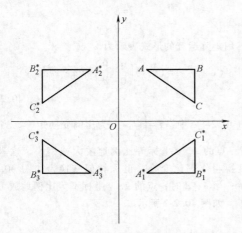

图 40.2-3　平面图形的反射变换

$$(x^*, y^*) = (x, y)\begin{pmatrix} 1 & 0 \\ 0 & -1 \end{pmatrix} = (x, -y)$$

$$(40.2\text{-}2)$$

式（40.2-2）中，$T = \begin{pmatrix} 1 & 0 \\ 0 & -1 \end{pmatrix}$ 为相对于 x 轴的反射变换矩阵。

2）相对于 y 轴的反射变换。点相对于 y 轴反射后，x 坐标改变符号，而 y 坐标不变，即

$$\begin{cases} x_1^* = -x \\ y_1^* = y \end{cases}$$

用矩阵运算形式表示为

$$(x^*, y^*) = (x, y)\begin{pmatrix} -1 & 0 \\ 0 & 1 \end{pmatrix} = (-x, y)$$

$$(40.2\text{-}3)$$

式（40.2-3）中，$T = \begin{pmatrix} -1 & 0 \\ 0 & 1 \end{pmatrix}$ 为相对于 y 轴的反射变换矩阵。

3）相对于原点的反射变换。点相对于原点反射变换后，其 x、y 坐标值均改变符号，即

$$\begin{cases} x_1^* = -x \\ y_1^* = -y \end{cases}$$

用矩阵运算形式表示为

$$(x^*, y^*) = (x, y)\begin{pmatrix} -1 & 0 \\ 0 & -1 \end{pmatrix} = (-x, -y)$$

$$(40.2\text{-}4)$$

式（40.2-4）中，$T = \begin{pmatrix} -1 & 0 \\ 0 & -1 \end{pmatrix}$ 为相对于原点的反射变换矩阵。

（3）错切变换

所谓错切变换，就是几何图形沿着某一坐标轴的方向产生不等量的移动，使图形发生错切变形。下面分两种情况进行讨论。

1）x 轴方向的错切变换。在图 40.2-4 中，使正方形 $ABCD$ 沿 y 轴方向错切成平行四边形 $A^* B^* C^* D^*$，错切后的图形与 y 轴之间形成一错切角 θ，从图 40.2-4 中可知

$$\begin{cases} x_1^* = x + y\tan\theta \\ y_1^* = y \end{cases}$$

令 $c = \tan\theta$，并写成矩阵运算的形式为

$$(x^*, y^*) = (x, y)\begin{pmatrix} 1 & 0 \\ c & 1 \end{pmatrix} = (x + cy, y)$$

$$(40.2\text{-}5)$$

式（40.2-5）中，$T = \begin{pmatrix} 1 & 0 \\ c & 1 \end{pmatrix}$ 为沿 x 方向的错切变换矩阵。

在错切变换矩阵 $T = \begin{pmatrix} 1 & 0 \\ c & 1 \end{pmatrix}$ 中，$c>0$ 时，图形沿 x 轴的正方向错切；当 $c<0$ 时，图形沿 x 轴的负方向错切，如图 40.2-4 所示。

2）沿 y 轴方向的错切变换。在图 40.2-5 中，正方形 $ABCD$ 沿 x 轴方向错切成平行四边形 $A^* B^* C^* D^*$，错切后的图形与 y 轴之间形成一错切角 θ，而 x 坐标等于 0 的点不动，同样可推导出经错切后的坐标为

$$\begin{cases} x_1^* = x \\ y_1^* = y + x\tan\theta \end{cases}$$

同样令 $b = \tan\theta$，并写成矩阵运算的形式为

$$(x^*, y^*) = (x, y)\begin{pmatrix} 1 & b \\ 0 & 1 \end{pmatrix} = (x, y + bx)$$

$$(40.2\text{-}6)$$

式中，$T = \begin{pmatrix} 1 & b \\ 0 & 1 \end{pmatrix}$ 为沿 y 方向的错切变换矩阵。

在错切变换矩阵 $T = \begin{pmatrix} 1 & b \\ 0 & 1 \end{pmatrix}$ 中，$b>0$ 时，图形沿 y 轴的正方向错切；当 $b<0$ 时，图形沿 y 轴的负方向错切，如图 40.2-5 所示。

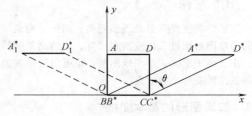

图 40.2-4　x 方向的错切变换

（4）旋转变换

平面图形的旋转，是指图形绕坐标原点旋转一个 θ 角度。

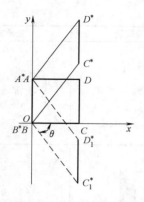

图 40.2-5　y 方向的错切变换

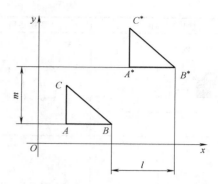

图 40.2-6　平面图形的平移变换

$$\begin{cases} x_1^* = x\cos\theta - y\sin\theta \\ y_1^* = x\sin\theta + y\sin\theta \end{cases}$$

此时：$a = \cos\theta$，$b = \sin\theta$，$c = -\sin\theta$，$d = \cos\theta$，变换矩阵为：$\boldsymbol{T} = \begin{pmatrix} \cos\theta & \sin\theta \\ -\sin\theta & \cos\theta \end{pmatrix}$

$$(x^*, y^*) = (x, y)\begin{pmatrix} \cos\theta & \sin\theta \\ -\sin\theta & \cos\theta \end{pmatrix}$$

$$= (x\cos\theta - y\sin\theta, x\sin\theta + y\cos\theta) \quad (40.2\text{-}7)$$

应当注意的是，这个旋转矩阵特指图形绕原点 (0, 0) 旋转的变换矩阵。并且规定逆时针方向旋转时，旋转角 θ 取正值；反之，按顺时针方向旋转时，旋转角 θ 取负值。

（5）平移变换

如图 40.2-6 所示，平移变换就是将图形沿 x 方向移动距离 l，沿 y 方向移动距离 m，图形形状保持不变，图形各角点的坐标 x、y 分别增加了平移量 l 和 m，即

$$\begin{cases} x^* = x + l \\ y^* = y + m \end{cases}$$

前面所述二维图形变换的形式为

$$(x^*, y^*) = (x, y)\begin{pmatrix} a & b \\ c & d \end{pmatrix} \quad (40.2\text{-}8)$$

对于式（40.2-8），无论方阵中的几何元素如何变化，都不能获得图 40.2-6 所表达的关系。也就是说，不能用式（40.2-8）表示平移变换。我们将 $\boldsymbol{T}_{2\times2}$ 矩阵扩展为 $\boldsymbol{T}_{3\times3}$ 矩阵，写成如下的形式：

$$\boldsymbol{T} = \begin{pmatrix} a & b & 0 \\ c & d & 0 \\ l & m & 1 \end{pmatrix} \quad (40.2\text{-}9)$$

这样就可以进行平移变换。

平移变换矩阵为

$$\boldsymbol{T} = \begin{pmatrix} 1 & 0 & 0 \\ 0 & 1 & 0 \\ l & m & 1 \end{pmatrix}$$

平移变换的矩阵运算形式为

$$(x^*, y^*, 1) = (x, y, 1)\begin{pmatrix} 1 & 0 & 0 \\ 0 & 1 & 0 \\ l & m & 1 \end{pmatrix}$$

$$= (x + l, \ y + m, \ 1) \quad (40.2\text{-}10)$$

按照二维图形变换的一般式，可以推导出上述基本变换矩阵的 $\boldsymbol{T}_{3\times3}$ 表达形式，其图形变换情况及相对应的变换矩阵见表 40.2-1。

表 40.2-1　基本线性变换及其变换矩阵

变换内容及说明	变换矩阵	变换内容及说明	变换矩阵
	$\begin{pmatrix} a & 0 & 0 \\ 0 & d & 0 \\ 0 & 0 & 1 \end{pmatrix}$		$\begin{pmatrix} 1 & a & 0 \\ 0 & 1 & 0 \\ 0 & 0 & 1 \end{pmatrix}$

（续）

变换内容及说明	变换矩阵	变换内容及说明	变换矩阵
	$\begin{pmatrix} -1 & 0 & 0 \\ 0 & 1 & 0 \\ 0 & 0 & 1 \end{pmatrix}$		$\begin{pmatrix} \cos\theta & \sin\theta & 0 \\ -\sin\theta & \cos\theta & 0 \\ 0 & 0 & 1 \end{pmatrix}$
	$\begin{pmatrix} -1 & 0 & 0 \\ 0 & -1 & 0 \\ 0 & 0 & 1 \end{pmatrix}$		$\begin{pmatrix} 1 & 0 & 0 \\ 0 & 1 & 0 \\ l & m & 1 \end{pmatrix}$

2.2　二维图形的组合变换

很多变换是不能用某个矩阵进行单一的变换来实现的。需要用几个变换组合起来方可完成的变换称为组合变换或级联变换。在进行组合变换时，首先分析确定其中基本变换的种类和变换顺序，然后根据变换顺序将基本变换矩阵逐一相乘，其结果为组合变换矩阵。

（1）组合变换顺序

在进行组合变换时，要特别注意变换的先后顺序。在一般情况下，矩阵乘法不满足交换律，因此变换矩阵的次序不能任意颠倒。如图 40.2-7 a、b 所示，△ABC 先进行旋转变换，然后再进行平移变换的结果，与先进行平移再进行旋转变换的结果全然不同。

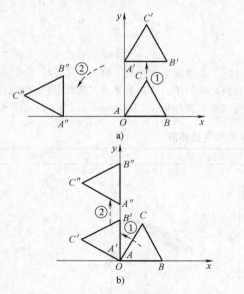

图 40.2-7　组合变换的顺序比较

（2）组合变换矩阵

如图 40.2-8 所示，将△ABC 绕原点之外的任意点 $P(l, m)$ 旋转 θ 角至△$A^* B^* C^*$。因为旋转中心不在原点，所以这种变换并非一般的单一旋转变换，而是组合变换，可由以下几种基本变换组合而成。

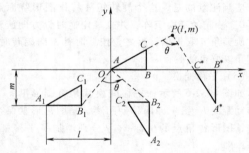

图 40.2-8　组合变换

1）将旋转变换的旋转中心 P 平移至坐标原点，这时△ABC 也随之平移至△$A_1 B_1 C_1$，其平移变换矩阵为

$$T_1 = \begin{pmatrix} 1 & 0 & 0 \\ 0 & 1 & 0 \\ -l & -m & 1 \end{pmatrix}$$

2）将平移后的△$A_1 B_1 C_1$ 绕原点旋转 θ 角至△$A_2 B_2 C_2$，其旋转变换矩阵为

$$T_2 = \begin{pmatrix} \cos\theta & \sin\theta & 0 \\ -\sin\theta & \cos\theta & 0 \\ 0 & 0 & 1 \end{pmatrix}$$

3）用第一步的平移变换是因为旋转变换的旋转中心不在原点，通过第二步旋转变换后，应把旋转中心平移回原来的位置 $P(l, m)$ 处，这时△$A_2 B_2 C_2$ 也随之平移至△$A^* B^* C^*$，其反向平移变换矩阵为

$$T_3 = \begin{pmatrix} 1 & 0 & 0 \\ 0 & 1 & 0 \\ l & m & 1 \end{pmatrix} \qquad (40.2\text{-}11)$$

以上两种变换的组合变换矩阵为

$$T = T_1 T_2 T_3$$

$$= \begin{pmatrix} \cos\theta & \sin\theta & 0 \\ -\sin\theta & \cos\theta & 0 \\ l-l\cos\theta+m\sin\theta & m-l\sin\theta-m\cos\theta & 1 \end{pmatrix}$$

$$(40.2\text{-}12)$$

2.3　窗口和视区的匹配交换

　　窗口是世界坐标系中的一个矩形区域；而视区是设备坐标系中的一个矩形区域。窗口和视区的匹配，是指将两个矩形区域的点按相对位置一一对应起来，通过匹配交换，可以将世界坐标系中选定的窗口内的图形，输入到输出设备中指定的视区部位。

　　设在世界坐标系中（见图 40.2-9），选定窗口的左下角坐标为 $(x_{w1},\ y_{w1})$，窗口高为 H_w，宽为 L_w；在设备坐标中（见图 40.2-10），视区左下角为 $(x_{v1},\ y_{v1})$，高为 H_v，宽为 L_v，则在窗口中点 $(x_w,\ y_w)$ 和视区中对应点 $(x_v,\ y_v)$ 的相互交换关系为

$$\begin{cases} x_v = x_{v1} + \dfrac{L_v}{L_w}(x_w - x_{w1}) \\[2mm] y_v = y_{v1} + \dfrac{H_v}{H_w}(y_w - y_{w1}) \end{cases} \qquad (40.2\text{-}13)$$

$$\begin{cases} x_w = x_{w1} + \dfrac{L_w}{L_v}(x_v - x_{v1}) \\[2mm] y_w = y_{w1} + \dfrac{H_w}{H_v}(y_v - y_{v1}) \end{cases} \qquad (40.2\text{-}14)$$

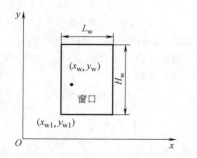

图 40.2-9　世界坐标系

　　当图形需要或可能在多种设备中输出时，先将窗口匹配到规范化输出设备坐标中的视区，然后按不同输出设备的不同分辨率再匹配到具体输出设备。

　　在上述变换中，在固定视区尺寸下改变窗口的大小参数 $(H_w,\ L_w)$，可改变显示的比例，即缩小或放大；固定视区尺寸但改变窗口位置 $(x_{v1},\ y_{v1})$，则可实现改变显示部位。

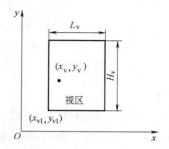

图 40.2-10　设备坐标系

2.4　三维图形的几何变换

　　在工程设计中，二维空间的几何变换直接与显示和造型有关，是计算机图形学中算法内容的重要组成部分。实际上，三维图形的几何变换是二维图形几何变换的简单扩展。与二维图形变换一样，我们也采用齐次坐标来描述空间点的坐标及各种变换。显然，三维空间中的点 $P(x,\ y,\ z)$，可用齐次坐标表示为 $(x,\ y,\ z,\ 1)$，其相应的变换矩阵应是 $T_{4\times4}$ 的方阵，即

$$T_{4\times4} = \left(\begin{array}{ccc|c} a & b & c & p \\ d & e & f & q \\ h & i & j & r \\ \hline l & m & n & s \end{array}\right) \qquad (40.2\text{-}15)$$

　　将 $T_{4\times4}$ 方阵分成四个子阵，各子阵及其作用分别是左上角 3×3 子阵产生比例、反射、错切及旋转变换。左下角 1×3 子阵产生平移变换；右上角 3×1 子阵产生透视变换；右下角 1×1 方阵产生整体比例变换。我们只要改变子方阵中各子阵相应元素值，便可获得各种三维变换矩阵。变换矩阵 $T_{4\times4}$ 中，第 1、2、3 列元素分别为 x、y、z 方向的比例参数。

　　（1）比例变换

　　1）局部比例变换。

　　空间点 $P(x,\ y,\ z)$ 在变换矩阵 $T = \begin{pmatrix} a & 0 & 0 & 0 \\ 0 & e & 0 & 0 \\ 0 & 0 & j & 0 \\ 0 & 0 & 0 & 1 \end{pmatrix}$ 的作用下变换为

$$\begin{cases} x^* = ax \\ y^* = ey \\ z^* = jz \end{cases} \qquad (40.2\text{-}16)$$

　　当 a、e、$j<1$ 时，P 点的坐标相对于原点缩小；当 a、e、$j>1$ 时，则相对于原点放大。

　　2）整体比例变换。

空间点 $P(x, y, z)$ 在 $T = \begin{pmatrix} 1 & 0 & 0 & 0 \\ 0 & 1 & 0 & 0 \\ 0 & 0 & 1 & 0 \\ 0 & 0 & 0 & s \end{pmatrix}$ 的作用下变换为

$$\begin{cases} x^* = x/s \\ y^* = y/s \\ z^* = z/s \end{cases} \qquad (40.2\text{-}17)$$

当 $s>1$ 时，P 点的坐标相对于原点沿 x、y、z 轴做等比例均匀缩小。当 $s<1$ 时，则等比例均匀放大。

（2）反射变换

三维图形最简单的反射变换是相对某一坐标平面进行的，变换前与变换后的图形对称于该坐标平面。

1）相对于 xOy 坐标平面的反射变换。变换矩阵为

$$T = \begin{pmatrix} 1 & 0 & 0 & 0 \\ 0 & 1 & 0 & 0 \\ 0 & 0 & -1 & 0 \\ 0 & 0 & 0 & 1 \end{pmatrix} \qquad (40.2\text{-}18)$$

2）相对于 xOz 坐标平面的反射变换。变换矩阵为

$$T = \begin{pmatrix} 1 & 0 & 0 & 0 \\ 0 & -1 & 0 & 0 \\ 0 & 0 & 1 & 0 \\ 0 & 0 & 0 & 1 \end{pmatrix} \qquad (40.2\text{-}19)$$

3）相对于 yOz 坐标平面的反射变换。变换矩阵为

$$T = \begin{pmatrix} -1 & 0 & 0 & 0 \\ 0 & 1 & 0 & 0 \\ 0 & 0 & 1 & 0 \\ 0 & 0 & 0 & 1 \end{pmatrix} \qquad (40.2\text{-}20)$$

（3）错切变换

当变换矩阵为

$$T = \begin{pmatrix} 1 & b & c & 0 \\ d & 1 & f & 0 \\ h & i & 1 & 0 \\ 0 & 0 & 0 & 1 \end{pmatrix} \qquad (40.2\text{-}21)$$

时，点 $P(x, y, z)$ 受变换矩阵 T 的作用，其坐标变为

$$\begin{cases} x^* = x+dy+hz \\ y^* = y+bx+iz \\ z^* = z+cx+fy \end{cases} \qquad (40.2\text{-}22)$$

当变换矩阵左上角 3×3 子阵的主对角线以外的元素不为 0 时，将发生错切；如果 d、h 不为 0，则沿 x 轴向发生错切；如果 b、i 不为 0，说明沿 y 轴向发生错切；如果 c、f 不为 0，则沿 z 轴方向发生错切。

（4）旋转变换

旋转变换就是形体绕空间的某一轴线旋转，轴线可以是坐标轴，也可是任意位置直线。转轴为坐标轴的旋转变换为基本旋转变换。当转轴是任意位置直线时，则可由基本变换的组合来完成。我们讨论绕 x、y、z 三坐标轴的旋转变换。

规定：用右手法则来确定旋转方向，大拇指的方向为转轴的正向，其余四指的方向为正向旋转，这时转角取正值；反之为负向旋转，转角取负值。

1）绕 x 轴旋转 α 角。点 $P(x, y, z)$ 绕 x 轴在平行于 yOz 坐标平面的平面内旋转，y、z 坐标随旋转而改变，x 坐标保持不变，因此有

$$\begin{cases} x^* = x \\ y^* = y\cos\alpha - z\sin\alpha \\ z^* = y\sin\alpha + z\cos\alpha \end{cases} \qquad (40.2\text{-}23)$$

此时变换矩阵为

$$T_x = \begin{pmatrix} 1 & 0 & 0 & 0 \\ 0 & \cos\alpha & \sin\alpha & 0 \\ 0 & -\sin\alpha & \cos\alpha & 0 \\ 0 & 0 & 0 & 1 \end{pmatrix} \qquad (40.2\text{-}24)$$

2）绕 y 轴旋转 β 角。点 $P(x, y, z)$ 绕 y 轴在平行于 yOz 坐标平面的平面内旋转，x、z 坐标随旋转而改变，y 坐标保持不变，因此有

$$\begin{cases} x^* = z\sin\beta + x\cos\beta \\ y^* = y \\ z^* = z\cos\beta - x\sin\beta \end{cases} \qquad (40.2\text{-}25)$$

此时其变换矩阵为

$$T_y = \begin{pmatrix} \cos\beta & 0 & \sin\beta & 0 \\ 0 & 1 & 0 & 0 \\ \sin\beta & 0 & \cos\beta & 0 \\ 0 & 0 & 0 & 1 \end{pmatrix} \qquad (40.2\text{-}26)$$

3）绕 z 轴旋转 γ 角。此时点 $P(x, y, z)$ 在平行于 xOy 坐标平面的平面内旋转，z 坐标不变，x、y 坐标发生变化，即

$$\begin{cases} x^* = x\cos\gamma - y\sin\gamma \\ y^* = x\sin\gamma + y\cos\gamma \\ z^* = z \end{cases} \qquad (40.2\text{-}27)$$

其变换矩阵为

$$T_z = \begin{pmatrix} \cos\gamma & \sin\gamma & 0 & 0 \\ -\sin\gamma & \cos\gamma & 0 & 0 \\ 0 & 0 & 1 & 0 \\ 0 & 0 & 0 & 1 \end{pmatrix} \qquad (40.2\text{-}28)$$

（5）平移变换

空间点 $P(x, y, z)$ 沿坐标轴 x、y、z 方向分别平移 l、m、n，平移变换后的坐标为

$$\begin{cases} x^* = x+l \\ y^* = y+m \\ z^* = z+n \end{cases} \quad (40.2\text{-}29)$$

变换矩阵为

$$\boldsymbol{T} = \begin{pmatrix} 1 & 0 & 0 & 0 \\ 0 & 1 & 0 & 0 \\ 0 & 0 & 1 & 0 \\ l & m & n & 1 \end{pmatrix} \quad (40.2\text{-}30)$$

2.5 正投影变换

矩阵 $\boldsymbol{T}_{4\times4} = \left(\begin{array}{ccc|c} a & b & c & p \\ d & e & f & q \\ h & i & j & r \\ \hline l & m & n & s \end{array}\right)$ 中第一、二、三列元

素分别主管 x、y、z 三坐标方向的变换，为了得到空间立体对投影面 V（正面）、H（水平面）、W（侧面）的正投影，我们只要令矩阵的那一列元素为零就可以了。例如立体向 V 面进行投影，可令第二列元素为零。因为第二列元素主管 y 坐标的变化。变换后使立体各点的 y 坐标都为零，从而实现了对 V 面的投影，即

$$\boldsymbol{T}_V = \begin{pmatrix} 1 & 0 & 0 & 0 \\ 0 & 0 & 0 & 0 \\ 0 & 0 & 1 & 0 \\ 0 & 0 & 0 & 1 \end{pmatrix} \quad (40.2\text{-}31)$$

立体像 H 面投影的变换矩阵，可使第三元素为零，即

$$\boldsymbol{T}_H = \begin{pmatrix} 1 & 0 & 0 & 0 \\ 0 & 1 & 0 & 0 \\ 0 & 0 & 0 & 0 \\ 0 & 0 & 0 & 1 \end{pmatrix} \quad (40.2\text{-}32)$$

立体向 W 面投影的变换矩阵，可使第一列元素为零，即

$$\boldsymbol{T}_W = \begin{pmatrix} 0 & 0 & 0 & 0 \\ 0 & 1 & 0 & 0 \\ 0 & 0 & 1 & 0 \\ 0 & 0 & 0 & 1 \end{pmatrix} \quad (40.2\text{-}33)$$

2.6 复合变换

在轴测图矩阵变换中，我们以正轴测图变换矩阵为例，将物体所在的直角坐标系先逆时针绕 z 轴旋转 $+\theta$ 角，再顺时针绕 x 轴旋转 $-\varphi$ 角，然后向 V 面（xOz 面）进行正投影，即可获得该物体具有立体感的一般正轴测投影，如图 40.2-11 所示。

按上述顺序，正轴测图投影的变换矩阵为

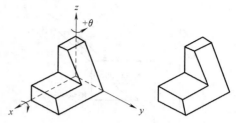

图 40.2-11 正轴测投影

$$\boldsymbol{T}_{正轴测} = \begin{pmatrix} \cos\theta & \sin\theta & 0 & 0 \\ -\sin\theta & \cos\theta & 0 & 0 \\ 0 & 0 & 1 & 0 \\ 0 & 0 & 0 & 1 \end{pmatrix}$$
（绕 z 轴转 $+\theta$）

$$\begin{pmatrix} 1 & 0 & 0 & 0 \\ 0 & \cos\theta & -\sin\varphi & 0 \\ 0 & \sin\varphi & \cos\varphi & 0 \\ 0 & 0 & 0 & 1 \end{pmatrix} \begin{pmatrix} 1 & 0 & 0 & 0 \\ 0 & 0 & 0 & 0 \\ 0 & 0 & 1 & 0 \\ 0 & 0 & 0 & 1 \end{pmatrix}$$
（绕 z 轴转 $-\varphi$）　（向 V 面投影）

所以有

$$\boldsymbol{T}_{正轴测} = \begin{pmatrix} \cos\theta & 0 & -\sin\theta\sin\varphi & 0 \\ -\sin\theta & 0 & -\cos\theta\sin\varphi & 0 \\ 0 & 0 & \cos\varphi & 0 \\ 0 & 0 & 1 & 1 \end{pmatrix}$$

$$(40.2\text{-}34)$$

只要任意给出 θ 和 φ 角，代入上述变换矩阵 $\boldsymbol{T}_{正轴测}$ 中，再用空间立体的点集乘以这个变换矩阵，就可以方便地得到该物体的任意正轴测投影的点集。

2.7 透视投影变换

透视投影图时仿照人的视觉产生的图形，其形成原理如图 40.2-12 所示。在图中，视点取在原点，视点又称投影中心；投影平面选为与 z 轴垂直并离原点距离为 D 处。连接视点和物体上点 (x, y, z) 的视线交投影面于点 (x', y', z')，点 (x', y', z') 即点 (x, y, z) 的透视投影，其关系为 $x' = x\dfrac{D}{z}$，$y' = y\dfrac{D}{z}$，$z' = D$。若以齐次坐标表示并写成矩阵形式则为

$$\begin{pmatrix} x' \\ y' \\ z' \\ H \end{pmatrix} = \begin{pmatrix} 1 & 0 & 0 & 0 \\ 0 & 1 & 0 & 0 \\ 0 & 0 & 1 & 0 \\ 0 & 0 & \dfrac{1}{D} & 0 \end{pmatrix} \begin{pmatrix} x \\ y \\ z \\ 1 \end{pmatrix} \quad (40.2\text{-}35)$$

如取投影平面在 $z=0$ 处，视点取在 z 轴上 $z=-D$，则变换关系式为

$$\begin{pmatrix} x' \\ y' \\ z' \\ H \end{pmatrix} = \begin{pmatrix} 1 & 0 & 0 & 0 \\ 0 & 1 & 0 & 0 \\ 0 & 0 & 0 & 0 \\ 0 & 0 & \dfrac{1}{D} & 1 \end{pmatrix} \begin{pmatrix} x \\ y \\ z \\ 1 \end{pmatrix} \quad (40.2\text{-}36)$$

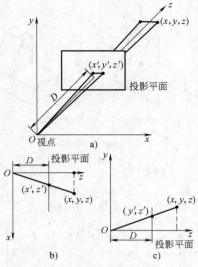

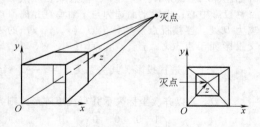

图 40.2-12　透视投影

在透视投影图中，任何与投影平面不相平行的平行线，其投影的延长线都汇聚于一点，该点称为灭点。通常，物体有三个主坐标方向，即其长、宽、高方向，物体上的外形轮廓线大都是平行于这三个方向的。如果在进行透视变换时，所选取的物体位置只有一个主坐标方向和投影平面相交，则所绘出的透视投影图中只有一个灭点（见图 40.2-13），称为一点透视。可以调整物体的方位，使之有两个或三个主坐标方向与投影平面相交，所绘得的透视图称二点透视图或三点透视，其图形真实感比一点透视好（见图 40.2-14）。

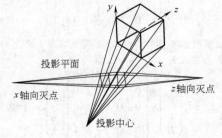

图 40.2-13　一点透视

图 40.2-14　二点透视

3　图形的剪裁与消隐

3.1　图形的剪裁

当只有在指定区域内的图形才显示时，需将图形以外的区域去掉，这个工作叫图形的剪裁。剪裁处理的基础是图形图素与区域边界交点计算及点在区域内外的判断。

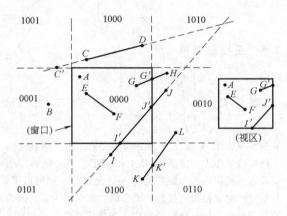

图 40.2-15　图形剪裁

最常见的剪裁工具是矩形区域对直线线段的剪裁。目前已提出了许多剪裁算法原理，下面所述的 CohenSutherland 算法是其中较著名的一种。

1）将图形所在的平面按矩形剪裁区域的边界延长线 $x = x_{min}$、$x = x_{max}$、$y = y_{min}$、$y = y_{max}$ 分为九个小区域（见图 40.2-15），中央小区域就是要剪裁区域。每个小区域都以一个四位二进制代码 $c_4 c_3 c_2 c_1$ 表示，其各位数字意义如下：

小区域在剪裁区域之左，即 $x < x_{min}$，则 $c_1 = 1$，否则 $c_1 = 0$；

小区域在剪裁区域之右，即 $x > x_{max}$，则 $c_2 = 1$，否则 $c_2 = 0$；

小区域在剪裁区域之下，即 $y < y_{min}$，则 $c_3 = 1$，否则 $c_3 = 0$；

小区域在剪裁区域之上，即 $y > y_{max}$，则 $c_4 = 1$，否则 $c_4 = 0$；

2）按上述规定决定被剪裁直线线段的两端点所在小区域代码。

3）按被剪裁直线两端点代码，对被剪裁直线段进行如下可见性判别：如果两端点的代码全部由数字零组成，则此线段为可见，应将整个线段绘出，如果两端点的代码按相同位置的位进行逻辑与运算，结果不为零（即，两代码至少有一个相同位置的位的数字同时为 1），则此线段的两端点都在剪裁区域一个边界线的外侧，因此，此线段为不可见，应剪裁去。

如能判别被剪裁线段为可见或不可见，即可以决定将线段绘出或剪裁，可以结束剪裁处理。

如果两端点代码不全部由数字零组成，而其按位进行逻辑与运算的结果为零，则此线段可能与剪裁区域相交，需进行进一步的计算和判别。

4）求被剪裁直线与剪裁区域边界线交点，舍弃在区域外的线段部分，对留下的线段进行步骤 2）以后的各步骤。

3.2　图形的消隐

由于机械零部件几乎都是不透明的，应将透视图中不透明的物体表面所遮蔽的轮廓线和表面消去，这样才能获得真实感强的立体透视图形。

目前，多数的图形输出绘制轮廓图形时，绘制过程中消去其被遮蔽轮廓线的处理称作隐藏线消除处理。如果输出的图形还要绘出外表面的颜色和光线的强弱（明暗），则需要消去那些被遮蔽的部分表面，即进行隐藏面消除处理。

消除处理中确定遮蔽关系的主要处理内容是排序，即将轮廓线段或表面按相对于视点距离的远近排出先后次序。排序计算可以在实物实际坐标系中进行，也可以在屏幕坐标系中按成像逐个像素进行。上述两种方法分别被称为物体空间算法和图像空间算法。物体空间算法可以精确的计算结果，按计算结果绘制图形可以反复放大。当被显示的物体外表面平面数目很多或需按像素进行表面明暗表现时，图像空间算法有优越性。

消隐处理经常引用下述的一些检验和比较判别。

（1）面可见性检验（法线方向检验）

将物体外表面平面的法线矢量规定为垂直于该表面并由表面指向物体外部。如果视点和法线在表面同一侧，则该面是可见的，反之，则是不可见的。面可见性检验也可通过计算法线矢量和视线矢量的夹角来判别（见图 40.2-16）。

如果物体是单一凸形物体，只需经过面可见性检验，将不可见的面去掉，只绘出可见面的轮廓线，便得到消除了的透视图。

如果物体是含有凹形物体，则在满足法线检验的可见面之间还可能发生相互遮挡，还需做进一步的消隐检验和判别。但是，进一步的消隐计算只需对上述可见面进行。法线检验可有效地减少做进一步消隐计算的表面数目（平均可缩减面数的一半）。

（2）极大极小检验

检验在透视图中两多边形是否相交时，可将问题简化为先检验包容此两多边形的两矩形是否相交。如

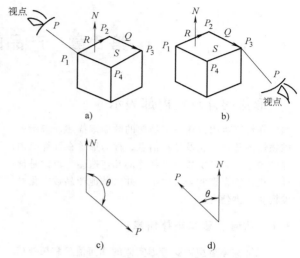

图 40.2-16　法线方向检验

a）顶面可见　b）顶面不可见　c）视线与法线夹角大于90°
d）视线与法线夹角小于90°

果包容的矩形不相交，则被包容的多边形就不会相交。检验两矩形是否相交只需比较一个矩形边框坐标的极大值与另一矩形边框坐标的极小值的相对大小，故又称极大极小检验，其条件为：上述各条件中只要有一个条件满足则此两矩形即不会相交（见图 40.2-17）。

对于不满足极大极小检验的两多边形，就需要按照其边框组成，逐边互相求交以判别两多边形是否相交。

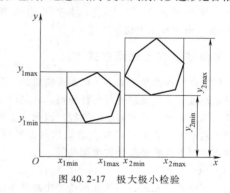

图 40.2-17　极大极小检验

（3）图形包容检验

两边框直线不发生相交的多边形之间可能存在一个多边形包容在另一个多边形内部的情况，在这种情况下，两多边形轮廓仍发生重叠和遮挡。

消隐处理算法有多种，其策略方法各有特点。物体空间算法比较典型的做法是：先进行法线方向检验，将不可见面排除，然后将可见的表面多边形在投影平面内检验是否重叠或包容，对发生重叠或包容的部分再进一步做深度比较，以决定应消去的隐藏线段。

第3章　产品的数字化建模

1　形体的计算机内部表示

在计算机内部用一定结构的数据来描述、表示三维物体的几何形状及拓扑信息，称为形体在计算机内部的表示。它的实质就是物体的几何造型，目的是使计算机能够识别和处理对象，并为其他产品数字化开发模块提供信息源。

1.1　几何信息和拓扑信息

三维实体造型需要考虑实体的几何信息和拓扑信息。其中，几何信息是指构成几何实体的各几何元素在欧氏空间中的位置和大小。常用数学表达式描述几何元素在空间中的位置及大小。但是，数学表达式中的几何元素是无界的。实际应用时，需要把数学表达式和边界条件结合起来。

从拓扑信息的角度，顶点、边和面是构成模型的三个基本几何元素。从几何信息的角度，则分别对应点、直线（或曲线）和平面（或曲面）。上述三种基本元素之间存在多种可能的连接关系。以平面构成的立方体为例，它的顶点、边和面的连接关系共有九种：相邻性、面-顶点包含性、面-边包含性、顶点-面相邻性、顶点相邻性、顶点-边相邻性、边-面相邻性、边-顶点相邻性和边相邻性等。

1.2　形体的定义及表示形式

任何复杂形体都是由基本几何元素构成的。几何造型就是通过对几何元素进行各种变换、处理以及集合运算，以生成所需几何模型的过程。因此，了解空间几何元素的定义有助于理解和掌握几何造型技术，也有助于熟悉不同软件提供的造型功能。

（1）点

点是零维几何元素，也是几何造型中最基本的几何元素，任何形体都可以用有序的点的集合来表示。利用计算机存储、管理、输出形体的实质就是对点集及其连接关系的处理。

点有不同的种类，如端点、交点、切点、孤立点等。在形体定义中，一般不允许存在孤立点。在自由曲线及曲面中常用到的几种类型的点，即控制点、型值点和插值点。控制点也称特征点，它用于确定曲线、曲面的位置和形状，但相应的曲线或曲面不一定经过控制点。型值点用于确定曲线、曲面的位置和形状，并且相应的曲线或曲面一定要经过型值点。插值点则是为了提高曲线和曲面的输出精度，或为了便于修改曲线和曲面的形状，而在型值点或控制点之间插入的一系列点。

（2）边

边是一维几何元素，它是指两个相邻面或多个相邻面之间的交界。正则形体的一条边只能有两个相邻面，而非正则形体的一条边则可以有多个相邻面。边由两个端点界定，即边的起点及边的终点。直线边或曲线边都可以用它的端点定界，但曲线边通常是通过一系列的型值点或控制点来定义，并以显式或隐式方式来表示。另外，边具有方向性，它的方向为由起点沿边指向终点。

（3）面

面是二维几何元素。它是形体表面一个有限、非零的区域。面的范围由一个外环和若干个内环界定。一个面可以没有内环，但必须有且只能有一个外环。面具有方向性，一般用面的外法矢方向作为面的正方向。外法矢方向通常由组成面的外环的有向棱边，并按右手法则确定。几何造型系统中，常见的面的形式有平面、二次曲面、柱面、直纹面、双三次参数曲面等。

（4）环

环是由有序、有向边（直线段或曲线段）组成的面的封闭边界，环中的边不能相交，相邻边共享一个端点。环有内外环之分，确定面的最大外边界的环称为外环，确定面中内孔或凸台边界的环称为内环。环也具有方向性，它的外环各边按逆时针方向排列，内环各边则按顺时针方向排列。

（5）体

体是由封闭表面围成的三维几何空间。通常，把具有维数一致的边界所定义的形体称为正则形体。为了保证几何造型的可靠性和可加工性，要求形体上任意一点的足够小的邻域在拓扑上应是一个等价的封闭圆，即围绕该点的形体邻域在二维空间中可构成一个单连通域。满足这个定义的形体称为正则形体。形体的正则性限制任何面必须是形体表面的一部分，不能是悬面；每条边有且只能有两个邻面，不能是悬边；点至少和三条边邻接。

（6）壳

壳由一组连续的面围成。其中，实体的边界称为外壳；如果壳所包围的空间是空集，则为内壳。一个体至少由一个壳组成，也可能由多个壳组成。

（7）形体的层次结构

形体的几何元素及几何元素之间存在以下两种信息：①几何信息，用以表示几何元素的性质和度量关系，如位置、大小、方向等；②拓扑信息，用以表示各几何元素之间的连接关系。总之，形体在计算机内部是由几何信息和拓扑信息共同定义的，一般可以用图40.3-1 所示的六层结构表示。

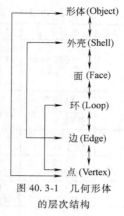

图 40.3-1　几何形体的层次结构

2　线框造型系统

2.1　线框建模技术

线框建模是 CAD 技术发展过程中最早应用的三维模型，这种模型表示的是物体的棱边。线框模型由物体上的点、直线和曲线组成。线框模型在计算机内部是以边表和点表来表达和存储数据的，实际物体是边表和点表相应的三维映象。图 40.3-2 所示是用三维线框描述的一个正方体模型，图中正方体的 8 个顶点 $V_1 \sim V_8$ 和 12 条棱线 $e_1 \sim e_{12}$，分别记录了正方体的各顶点坐标值和每条棱线所连接的两个顶点。由此可见三维物体可以用它的全部顶点及边的集合来描述，线框一词由此而得名。

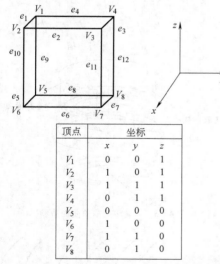

顶点	坐标		
	x	y	z
V_1	0	0	1
V_2	1	0	1
V_3	1	1	1
V_4	0	1	1
V_5	0	0	0
V_6	1	0	0
V_7	1	1	0
V_8	0	1	0

图 40.3-2　线框模型的顶点、棱边表示和数据结构

如果以顶点 V_5 为直角坐标原点，正方体的边长为 1，则正方体线框模型的 8 个顶点坐标值如图 40.3-2 所示。线框模型的特点是：描述物体三维信息的数据结构简单，表达物体轮廓信息清晰，占用计算

机的内存空间和 CPU 计算时间少，交互功能强，它主要用于产品设计中的草图绘制、结构方案设计，是曲面建模和实体建模的基础。

2.2　自由曲线建模

所谓自由曲线通常指不能用直线、圆弧和二次圆锥曲线描述的任意形状的曲线。自由曲线常用的生成方法有：逼近法和插值法等。随着计算机技术的发展，自由曲线在机器人轨迹规划、航天航空、汽车、船舶、模具等流线型表面设计方面得到了广泛的应用。

在计算机图形技术发展史上，出现了许多曲线表示方法，下面主要以最能标志曲线发展的 Bezier 曲线、B 样条曲线、非均匀有理 B 样条（NURBS）曲线为例进行阐述。

（1）Beizer 曲线

这种曲线以逼近为基础，用一个特征多边形来定义。曲线的起始点和终点与其特征多边形的起始点和终点重合，特征多边形的第一条边和最后一条边表示曲线在起始点和终点的切矢量。如图 40.3-3 所示，其中多边形 $P_{f1} P_{f2} P_{e1} P_{e2}$ 即特征多边形，矢量 $\overrightarrow{P_{f2}P_{f3}}$ 为起始点的切矢量，矢量 $\overrightarrow{P_{e2}P_{e3}}$ 为终点的切矢量。

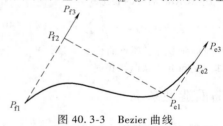

图 40.3-3　Bezier 曲线

若已知空间 $n+1$ 个点 P_i，则 Beizer 曲线上各点坐标的插值公式为

$$C(t) = \sum_{i=1}^{n} P_i B_{i,n}(t)$$
$$= \sum_{i=1}^{n} P_i \frac{n!}{i!\ (n-i)!} t^i (1-t)^{n-i}$$
$$= \sum_{i=1}^{n} P_i C_n^i t^i (1-t)^{n-i} (i = 1, 2, \cdots, n-1)$$

$$(40.3-1)$$

其中 P_i 构成了特征多边形，B_i、$C(t)$ 为 Bernstein 基函数，是曲线上各点位置矢量的调和函数。

（2）B 样条曲线

数学模型为

$$C(u) = \sum_{i=0}^{n} P_i N_{i,k}(u) \qquad (40.3-2)$$

已知特征多边形的 $n+1$ 个控制顶点 P_i（$i = 0$, 1, $\cdots$, n），k 阶 B 样条曲线的表达式为

$$N_{i,k}(u) = \begin{cases} 1 & (t_{k-1} \leq u \leq t_{n+1}) \\ 0 & \text{其他} \end{cases} \quad (40.3\text{-}3)$$

其中 $N_{i,k}(u)$ 为调和函数，按递推公式可定义为

$$N_{i,k}(u) = \frac{(u-t_i)N_{i,k-1}(u)}{t_{i+k-1}-t_i} + \frac{(t_{i+k}-u)N_{i+1,k-1}(u)}{t_{i+k}-t_{i+1}}$$

$$(40.3\text{-}4)$$

其中 t_i 为节点，$T=(t_0,\ t_1,\ \cdots,\ t_{1+2k-1})$ 构成了 k 阶 B 样条函数的节点矢量，节点为非减序列。当节点有 $t_{i+1}-t_i=$ 常数时，为均匀 B 样条函数；$t_{i+1}-t_i \neq$ 常数时，为非均匀 B 样条函数。图 40.3-4 所示为二次 B 样条曲线。

图 40.3-4 所示的图形即为由 Q_0、Q_1、Q_2、Q_3 四个控制点构成的二次 B 样条曲线。

（3）非均匀有理 B 样条（NURBS）曲线

数学模型为：若已知 $n+1$ 个控制点 P_i $(i=0,\ 1,\ \cdots,\ n)$ 及其权因子 W_i $(i=1,\ 2,\ \cdots,\ n)$，则 k 阶 $k-1$ 次 NURBS 曲线的表达式为

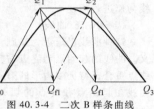

图 40.3-4 二次 B 样条曲线

$$C(u) = \sum_{i=0}^{n} W_i P_i N_{i,k}(u) \Big/ \sum_{i=0}^{n} W_i P_{i,k}(u) \quad (40.3\text{-}5)$$

P_i 为特征多边形顶点的位置矢量，$N_{i,k}$ 为调和函数，其定义和 B 样条曲线相同。

3 曲面造型系统

3.1 曲面造型的定义和特点

曲面造型（surface modeling）是用有向棱边围成的部分定义形体表面，由面的集合来定义形体。曲面造型在线框模型的基础上增加了有关面的信息（包括面、边信息和表面特征信息）以及面的连接信息（如面和面之间如何连接，某个面在哪条边上与另外一个面相邻等）。曲面造型可以满足求交、消隐、渲染处理和数控加工等要求，但曲面造型没有明确提出实体在表面的哪一侧，因此，在物性计算、有限元分析等应用中，表面模型在形体的表示上仍然缺乏完整性。由曲面造型构造的模型称为表面模型（surface model）。

3.2 曲面造型方法

曲面建模是以有理 B 样条曲面、参数化特征设计和隐式代数曲面表示这两类方法为主体，以插值、拟合、逼近这三种手段为骨架的三维几何设计体系。曲面建模技术类型见表 40.3-1。

表 40.3-1 曲面建模技术类型

序号	曲面名称	构造方法
1	直纹曲面（图 40.3-5）	给定两条形状相似的 NURBS 曲线，两者有相同的阶次和相同的节点矢量，将两条曲线上参数相同的对应点用直线相连，便构成了直纹面
2	扫描曲面（图 40.3-6、图 40.3-7）	发生素线沿导向控制线运动而生成的曲面（平行扫描、旋转扫描）
3	蒙皮曲面（图 40.3-8）	采用一定的控制手段使曲面通过一组有序截面曲线的造型方法
4	过渡曲面（图 40.3-9）	在两个或多个曲面之间采用圆弧过渡而生成的曲面
5	边界曲面（图 40.3-10）	以封闭的三边或四边作为边界而生成的曲面

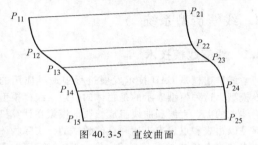

图 40.3-5 直纹曲面

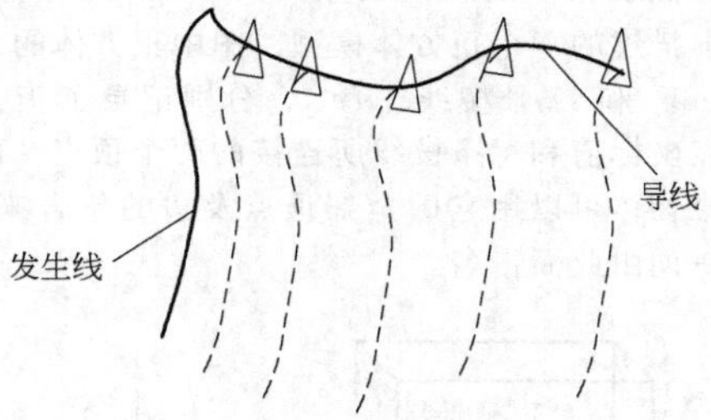

图 40.3-6 平行扫描

图 40.3-7 旋转扫描的曲面造型

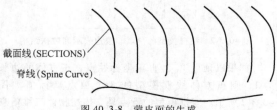

图 40.3-8 蒙皮面的生成

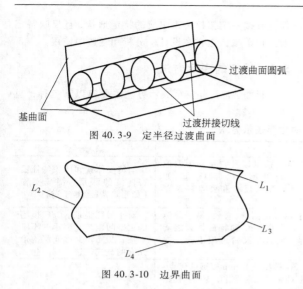

图 40.3-9　定半径过渡曲面

图 40.3-10　边界曲面

4　实体造型系统

实体建模的表示方法主要有：边界表示法（B-rep）、体素构造法（CSG）、八叉树表示法、欧拉操作法、射线表示法等。几何模型上实现零件的质量计算、有限元分析、数控加工编程和消隐立体图的生成等方面已得到广泛应用。

4.1　边界表示法

边界表示法，又称 B-rep 法，是以物体边界表面为基础定义和描述几何形体的方法。这种方法能给出物体完整、显式的边界描述。其原理是：实体由有限个面构成，每个面是由有限条边围成的封闭域。

一个实体可以表示为有限边界表面的集合，即物体的边界是所有单个面（表面）的并集，而每一个面又由其边界的边所围成，这些边界位于各自顶点之间。面上可能存在孔洞，这样的面由外环和内环之间的区域组成。

边界表示法采用"坐标值—点—边—环—面—实体"的方式表示实体，图 40.3-11 所示为一零件实体的边界表示法。该表示方法能提供较全面的关于点、边、面、环的信息。在边界表示法中，一个实体的特征通过包围它的曲面或平面多边形的集合来表示。一个实体的边界必须将实体内部的点和外部的点区分开来，因此一个实体的边界完整地定义了该实体。用边界表示法描述零件实体，必须满足封闭、有向、不自交、有限和相连接，并能区分实体边界内、边界上的点。边界表示法可以用一系列点和边有序地将形状特征体边界划分为许多单元面。例如：平行六面体可以分成六个单元平面，各单元

面由有向、有序的边组成，每条边则由两个点来定义。在进行实体的表示时，每个单元面都是整个实体边界的子集。

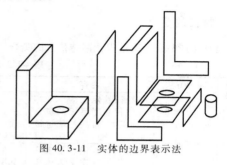

图 40.3-11　实体的边界表示法

4.2　构造立体几何法

构造立体几何法，又称 CSG 法。在计算机内部，它不是通过边界面和边界线来定义实体，而是通过基本体素及它们的集合运算（如相加、相减等）进行表示，因此也称为布尔模型。图 40.3-12 所示为一物体的两种 CSG 表达方法。计算机内部存储的主要是实体的生成过程。因此，其数据结构呈树状，称为 CSG 树。

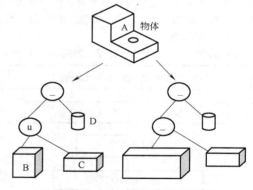

图 40.3-12　同一物体的两种 CSG 表达

CSG 法的几何实体定义以集合论为基础。通过集合本身的定义和集合之间的运算，也就是基本特征间的并、交、差运算，建立一个二叉树结构。树的节点是基本特征或变换参数，非叶节点是集合运算符：并（union）、交（intersection）、差（difference）等。因此，CSG 建模系统应为用户提供一些基本的几何实体，这些基本实体的尺寸、形状、位置、方向由用户输入较少的参数值来确定。例如：提供长方体这一简单特征，用户只需输入长、宽、高和原始位置参数，由系统检查这些参数的正确性和有效性并提供对基本特征的描述。几种常用的基本实体还包括圆柱体、球体、圆锥体和圆环等。CSG 建模系统除了最常见的并、交、差三种拼合运算形式外，也采用胶合

（glue）算子，后者往往用于生成不规则的几何实体。

5　基于特征的实体建模技术

5.1　特征的定义

特征是产品及零部件设计制造信息的集合，它不仅具有按一定拓扑关系组成的特定形状，且反映特定的工程语义，适宜在设计、分析和制造中使用。

5.2　特征的表示方法

目前，常用的特征表示方法主要有以下三种，见表 40.3-2。

表 40.3-2　特征的主要表示方法

序号	表示方法	内　容	优　点	缺　点
1	基于 B-rep 的方法	特征被定义为一个零件的相互联系面的集合（面集）。这些特征也被称为"面特征"	可以得到充足的信息以及它是基于图像的表示方法。B-rep 模型可以与属性值（如表面粗糙度、材料等）、尺寸和公差联系在一起	与特征体素和体积特征没有直接的联系，特征操作（如删除特征）难于进行
2	基于 CSG 的方法	基于 CSG 的特征表达方法将特征定义为体积元素，体积元素通过布尔操作构造零件	使用 CSG 表示方法简捷、有效、易于编辑和操作体素，并提供 CSG 和特征体素之间有意义的联系，而且二叉树可用于特征模型的构造	对于特征提取，CSG 模型的主要问题是其表示的不唯一性，以及缺少对低层构形元素的显式表达
3	基于混合 CSG/B-rep 的方法	CSG 和 B-rep 表示方法的混合表示	同时兼有 CSG 模型及 B-rep 模型的优点：CSG 模型易于对高层元素操作，B-rep 模型易于与低层元素（点、线、面）附加尺寸、公差和其他属性	

5.3　机械零件的特征建模

以特征来表示零件的方式即为零件的特征模型。在几何建模环境下建立特征模型主要有两种方法：一种方法是特征识别；另一种方法是基于特征的设计。

（1）特征识别

特征识别常包含以下几个过程，如图 40.3-13 所示。

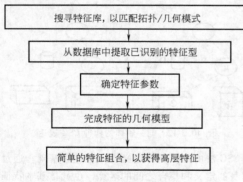

图 40.3-13　特征识别流程图

搜寻特征库，以匹配拓扑/几何模式

从数据库中提取已识别的特征型

确定特征参数

完成特征的几何模型

简单的特征组合，以获得高层特征

（2）基于特征的设计

1）特征分割建模。零件模型是通过毛坯材料与特征的布尔运算创建的。利用移去毛坯材料的操作，将毛坯模型转变为最终的零件模型，设计和加工规划可以同时生成。

2）特征合成法。CAD 系统允许设计人员通过加或减特征进行设计。首先通过一定的规划和过程预定义一般特征，建立一般特征库，然后对一般特征实例化，并对特征实例进行修改、复制、删除生成实体模型，导出特定的参数值等操作，建立产品模型。

5.4　参数化设计

参数化设计是一种设计方法，采用尺寸驱动的方式改变几何约束构成的几何模型。基于特征的参数化设计是特征及其相关尺寸、公差的描述，如图 40.3-14 所示。基于特征的参数化主要包含下列要素：零件描述为形状特征的集合，形状特征有其对应拓扑固定的几何体要素，零件的几何模型实质上由许多几何体要素构成，几何体要素可以是实体、曲面或线框模型，约束在设计过程中由设计者显式地指定，以完全地满足特征确定所必需的数据。约束可以是特征的空间关系以及尺寸、公差、装配结构和制造过程需求所反映的几何约束，几何体素的几何构成及其位置以三维几何构成知识为基础，通过给定约束的评测求解结果而决定，几何约束类型见表 40.3-3。

表 40.3-3　几何约束类型

序号	约束类型	定　义
1	结构约束	指构成图形各几何元素间的相对位置和连接方式（平行、垂直），其属性值在参数化设计过程中保持不变
2	尺寸约束	指图中标注的尺寸，如距离、角度等
3	参数约束	指尺寸参数之间的关系，用表达式表示

基于特征的参数化设计的实现主要包括：几何和拓扑的混合建模（过程建模和特征建模）、约束建模

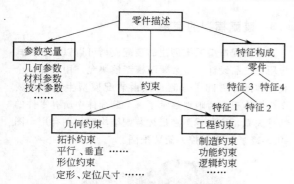

图 40.3-14　基于特征的零件参数化三维建模定义

和约束求解，详细的建模实现过程如图 40.3-15 所示。

图 40.3-16 所示是基于特征的参数化设计实例。从实例可以看出，基于特征的参数化设计将对零件的修改转化为对构成零件的特征参数值的修改，不用直接修改几何图素的位置，尤其对于结构复杂、特征多的零件，采用基于特征的参数化设计大大方便了零件的设计修改过程，提高了设计效率和准确性。

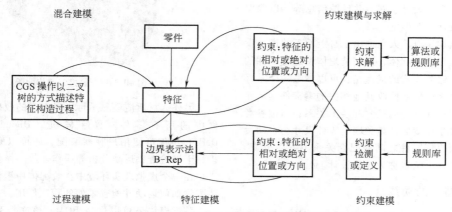

图 40.3-15　基于特征的零件参数化建模实现过程

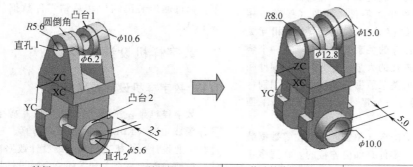

特征	特征值	修改前的值/mm	修改后的值/mm
圆倒角	倒角半径	5.6	8
直孔 1	直孔直径	6.2	8
凸台 1	凸台直径	10.6	15
凸台 2	凸台高度	2.5	5
直孔 2	直孔直径	5.6	10

图 40.3-16　基于特征的参数化设计实例

6　装配建模技术

6.1　数字化装配的概念

一般情况下，产品是由多个零部件装配而成的。

为评价产品性能，要在零件数字化模型的基础上定义零部件之间的配合关系。在计算机中建立产品的完整几何模型及约束关系，这就是数字化装配。

传统的数字化设计软件是一种面向零件，而不是面向装配的造型技术。用户需要先设计零件再以零件模型为基础进行装配，也称为自下而上的设计模式。自下而上设计模式的优点是：零部件设计相对独立，设计人员可以专注于某个零件的设计。但是，只有在装配时才能检验零件之间的配合是否合理、产品设计是否满足预期目标。

对于结构简单、无须过多考虑零部件之间的配合关系或只有很少设计人员参与的产品而言，自下而上设计模式还能满足开发需求。但是，当产品装配结构复杂、设计人员众多且地域非常分散时，上述模式就存在很多缺点。在产品设计过程中，设计人员需要花费相当多的时间跟踪零件设计及装配状况、更改参数及工艺、修订产品设计、测试并反馈信息等，以确保零件之间的设计相互匹配。

为克服上述缺点，人们提出了自上而下的产品设计模式，即先建立装配体，再在装配体中进行零件的造型和编辑。这种模式的优点是：可以参考一个零部件的几何尺寸来生成或修改其他相关的零部件，从而确保零件之间存在准确的尺寸和装配关系；当被参考零件的尺寸发生改变时，相关联的零件尺寸会自动发生改变，从而保证零件之间的配合关系不发生改变。因此，这种设计方法也称为关联设计。

6.2　装配造型的功能

目前，大型数字化设计系统的装配模块为零件分类、装配以及子装配的构成提供了一种逻辑结构，该结构可使设计人员识别单个零件、保留（保存）相关零件的过程数据、保存零件在装配体中的相互关系，由装配造型系统保存的关系数据包含了在一个装配体中有关零件及其连接的大量信息。其中，零件间的配合条件是最重要的关系数据，该数据用于识别一个零件如何被连接到另一个零件（如配合面是平面还是同轴柱面）。

利用装配体中有关配合、位置以及方位等数据装配造型可以精确地识别零件是如何连接的。在许多系统中，零件的位置和方位数据都可由配合条件得到。

装配造型系统也提供创建零件间的参数约束关系，以及由一个零件及与该零件具有配合关系的其他零件测量其大小和尺寸的功能，这样可使用户方便地在配合部位重新输入几何数据。当某个零件被修改后，设计者不必再对整个装配体进行修改，而系统会自动完成对所有相关零部件的修改。

装配造型系统可使设计人员创建和处理零件间的所有装配约束、定义相关零件的位置和运动。装配约束则可以捕捉各种设计意图，包括零件的公共尺寸、零件的相对位置、零件的排列、连接条件、工作参数以及一般配合条件等。

6.3　装配模型的使用

由装配造型系统创建的装配模型可以以多种方式应用于产品设计。多数装配模型模块允许用户在一个装配体的零件间进行测量或由装配模型生成爆炸视图，爆炸视图清晰地显示了一个装配体中所有零件的物理关系，这些视图在描述装配结构时特别有用。图40.3-17 所示为数控刀架装配图。

图 40.3-17　数控刀架装配图

另外，材质渲染显示可以以逼真的效果显示装配件中的所有零件。数字样机（Digital Mock-Up, DMU）不仅可使用户观察装配，还可以完成打包分析、干涉检查、运动分析等操作。数字样机甚至允许用户在一个虚拟现实环境中在装配体中漫游，以观察装配体如何运动并检查零件的相互作用。

装配模块还可以生成 BOM，该文档列出了一个产品所需要的各种材料以及一个装配体中的各个零件等，通过遍历装配结构和总结零件数据，很容易生成 BOM。

7　数字样机设计技术

7.1　数字样机设计技术概述

数字样机是在三维 CAD 技术的基础上，融入了设计领域知识（KBE）、性能数字仿真、三维公差设计、工业设计、人机工程和三维设计数据管理等技术的一种面向新产品自主开发的综合性设计技术。在新产品的详细设计阶段，它能帮助新产品设计人员利用数字样机设计技术，在计算机上完成新产品的工程化结构设计、工艺工装设计、数字样机的性能仿真分析、设计过程数据管理和设计文档编写等一系列设计活动。采用 DMU 技术，可以用数字形式代替原来的实物原型试验，创造产品的数字模型，在数字状态下进行仿真试验，然后再对原设计重新进行组合或者改进。因此，这样常常只需要制作一次最终的实物原型，并且使新产品开发一次获得成功。

随着科学技术的快速发展，数字样机不仅为机械系统运动学与动力学分析提供方法，而且应用到设计、制造和加工的整个过程。目前，设计者不用再花费时间和成本在物理样机试验和测试上发现缺点，相反，现代设计过程采用数字样机，在设计过程中反复改变虚拟模型，调整各种设计方案直到获得满意的性能，不仅缩短了产品的开发周期和降低了成本，而且提高了产品质量。DMU 技术涉及多体动力学、计算方法与软件工程等学科，利用软件建立机械系统的三维实体模型、数学和力学模型，分析和评估系统的性能，从而为物理样机的设计和制造提供参数依据。

7.2　数字样机设计技术的体系结构

　　DMU 技术是对制造企业传统产品设计制造模式进行的革命性改造与整合，以先进的信息技术和传统的产品设计领域技术结合，从而诞生出全新的数字化设计技术。DMU 设计技术的建立过程是一个复杂的系统工程，涉及企业的组织重构、人员重组、设计手段提升、设计业务流程再造、多种数字化设计技术的综合应用等内容，图 40.3-18 所示是建立 DMU 设计技术的体系结构简图，DMU 技术的体系结构可以分为四个层次和六个分系统。细化 DMU 设计技术的体系结构简图即为 DMU 技术体系结构应用实例，如图 40.3-19 所示。

图 40.3-18　DMU 技术的体系结构简图

7.3　数字样机设计技术应用

　　DMU 技术的应用可以体现在三个方面：第一个方面是以产品的数字化模型建立为主线，使产品的市场调查、产品策划、设计、分析、制造、装配过程数字化；第二个方面是指在产品的数字化模型建立后，对其进行性能仿真，在产品未制造出实物样机前，获得数字样机的性能参数和质量信息；第三个方面是产品协同设计过程管理的数字化，即通过 PDM 技术来管理产品设计过程中产生的数字化信息和工程变更信息。图 40.3-20 所示为全断面掘进机（TBM）行业 DMU 技术协同设计应用过程。

　　在实施 DMU 技术开发新产品的过程中，以 STEP 标准来协调因采用不同数字化设计工具而带来的异构

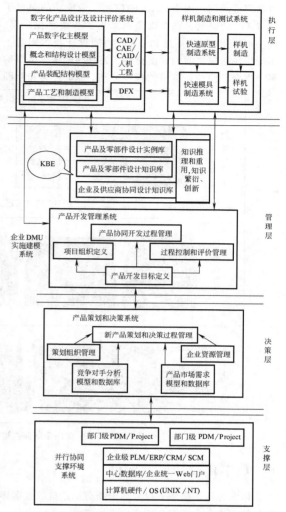

图 40.3-19　DMU 技术的体系结构应用实例

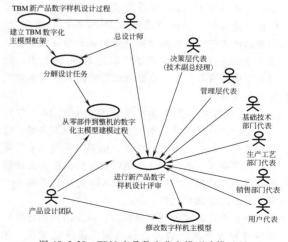

图 40.3-20　TBM 产品数字化主模型建模过程

数据集成问题。围绕 STEP 的应用，最成功的莫过于波音 777 的研制。它首次全面采用了全数字化定义，成功地应用 STEP 标准和 e-VIS 协同设计技术实现了不同应用系统之间的数据交换，为它的全球化生产铺平了道路。此外，美国的福特公司、GM 公司和欧洲的许多汽车制造公司都不同程度地采用了 STEP 和 e-VIS 技术，均取得了很好的效果。北方重工集团运用 STEP 和 e-VIS 技术，开发了面向全断面掘进机新产品开发研制的虚拟制造系统平台，如图 40.3-21 所示。

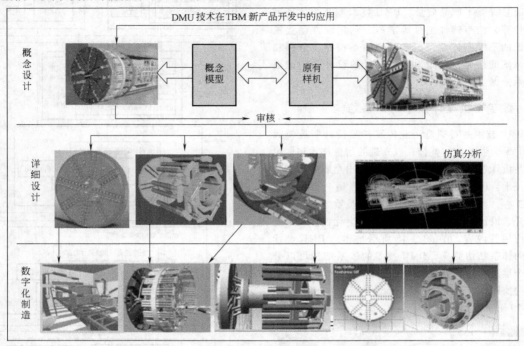

图 40.3-21　面向全断面掘进机的虚拟制造系统构建和应用实例

8　数字化设计应用实例

以北方重工集团有限公司全断面掘进机的数字样机设计为例，介绍产品数字化设计步骤。

1) 客户需求分析，初步方案设计主要参数确定。隧道直径 15.5m，全断面掘进机需要 16m 级；全断面掘进机需要长距离抵抗 1.7MPa 左右的水压力；对全断面掘进机主轴承及盾尾刷的密封性提出更高要求。全断面掘进机需要有单机掘进 13km 的能力；满足长距离掘进条件下，全断面掘进机高水压的密封措施的耐久性。

2) 零件实体数字建模与装配（见图 40.3-22）。根据全断面掘进机的运动特点，将其分解为刀盘、管片拼装机、前盾、中盾、后盾、尾部以及其他主要部件。首先利用 SolidWorks 分别对全断面掘进机关键功能部件进行建模，然后用 SolidWorks 把它们组装成一台完整的全断面掘进机。

对各个功能部件建完模型后，对全断面掘进机后部进给装置及其他装置进行建模。建模完成后，在 SolidWorks 中把各个功能部件装配起来。图 40.3-23

清晰地展示了全断面掘进机各功能部件在 SolidWorks 中装配后的效果，为了让内部结构更清晰，在 Solid-Works 中把部分部件的透明度进行了改变。

图 40.3-22　零件与子装配体建模

3) 多刚体运动学、动力学仿真分析、有限元分析。全断面掘进必须具有良好可靠性能，其结构必须具有良好的静动特性，故对其进行静力学、动力学分析和有限元分析。对 H 梁、刀盘连接体和管片安装机微调机构等典型关键零部件进行了有限元分析，分析方法可为零部件优化设计提供参考，为全断面掘进机的设计制造提供参考依据，详细情况如图 40.3-24　所示。

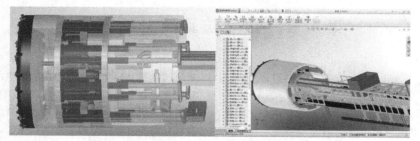

图 40.3-23　全断面掘进机在 SolidWorks 中的装配图

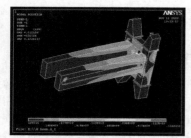

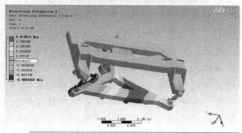

图 40.3-24　H 梁和微调机构有限元分析结果

4）数字样机三维立体化显示。设计人员根据客户的需求，设计出的二维图样或者模型，很难达到一个直观、真实的显示效果。如何运用三维显示技术把新产品真实地显示出来，是企业快速应对市场的需要。下面简要介绍两种不同类型的数字样机显示技术在全断面掘进机上的应用。

① 面向全断面掘进机的虚拟设计、制造系统构建和应用实例一。基于大型的增强现实平台，这种系统的特点是显示效果比较逼真，沉浸感好，但是需要昂贵的增强现实平台。如图 40.3-25 所示。基于 SGI Onyx4 可视化系统和科视（Christie）投影系统等硬件构建了一套面向全断面掘进机的虚拟制造系统。在该系统上能够基于 Division Mockup 实现全断面掘进机的装配仿真和功能仿真，如图 40.3-25a 所示；也能够基于 OpenGL Performer 开发独立的全断面掘进机仿真程序，如图 40.3-25b 所示。

② 面向全断面掘进机的虚拟设计、制造系统构建和应用实例二。基于先进的网络技术，可以构建完整的

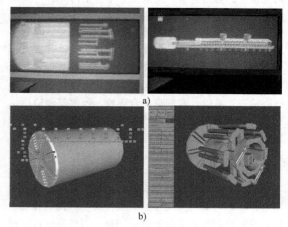

图 40.3-25　全断面掘进机仿真程序截图

基于 Web 的功能仿真系统。构建方法比较简单、实用，不需要大的投资，但是显示效果不太理想。采用了浏览器/服务器（B/S）结构，利用 Internet 技术，将用于仿真的 VRML 程序模型以及实现动态交互功能的 Java 和 JavaScript 程序放在 Web 服务器上，构建了完整的具有用户注册、加工仿真、产品评价等功能的系统。这样开发效率高，周期短，任何一台能连接到 Internet 的机器，都能通过浏览器访问系统，并且具有可以跨平台操作的特点。图 40.3-26 所示为系统的主界面截图。

图 40.3-26　基于 Web 的全断面掘进机功能仿真系统主界面

第4章　数字仿真与分析技术

1　数字仿真与分析技术概述

随着信息技术的快速发展，全球化、网络化和拟实化已成为21世纪制造业发展的重要特征，特别是数字仿真与分析技术的出现，已成为现代制造技术与系统发展的必然趋势，为制造业中复杂产品设计和制造提供了手段。近年来，为了缩短产品的开发周期、降低生产成本，提出了各种各样的制造模式。在这些新的制造模式中，数字仿真与分析技术是在计算机上实现产品的设计、开发与实现过程，即在高性能计算机及高速网络的支持下群组协同工作，进行仿真与分析，检查产品设计和制造的合理性，预测其制造周期和使用性能，以便及时修改设计，更有效地灵活组织生产，以实现产品制造全过程的最优化。

目前制造技术的目标是以最短的时间、最低的成本和最有效的方法制造出高质量、高性能的产品。由于产品的复杂性增加和富有竞争性的产品生命周期的缩短，实际产品的实现和测试成为成功开发具有经济优越性的新产品的主要瓶颈。当前，新产品的设计过程引用了数字仿真与分析技术预测其性能，不仅减少了硬件测试的费用和时间，而且减少了反复对物理样机改进的次数，数字仿真技术能很好地解决开发产品的 T（Time，最快的上市时间）、Q（Quality，最好的产品质量）、C（Cost，最低的产品成本）、S（Service，良好的产品服务），而且现代设计模式的新产品设计与试制过程中增加了建模、仿真和分析环节，可以在计算机上进行预测和评估产品的性能，当评价结果不满意时，进行修改设计的过程也是在计算机上完成，可以多次修改及优化产品设计方案，直到达到满意的设计要求，再制造实际样机，从而降低昂贵物理样机的试验成本，以更快的速度做出更好的实物样机，形成性能更好的产品，以满足市场需求。

数字仿真和分析技术包括产品设计、工艺设计和制造过程的所有分析，其特点是建立计算模型并进行数字仿真分析，通过仿真结果对其设计质量（包括外观、功能、性能、成本、可制造性、安全可靠性及制造周期等指标）进行分析和评价，对其未来的工作状态进行模拟，及早发现设计中的不足，并证实未来工程中的产品功能和性能的可用性与可靠性。数字仿真和分析技术能够对特定产品进行性能分析、预测和优化，以实现产品的技术创新。随着高性能计算机系统的发展，数字仿真和分析软件将成为工程师实现其工程创新和产品创新的得力助手和有效工具。人们使用数字仿真和分析软件，对其创新的设计方案快速实施性能与可靠性分析，并进行虚拟，可及早发现设计缺陷，在实现创新的同时提高设计质量，降低研究开发成本，缩短研究开发周期。

2　数字仿真技术

2.1　数字仿真的内涵及作用

数字仿真在实体尚不存在或者不易在实体上进行试验的情况下，通过对考察对象进行建模，用数学方程式表达出其物理特性，然后编制计算机程序，利用仿真模型来模仿实际系统所发生的运动过程并进行试验，在模拟环境下实现和预测产品在真实环境下的性能和特征（动态的和静态的），通过考察对象在系统参数、内外环境条件改变的情况下其主要参数如何变化，从而达到全面了解和掌握考察对象特性的目的。

数字仿真包含从建模、施加负载和约束到预测在真实状况下的响应等一系列步骤。仿真技术综合集成了计算机、网络技术、图形图像技术、多媒体技术、软件工程、信息处理、自动控制、相似原理、系统技术及其应用领域有关的专业技术，是以计算机和各种物理效应设备为工具，利用系统模型对真实的或设想的系统进行动态试验研究的一门多学科的综合性技术。数字仿真主要研究数字仿真方法、仿真语言、仿真技术、仿真计算机及其应用。

数字仿真方法研究包括：仿真算法、仿真模型的建立、仿真模型的误差及仿真算法的选择等；仿真语言研究仿真的程序设计，它们是在高级语言的基础上建立起来的，近年来已有几十种仿真语言问世；仿真技术研究并行处理的全数字仿真技术和模拟仿真中的寻优技术；仿真计算机则是研究仿真专用计算机的结构与特点。数字仿真方法是一种综合了试验方法与理论方法二者的优势，但又具备自己独特之处的全新的研究方法，它在科学方法论体系中应处于独立的地位。尽管数字仿真方法中的系统模型建立的原则与数学方法中数学模型的建立原则基本相同，但是数字仿真方法要比单纯的数学方法复杂得多，还须设计仿真模型、编制仿真程序、借助计算机系统去完成高速求解和逻辑判断任务以及实施仿真试验，因此具有如下特点：

1）通用性。仿真建模是通用的，能用来表示广大范围的实际系统。

2）柔性。计算机建模是柔性的，可以很方便地修改以表示各种系统模型或更换信息。

3）费用低。计算机仿真系统的使用可以在没有建成实际系统的情况下，通过仿真进行设计、分析或重新设计。

4）整体性。计算机仿真技术允许在不对实际系统进行分割的情况下，对系统进行设计、分析或重新设计。

5）完整性。计算机仿真可以在想象得到的任何条件、参数、操作特性下进行仿真。设计人员应用这种技术可以在设计阶段直观地检查出各种运动轨迹、数学模型和干涉发生的原因，把设计风险降到最低，还可以模拟产品初期阶段的试制过程，大幅降低生产成本。

数字仿真在科学研究和产品开发中发挥的作用越来越大，数字仿真规模由小到大，从局部到整体、由以实物及外场为主向以数学模型及实验室内仿真为主，仿真应用由军事领域普及到了国民经济的各个方面。任何一个学科只要理论上较完备，就可借助数字仿真方法进行开拓性的研究。不少学科领域的科学家利用数字仿真方法进行了全新的理论探索和应用研究，取得了许多用其他方法无法得到的重大成果。作为系统全生命周期中各阶段的重要技术手段和工具，数字仿真目前正广泛地应用于国民经济及军事的各个领域，并已在各类大型工业制造、运输系统控制与培训方面得到了成功的运用。数字仿真在系统分析与设计中的应用主要有以下几个方面：

1）在系统理论研究中的应用。对系统理论的研究，过去主要依靠理论推导；现在，数字仿真技术为系统理论研究提供了一个十分有利的工具。它不仅可以验证理论本身的正确与否，而且还可以进一步暴露系统理论在实际应用中的矛盾与不足，为理论研究提供新的研究方向，目前，在最优控制、自适应控制和大系统的分解协调控制等理论问题的研究中都应用了仿真技术。

2）在系统设计与分析中的应用。对尚未建立起来的系统进行方案论证及可行性分析，为系统设计打下基础；在系统的设计过程中，利用仿真技术可以帮助设计人员建立系统模型，进行模型简化及验证，并进行优化设计；在系统建成之后，可以利用仿真技术来分析系统的运行状况，寻求改进系统的最佳途径，找出最优的控制策略。

3）在专业人员培训与教育方面的应用。数字仿真应用于培训和教育是它应用的另一个重要的方向。现在已经为各种运载工具（包括飞机、汽车和船舶等）以及各种复杂设备及系统（如电站、电网和化工设备等）制造出了各种训练仿真器。它们在提高培训效率、节约能源及安全培训等方面起着十分重要的作用。

2.2　数字仿真的发展历史及现状

数学仿真的基本工具是计算机，通常又将数学仿真称为数字仿真。按照所使用的计算机种类的不同，可以将计算机仿真分为模拟仿真、数字仿真和混合仿真。

（1）模拟仿真

模拟计算机是由运算放大器组成的模拟计算装置，它包括运算器、控制器、模拟结果输出设备和电源等。模拟计算机的基本运算部件为加（减）法器、积分器、乘法器、函数器和其他非线性部件。这些运算部件的输入/输出变量都是随时间连续变化的模拟量电压，故称为模拟计算机。

模拟仿真是以相似性原理为基础的，实际系统中的物理量，如距离、速度、角度和质量等，都用按一定比例变化的电压来表示，实际系统某一物理量随时间变化的动态关系和模拟计算机上与该物理量对应的电压随时间变化的关系是相似的。因此，原系统的数学方程和模拟机上的排题方程是相似的。只要原系统能用微分方程、代数方程（或逻辑方程）描述，就可以在模拟机上求解。

模拟仿真具有以下特点：

1）能快速求解微分方程。模拟计算机运行时各运算器是并行工作的，模拟机的解题速度与原系统的复杂程度无关。

2）可以灵活设置仿真试验的时间标尺。模拟机仿真既可以进行实时仿真，又可以进行非实时仿真。

3）易于和实物相连。模拟仿真是用直流电压表示被仿真的物理量，因此和连续运动的实物系统连接时一般不需要 A/D、D/A 转换装置。

4）由于受到电路元件精度的制约和易于受到外界的干扰，所以模拟仿真的精度一般低于数字仿真且逻辑控制功能较差，自动化程度也较低。

（2）数字仿真

数字仿真使用的工具是通用数字计算机。20 世纪 60 年代后期，数字计算机逐渐取代早期采用的模拟计算机，成为主要仿真工具，它把数学模型当作数字计算问题，用求解的方法进行处理。随着数值分析及软件的发展，数字仿真领域不断扩大，数字仿真几乎可以应用于如系统动力学问题、系统中的排队、管理决策问题等所有工程和非工程领域。

数字仿真模型的建立与模拟仿真模型有很大不同，它不是建立在数学模型相似的基础上，而是建立在离散数值计算的基础上。数字计算机的运算对象是二进制数码，因而机器变量表现为离散的形式，为了使数字计算机能够识别，必须将连续的数学运算转换为离散的数值计算。另外，数字仿真需要选择合适的数值计算公式，研究各种仿真算法，以实现系统模型的离散化和建立仿真模型，然后再运用适当的算法语言编制仿真程序。近年来已经开发出的大量数字仿真软件包，大大地提高了数字仿真的自动化程度。

数字仿真的特点是：

1）数值计算的延迟。任何数值计算都有计算时间的延迟，其延迟的大小与计算机本身的存取速度、运算器的解算速度、所求解问题本身的复杂程度及使用的算法有关。

2）仿真模型的数值化。数字计算机对仿真问题进行计算是采用数值计算，仿真模型必须是离散模型，如果原始数学模型是连续模型，则必须转换成适合数字计算机求解的仿真模型，因此需要研究各种仿真算法。

3）计算精度高。特别是在工作量很大时，与模拟机相比具有更大的优越性。

4）实现实时仿真比模拟仿真困难。对复杂的快速动态系统进行实时仿真时，对数字计算机本身的计算速度、存取速度等要求高。

5）利用数字计算机进行半实物仿真时，需要有A/D、D/A转换装置与连续运动的实物相连接。

（3）混合仿真

混合仿真使用的工具是混合计算机。混合计算机是由模拟计算机、数字计算机以及专用的混合接口（A/D、D/A转换装置）组成的计算机系统，兼有模拟计算机的快速性及数字计算机的灵活性。混合仿真将模拟仿真与数字仿真的优点结合起来，可充分发挥模拟计算机和数字计算机两者各自的长处，即模拟计算机的高速处理能力以及数字计算机的高精度、高存储及强逻辑功能。它不仅能解决系统动力学、管理决策等问题，而且最近也应用于解偏微分方程和求最优值的问题。

由于混合仿真可充分发挥模拟仿真和数字仿真各自的优势，因此提高了处理复杂工程系统仿真时的能力，可用于处理复杂、快速系统的实时仿真问题。但是，由于混合计算机硬件构造上的特点，其所用的硬件、软件与数字计算机相比要复杂得多，并且造价高昂，因此仅应用于航天、航空等少数领域，难以在民用部门推广。

混合仿真系统的特点是：

1）混合仿真系统可以充分发挥模拟仿真和数字仿真的特点。

2）仿真任务同时在模拟计算机和数字计算机上执行，这就存在按什么原则分配模拟计算机和数字计算机的仿真任务的问题，一般是使模拟计算机承担精度要求不高的快速计算任务，数字计算机则承担高精度、逻辑控制复杂的慢速变化任务。

3）混合仿真的误差包括模拟机误差、数字机误差和接口误差，这些误差在仿真中均应予以考虑。

4）一般混合仿真需要专门的混合仿真语言来控制仿真任务的完成。

（4）全数字并行数字仿真（并行仿真方法）

并行仿真的工具是全数字并行计算机。并行仿真就是利用并行计算机系统在多台处理机上对同一复杂模型进行并行求解，以便大大缩短仿真运行时间，或者实现对该系统的实时求解与控制。并行计算机系统通过利用多个计算机资源去完成某个单一的作业（即并行处理），以获得很高的处理速度。并行计算机的结构若从资源开发的角度可分为空间并行处理和时间并行处理两大类。空间并行处理又分为阵列处理（单指令多数据流——SIMD系统）和功能并行处理（多指令多数据流——MIMD系统）。时间并行处理主要指流水线处理（多指令单数据流——MISD系统）。

并行仿真处理速度非常高，因而适用于特大型复杂动态系统的实时仿真。并行仿真不管是在专用仿真计算机还是通用阵列计算机上实施，都需要解决诸如设计实用可靠的并行仿真算法、计算任务在各台处理机上的合理分配、各处理机间的通信方式及并行仿真算法在并行计算机上的实现等问题。另外，并行处理系统在硬件与软件的设计和实现上都存在一些问题，并行仿真硬件与软件还难以实现最佳匹配，这都使得并行计算机的优势难以得到充分发挥。

2.3 数字仿真的一般过程

无论哪种类型的仿真都是以系统数学模型为基础、在一定假设条件下进行的信息处理过程，是在仿真基础上进行的试验研究的过程。数字仿真包括系统、模型和计算机三个要素。数字仿真的主要工作有数字仿真试验总体方案设计，仿真系统集成，仿真试验规范和标准制定，各类模型的建立、校核、验证及确认，仿真系统的可靠性和精度分析与评估，仿真结果的认可和置信度分析等，涉及面十分广泛。为了使仿真试验顺利进行并获得预期的效果，必须把针对某一实际系统的仿真试验作为一项系统工程。通常系统的仿真试验是为特定的目的而设计的，是为仿真用户服务的，因此，复杂系统的仿真试验需要仿真者与用户共同参与，从这个意义上来说，仿真试验应该包括这样几个阶段的工作。对于不同类型的数字仿真方法，数字仿真的具体内容区别很大。概括地说数字仿真包括"系统模型和仿真模型的建立—仿真试验—分析"这三个基本部分，包括从建模到试验再到分析的全过程，具体步骤如图 40.4-1 所示。

随着科学技术的快速发展，数字仿真与分析技术不仅为机械系统运动学与动力学分析提供方法，而且应用到设计、制造和加工的整个过程。在设计过程中反复改变虚拟模型，调整各种设计方案直到获得满意的性能，不仅缩短了产品的开发周期和降低了成本，而且提高了产品质量。它涉及多体动力学、计算方法与软件工程等学科，利用软件建立机械系统的三维实体模型、数学和力学模型，分析和评估系统的性能，从而为物理样机的设计和制造提供参数依据。借助于这项技术，设计者可以在计算机上建立机械系统的模型，模拟在现实环境下系统的运动、动态和加工特性，并根据仿真结果进行优化设计。如果设计目标是一种新的方法，所获建模和仿真结果就可通过试验验证；如果设计是一种新的产品则无法通过试验验证，还需通过在计算机上建立虚拟样机，然后进行修改和优化，最后制造出产品。这种技术在设计阶段就可以对整个系统进行完整的分析，以达到预测产品性能的目的，从而降低成本，缩短生产周期，提高生产效率。

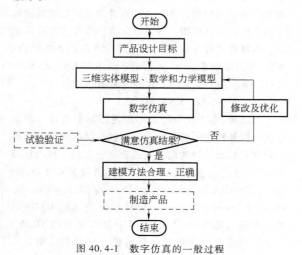

图 40.4-1　数字仿真的一般过程

（1）建模阶段

在这一阶段中，通常是先分块建立子系统的模型。若为数学模型则需要进行模型变换，即把数学模型变为可以在仿真计算机上运行的模型，并对其进行初步的校验；若为物理模型，则需要在功能与性能上覆盖系统的对应部分。然后根据系统的工作原理，将子系统的模型进一步集成为全系统的仿真试验模型。

（2）仿真模型设计

将原始的数学模型通过一定方式转换成相应模拟电路或采用计算机语言可表示和操作处理的仿真模型，从而使其能在计算机上实现和运行。仿真模型反映的是系统模型和计算机间的相互关系，其核心表现为一种算法。由于算法设计存在着一定误差，因而仿真模型是实际系统的第二次简化（二级近似），通常是离散系统方框图或差分方程（离散方程）的形式。模拟模型由各种线性运算部件（运算放大器、加法器、积分器、系数器等）组成的物理模型构成。为了保证模型的运算精度，各部件的误差必须限制在一定的范围内。在数字仿真中，仿真模型通常表现为一个近似的数值计算公式（仿真算法）。连续系统一般用微分方程描述，而离散系统一般用差分方程描述。常用的仿真算法有欧拉法、四阶龙格-库塔法、屠斯丁法和状态转换法等。混合仿真模型一般被配置在模拟计算机和数字计算机两个部分，模型中的快速运算任务由模拟计算机承担，而逻辑推导和高精度计算任务则由数字计算机承担。并行仿真模型算法必须结合计算机硬件和软件的特点才能设计出来。目前的并行算法都是针对 SIMD 或 MIMD 系统的，且大多数倾向于前者。

（3）仿真程序编制

仿真模型在实际运行之前，必须编制相应的仿真程序，即计算机能够识别并执行的各种指令。编制的仿真模型程序必须进行调试，通过改变相关条件对计算结果进行分析、处理，从而检验仿真程序是否满足仿真试验的要求。由于各种语言在性能上存在差异，因而仿真程序（程序模型）是实际系统的第三次简化。模拟仿真程序的编制是指按照运算步骤设计框图，将相应运算部件的输入和输出连接起来，它们通常都被接到一个统一的排题板上，并依一定规律配置连接孔。数字仿真程序可按照各种专用或通用仿真语言（如 CSMP、CSSL、SBASIC、GASPIV、ACSL 等）进行编制，一般包括准备及输入程序段、运行程序段、运算程序段、存储程序段和输出程序段五大部分。经常重复出现的程序段一般被编成通用的子程序模块和针对特殊应用领域的应用程序包，供随时调用。混合仿真程序必须考虑混合软件快速响应和处理外部中断的能力，以确保数字计算机、模拟计算机以及中间接口这三者在运算过程中的同步；使两种类型计算机的程序设计语言保持一致，同时还应具备人对机器实行干预的功能；顾及模拟计算机和中间接口部分的一般操作程序的应用。并行仿真程序必须考虑并行计算机硬件结构的特点，否则机器的效率将大受影响，如一些并行算法适合在阵列机上运行，而另一些却只适合在流水线向量机上运行。

现在市场上已有很多编制好的仿真程序软件，如 MATLAB、ADAMS 等，在进行数字仿真时，根据解题需要选择对应的仿真分析软件即可，不必什么都自己从头做起。

（4）模型试验阶段

在这一阶段中，首先要根据试验的目的制订试验计划、核实试验大纲，在计划和大纲的指导下设计一个好的流程，选定待测量变量和相应的测量点，以及适合的测量仪表；之后转入模型运行，即进行仿真试验并记录结果。

（5）结果分析阶段

结果分析在仿真过程中占有重要的地位。在这一阶段中需要对试验数据进行去粗取精、去伪存真的科学分析，并根据分析的结果做出正确的判断和决策。因为试验的结果反映的是仿真模型系统的行为，这种行为能否代表实际系统的行为，往往得由仿真用户或熟悉系统领域的专家来判定。如果得到认可，则可以转入文档处理，否则，需要返回建模和模型试验阶段查找原因，或修改模型结构和参数，或检查试验流程和试验方法，然后再进行试验，如此往复，直到获得满意的结果。数字仿真语言是现代仿真工具，因其相对简单而被广泛采用。仿真语言最大的优点是软件相对独立于硬件装置，其缺点是仿真速度不能满足实时仿真的要求。

2.4 数字仿真与分析相关软件

仿真与分析软件是一类面向仿真与分析用途的专用软件，它的特点是面向问题、面向用户。它的功能可概括为：

1）模型描述的规范及处理。
2）仿真试验的执行与控制。
3）资料与结果的分析、显示及文档化。
4）对模型、试验程序、资料、图形或知识的存储、检索与管理。

根据上述功能的实现情况，仿真软件分为仿真程序、仿真语言、仿真环境三个不同的层次。

仿真软件包括仿真程序和仿真语言，其中仿真程序是仿真软件的初级形式，是仿真软件的基本组成部分。仿真程序用于某些特定问题的仿真，可提供许多算法；仿真语言则为用户提供更强的仿真功能，适用于不同领域的多种系统的仿真。仿真程序主要是采用高级计算机语言开发出来的，早期使用 BASIC 语言，而现在一般使用 FORTRAN 语言和 Visual C 语言开发仿真程序，并且还发展到采用 Visual C++语言来开发面向对象的计算机仿真程序。仿真程序一般对计算机的硬件要求比较低，一般的计算机只要配置了相应的算法语言程序就可以运行；仿真程序可以针对不同的问题做适当的修改，以满足不同的需要；仿真程序使用比较简单，只需要输入系统模型和系统参数即可，并可选择多种积分算法。但仿真程序在功能上一般比较简单，只适用于解决某一特定领域的一些小型仿真问题。

目前常用的典型数字化建模与仿真软件有许多种类型，根据不同要求，可采用不同成熟软件进行设计。其中三维实体造型软件已广泛应用于机械设计及制造领域，如 SolidWorks、Pro/E、UG 和 CATIA 等功能强大的软件，这些三维实体建模软件可以快速地建立零件、进行装配，非常直观地看到物体的每个位置和方向，可以检验干涉、碰撞等现象的发生，可以非常形象地看到物体运动，以及设计和制造的整个流程。运动学和动力学仿真软件，如美国 MSC.ADAMS、德国 SIMPACK、比利时 DADS，该类软件采用数字化虚拟现实技术，在给出初始条件时，通过这些软件很容易测出物体某个零件的位移、速度、加速度、力、转矩等。有限元分析软件，如 MSC.NASTRAN、ANSYS、ABAQUS 等，能够进行包括结构、热、声、流体以及电磁场等学科的研究，尤其在电子和制造业等领域有着广泛的应用。控制仿真软件，如 MATLAB，可很快解决数学计算上和控制方面难以解决的问题。通过这些软件建立可信度高的数字化模型和实体模型，等效简化实际工况进行虚拟试验，在设计阶段可以完全预测评价产品的各项性能，如图 40.4-2 所示。本章主要介绍 ADAMS、ANSYS、MATLAB 工具包、VRML 软件及编辑语言。

（1）MSC.ADAMS 软件

ADAMS 在工程中的应用是通过界面友好、功能强大、性能稳定的商品化虚拟样机软件实现的。国外虚拟样机技术软件的商品化过程早已完成，目前比较有影响的产品包括美国 MSC 公司（MSC.Software Inc.）的 ADAMS（Automatic Dynamic Analysis of Mechanical System）软件、比利时 LMS 公司的 DADS 以及德国航天局的 SIMPACK。其中 MSC 公司的 ADAMS 占据了全球市场 50%以上的份额，是目前应用最广泛的虚拟样机软件。

ADAMS 软件包括三个最基本的解题程序模块：ADAMS/View（基本环境）、ADAMS/Solver（求解器）和 ADAMS/PostProcessor（后处理）。ADAMS/View 提供了一个直接面向用户的基本操作环境，包

图 40.4-2　数字仿真与分析相关软件

括样机的建模和各种建模工具、样机模型数据的输入与编辑、与求解器和后处理等程序的自动连接、虚拟样机分析参数的设置、各种数据的输入和输出、同其他应用程序的接口等。ADAMS/View 环境完成虚拟样机的前处理工作。

ADAMS/Solver 是求解机械系统运动和动力学问题的程序。完成样机分析的准备工作以后，ADAMS/View 自动调用 ADAMS/Solver 模块，求解样机模型的静力学、运动学或动力学问题，完成仿真分析以后再自动地返回 ADAMS/View 操作界面。ADAMS/Post-Processor 模块具有很强的后处理功能，它可以回放仿真结果，也可以绘制各种分析曲线，还可以对仿真分析曲线进行数学和统计计算。此外，ADAMS 软件还包括其他扩展模块，如图形接口模块 ADAMS/Exchange、柔性分析模块 ADAMS/Flex、工程专业模块 ADAMS/Car 和 ADAMS/Aircraft 等。

（2）有限元分析软件 ANSYS

ANSYS 软件是美国 ANSYS 公司开发的、用于计算机辅助工程的大型有限元分析程序。ANSYS 软件在其不断发展过程中，逐渐形成了丰富的功能，包括结构高度非线性分析、电磁分析、计算流体动力学分析、设计优化、接触分析和自适应网格划分等功能。ANSYS 设计数据访问模块（DDA）能够将使用 CAD 建立的模型输入到 ANSYS 程序中，DDA 为与设计数据密切相关的分析求解提供保证，并可通过先进的接口访问分析结果。ANSYS 软件可在大多数计算机及操作系统上进行，它的文件可在其所有的产品系列和

工作平台上兼容。ANSYS 软件能与多数 CAD 软件实现数据的共享和交换，如 Pro/Engineer、UG、AutoCAD 等。

（3）CACSD 软件 MATLAB

MATLAB 软件是美国 MathWorks 公司开发的，它具有强大的矩阵运算能力，后来应用于信号处理、数学等学科加入各种实用的专用工具箱，使其越来越完善，功能越来越强大；另外，它具有大量的工具箱和丰富的函数，以及图形和用户界面、仿真功能模块库和开发调试工具等，功能强大；由于采用矢量化运算，运算速度快，且具有应用编程接口、预处理文件、实时代码生成及外部运行模式及丰富的求解器。软件具有开放和可扩展性，可以自定义数据类型（面向对象编程），具有 C/C++数学库和图形库，可建立独立可任意发布的外部应用，进行图形界面设计，采用应用编程接口、用户自定义扩展功能模块、自定义实时应用模块等。目前，该软件已经广泛应用于制造业、航空航天、电信行业、计算机外设开发、教育、科学研究、金融财务等领域。

（4）VRML 软件

虚拟现实建模语言（Virtual Reality Modeling Language，VRML）是一种可以在万维网上发布的、采用文本信息描述交互式三维场景的文件格式。VRML 文件描述了基于时间的三维空间（即虚拟现实），它包含了图形对象和听觉对象，可以通过多种机制动态修改。

VRML 定义了一种把三维图形和多媒体集成在一

起的文件格式。在语法上，VRML 文件是一种显式地定义和组织三维多媒体对象的集合；在语义上，VRML 文件描述了基于时间的交互式多媒体信息的抽象行为。VRML 是一种 3D 交换格式，它定义了当今 3D 应用中的绝大多数常见概念，诸如变换层级、光源、视点、几何、动画、雾化、材质属性和纹理映射等。VRML 文件是一个基于时间的三维空间，包含了可以通过多种机制进行动态修改的图形和听觉对象。

VRML 具有如下的基本特性：VRML 可以通过包含关系将多个文件（包括 VRML 文件和其他标准图像、声音和视频文件等）组织在一起，层次性的包含关系使得创建任意大动态场景成为可能；VRML 内建了支持多个分布式文件的多种对象和机制，适用于分布式环境；VRML 采用 C/S（客户/服务器）访问方式，实现了平台无关性；VRML 使用了（优于普通 3D 建模和动画的）VR 实时 3D 着色引擎，能提供更好的交互性。VRML 还提供了 6（3 个方向的移动和转动）+1（与其他三维空间的超链接）个自由度；VRML 采用 ASCII 文本来描述场景和链接（似 HTML 和 XML）；也可以压缩成 ".zip" 和 ".rar" 文件，还有二进制文件格式；VRML 具有可伸缩性，能够适应不同的硬件设备和网络环境，还可以进行扩充（可以根据需要来定义自己的对象及其属性，并通过原型、描述语言等机制，使 VRML 浏览器能够解释这些对象及其行为）。

3 数字化分析技术

3.1 数字化分析技术内涵及其软件

随着计算机技术的快速发展，数字化分析技术已成为快速解决实际问题的重要手段之一。数字化分析技术是基于计算机建模与仿真方法对工程或产品设计和制造过程的成本、外观、功能、性能、可制造性、安全可靠性及制造周期等指标进行分析和评价，从而为实际产品和工程的设计和制造提供参考依据及使其优化。

数字仿真分析技术主要包括几何仿真分析和物理仿真分析。几何仿真分析主要从几何角度分析产品的运动状态、加工过程中干涉及碰撞、NC 代码检验等。物理仿真分析主要分析产品物理特性，如结构力学（包括线性与非线性）、加工动力学、效力学、流体力学、电路学和电磁学等。而越来越多的发展是结合不同的领域，如流体与结构力学的结合、电路学与电磁学的结合，应用也越来越广泛。

目前常用的数字仿真分析软件有 CAE、VP 和 CFD 等。CAE 指工程设计中的计算机辅助工程分析，

它利用计算机辅助求解分析复杂工程和产品的结构力学性能，以及优化结构性能，其发展越来越迅速。产品的动力传动可以借着机构系统仿真分析软件来虚拟各组件之间的动力传递以及组件之间有可能产生的摩擦力或接触力。而计算流体动力学 CFD 的软件可以仿真静态及动态下流体的行为以及流体与结构体之间的关系。完成前面的工作后，再使用结构力学和振动学的计算软件计算结构体的应力、应变、位移以及在振动时结构体的动态行为。当做完这些分析之后，可以使用最佳化或参数确认对设计进行修订，并借着模型的修正重做分析以得到最好的结构。而完成试验测量可用来确认分析的误差，同时可以建立分析的可靠度。使用 CAE 软件并结合其他软件可以对各种不同企业建立起专家系统，更可以缩短新产品的开发时间。

3.2 几何仿真分析技术

任何一个机械产品零部件模型都可用几何模型和属性模型来描述。几何模型表示工件的几何形状、几何尺寸及各曲面的相对位置等；属性模型表示工件的物理属性、化学属性和管理信息等。几何仿真从纯几何角度出发，在仿真过程中将产品零部件看作刚体，不考虑质量、弹性变形等物理因素的影响。机电产品各个零部件之间的相互关系由上向下、逐层分解的装配关系所决定，通过零部件之间的相对位置和装配关系的描述，反映部件之间的相互约束关系。产品零部件几何模型之间的约束关系包括三类：几何关系、运动关系和相容/排斥关系。几何关系主要描述零件以及部件间的几何元素（点、线、面）之间的相互关系，它分为配合、对齐、偏置和接触四类；运动关系是描述零部件之间存在的相对运动（如直线运动、旋转运动）的一种关系；而相容/排斥关系表示产品部件之间存在的相容和排斥关系，即某些部件允许在同一台机床中同时存在，而某些则互相排斥，不允许在同一台机床中同时出现。

利用几何仿真，可以在计算机屏幕上逼真地显示产品整体和局部结构，从而使产品开发人员能够从不同角度、以不同的显示方式对产品进行研究和分析。通过模拟各个零部件之间的相互运动过程、装配和拆卸过程等，可以发现产品设计中可能存在的潜在碰撞和干涉错误。例如，对发动机曲轴-连杆-活塞进行装配仿真，检验其装配过程可能产生的碰撞和干涉，有助于在产品设计阶段就发现发动机未来工作过程中可能存在的问题。图 40.4-3 所示为基于 Web 的车铣加工中心运动过程仿真的可视化显示。

3.3 物理仿真分析技术

物理力学仿真包括工程对象（如机械结构、船

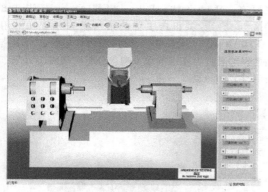

图 40.4-3　基于 Web 的车铣加工中心
运动过程仿真的可视化显示

舶结构、大型承运结构等）的静动态、线性与非线性分析、温度场、热传导及热应力分析、磁场分析、流体场分析、电场分析及它们之间的耦合分析等。其目的就是根据分析任务的多样性和复杂性，以及目标的多重性，从系统的角度出发，以数值方法为主要手段，通过对工程对象的设计、分析、咨询等，逐步实现知识的综合信息分析及优化。

大多数工程分析问题都具有多目标、多约束、多参数、多假定及模糊性的特点，如新产品的开发设计中，新的设计方案出台之后，方案的可行性、可靠性等方面的问题。若完全依靠实物模型试验，需要消耗大量的人力、财力和时间。若借助于计算机分析手段，则可根据不同的工程分析目的与要求，采用不同层次的分析方法，从而得到可行的满足工程需要的分析结果。

物理力学仿真使许多过去受条件限制无法分析的复杂问题通过计算机数值模拟得到满意的解答，使大量繁杂的工程分析问题简单化，节省了大量的时间，避免了低水平重复的工作，使工程分析更快、更准确，在产品的设计、分析、新产品的开发等方面发挥了重要作用。例如，物理力学仿真可用于车辆系统的起步加速过程的仿真、离合器接合过程的仿真，并可用于汽车动力性能、拖拉机牵引性能的分析，利用有限元技术可对发动机进行工作过程的模拟计算，以实现对产品的优化设计。

（1）结构静力学分析

结构静力学分析用来分析由于稳态外部载荷引起的系统或部件的位移、应力、应变和力。静力分析很适合求解惯性及阻力的时间相关作用对结构响应的影响并不显著的问题。这种分析类型有很广泛的应用，如确定结构的应力集中程度，或预测结构中由温度引起的应力等。

静力学分析包括线性静力学分析和非线性静力学

分析。图 40.4-4 所示为主轴系统的结构静力分析。

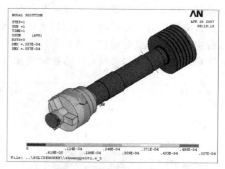

图 40.4-4　主轴系统的结构静力分析

非线性静力学分析允许有大变形、蠕变、应力刚化、接触单元和超弹性单元等。结构非线性可以分为几何非线性、材料非线性和状态非线性三种类型。

几何非线性指物体在外部载荷作用下所产生的变形与其本身的几何尺寸相比不能忽略时，由物体的变形引起的非线性响应。

材料非线性指物体材料变形时，材料所表现的非线性应力应变关系。常见的材料非线性有弹塑性、超弹性和黏弹塑性等。许多因素可以影响材料的非线性应力-应变关系，如加载历史、环境温度和加载的时间总量等。

状态非线性是指结构表现出来的一种与状态相关的非线性行为，如两个变形体之间的接触。随着接触状态的变化，其刚度矩阵发生显著的变化。

（2）结构动力学分析

结构动力学分析一般包括结构模态分析、谐响应分析和瞬态动力学分析。结构模态分析用于确定结构或部件的振动特性（固有频率和振型）。它也是其他瞬态动力学分析（如谐响应分析、谱分析等）的起点。

结构模态分析中常用的模态提取方法有：子空间（Subspace）法、分块的兰索斯（Block Lanczos）法、PowerDynamics 法、豪斯霍尔德（Reduced Householder）法、Damped 法以及 Unsysmmetric 法等。

谐响应分析是用于分析持续的周期载荷在结构系统中产生的持续的周期响应（谐响应），以及确定线性结构承受随时间按正弦（简谐）规律变化的载荷时稳态响应的一种分析方法，这种分析只计算结构的稳态受迫振动，不考虑发生在激励开始时的瞬态振动，谐响应分析是一种线性分析，但也可以分析有预应力的结构。

瞬态动力学分析（亦称时间历程分析）是用于确定承受任意随时间变化载荷的结构的动力学响应的一种方法。可用瞬态动力学分析方法确定结构在静载荷、瞬态载荷和简谐载荷的随意组合作用下的随时间变化的位移、应变、应力及力。由于载荷和时间的相关性，分析中惯性力和阻尼的作用比较重要。瞬态动力学分析主要采用直接时间积分方法，该方法功能强大，允许包含各种类型的非线性。直接时间积分方法

主要有：Houbolt 法、Wilson 法和 Newmark 法。图40.4-5a 所示为某机床主轴的结构模态分析（采用NASTRAN 解算），图 40.4-5b 所示为该主轴在凸块路面的瞬态激振力作用下动力响应分析的结构应力分布云图（$T = 0.322\text{s}$）。

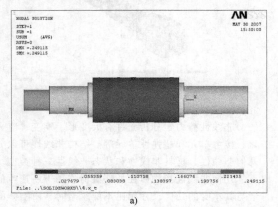

a)

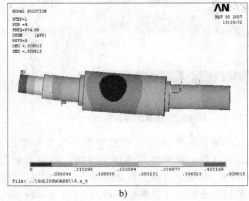

b)

图 40.4-5　某型机床主轴 1 阶和 4 阶模态振型

（3）热及热应力分析

热分析用于计算一个系统或部件的温度分布及其他热物理参数，如热量获取或损失、热梯度和热流密度（热通量）等。热分析在许多工程应用中具有重要的作用，如内燃机、涡轮机、换热器、管路系统和电子元件的热分析等。物体热分析包括对热传导、热对流及热辐射三种热传递的分析。此外，在一些 CAE 软件中，热分析还可包括相变分析、有内热源及接触热阻等问题的分析。热分析的有限元方法一般基于能量守恒原理的热平衡方程，计算各节点的温度，并导出其他热物理参数。热分析的有限元方法中，常用的初、边值条件有：温度、热流率、热流密度、对流、辐射、绝热和生热等。

1）稳态传热分析。在稳态传热分析中，系统的温度场不随时间变化。稳态传热分析用于研究稳定的热载荷对系统或部件的影响。稳态传热分析的有限元计算可以确定由稳定的热载荷引起的温度、热梯度、热流率和热流密度等参数。如图 40.4-6 所示为单颗粒磨削加工过程的温度场分布。

2）瞬态传热分析。瞬态传热分析中，系统的温度场随时间明显变化。瞬态传热分析的有限元可以计算一个系统随时间变化的温度场及其他热物理参数。在工程中一般用瞬态传热分析计算温度场，并将其结果作为热载荷进行应力分析。

常见的热耦合分析有：

① 热-结构耦合分析。

② 热-流体耦合分析。

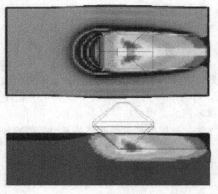

图 40.4-6　单颗粒磨削加工过程的温度场分布

③ 热-电耦合分析。

④ 热-磁耦合分析。

⑤ 热-电-磁-结构耦合分析。

（4）其他分析

1）电磁场分析。电磁场有限元分析方法可用来分析电感、电容、磁通量密度、涡流、电场分布、磁力线、力、运动效应、电路和能量损失等多方面的电磁场问题。

磁场分析的有限元公式由磁场的 Maxwell 方程组导出，在方程组导出过程中，需考虑电磁性质关系，并将标量势或矢量势引入 Maxwell 方程组。有限元磁场分析一般提供各种线性和非线性材料表示方法，包括各向同性和各向异性的线性磁导率、材料的 B-H 曲线和永磁体的退磁曲线，能计算磁通密度、磁场强

度、力、力矩、源输入能量、感应系数、端电压和其他参数。

电场有限元分析方法可用于分析研究电流传导、静电分析和电路分析，计算的典型物理量包括电流密度、电场强度、电势分布、电通量密度、传导产生的焦耳热、贮能、力、电容、电流以及电势降等。

电场有限元分析还可与结构、流体及热分析相耦合形成相应的分析方法，如电路耦合器件的电磁场分析时，电路可被直接耦合到导体或电源，同时也可计及运动的影响。

2）流体动力学分析。流体动力学分析内容一般包括：层流或湍流分析、流体的传热与绝热分析、可压缩流或不可压缩流的分析、牛顿流体或非牛顿流体的分析、多组分输运分析等。

采用这些分析功能在工程应用中一般能解决以下问题：

① 作用于气动翼型上的升力和阻力。
② 超音速喷管中的流场。
③ 弯管中流体的复杂三维流动。
④ 发动机排气系统中气体的压力及温度分布。
⑤ 管路系统中热的层化及分离。
⑥ 热冲击的估计。
⑦ 电子封装芯片的热性能。
⑧ 多流体热交换器的研究。

4　数字仿真与分析应用实例（全断面掘进机刀具和刀盘系统仿真分析）

随着产品复杂性的增加，在新产品制造之前，对关键部件的研究是必不可少的。全断面掘进机是一台现代化的大型、复杂的产品，其关键部件有刀盘和刀具系统、管片安装机、转弯及纠偏铰接机构、液压驱动系统、密封系统等，这些部件的质量和性能直接影响到整机性能和掘进速度。在开发该产品过程中，课题组首先针对不同地质条件下全断面掘进机刀具布置、刀具形状及优化，管片安装机及其微调机构的运动学、动力学及模态仿真分析的运动特性和动力特性等方面进行深入研究。这里仅以刀具和刀盘系统的运动学和动力学仿真分析作为数字仿真分析的实例。

4.1　刀具和刀盘系统的运动学和动力学仿真分析

在实际工程中，刀具和刀盘系统通常有两种分类：一种是刮刀及刀盘，另外一种是滚刀及刀盘。本实例主要以刮刀和刀盘系统进行运动学和动力学仿真分析，并利用 ADAMS 软件进行仿真分析，具体步骤如下：

1）在 ADAMS/View 中对模型进行检查。检查三维模型是否完成，尤其关键部件是否有丢失现象的发生。在 SolidWorks 中导入 ADAMS 有三种主要图形交换格式，分别是 STEP 格式、IGES 格式和 Parasolid 格式。

在上面三种格式中，Parasolid 格式成为开发高端、中等规模 CAD 系统及商品化 CAD/CAM/CAE 软件的标准，采用 Parasolid 作为两个软件进行数据交换的桥梁。Parasolid 格式的几何核心系统可提供精确的几何边界表达（B-Rep），能够在以它为几何核心的 CAD/CAE 系统间可靠地传递几何拓扑信息（包括点、边界、片、环、面、体等）；并且 Parasolid 还具有容错造型技术（Tolerant Modeling），它可根据情况对不配合的公差进行优化，并能在优化后保持处理的连续性和一致性，这样就可通过自带的 xmt_txt 文件，利用 Parasolid 管道实现数据的无缝传送。

2）刀具和刀盘系统的三维模型以 Parasolid 格式导入 ADAMS/View 后，首先需要添加零件的材料，修改零件名称。零件之间的约束关系（移动副、转动副、铰接、球接、固定），如图 40.4-7 和图 40.4-8 所示。然后在刀尖添加驱动（General_ motion），进行参数设置。

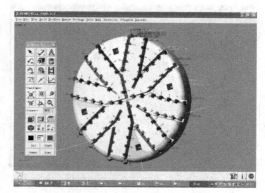

图 40.4-7　刮刀和刀盘的数字样机模型

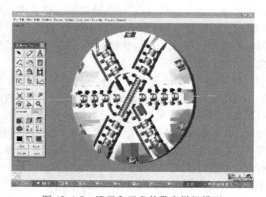

图 40.4-8　滚刀和刀盘的数字样机模型

3）先对仿真模型进行相应修改，调整相应结构、装配位置、零件之间约束关系，然后进行反复的仿真分析和数据处理。在分析过程中，只需改变样机模型中的有关参数值，就可以自动地更新整个样机模型，最终得到满意的虚拟样机模型。在调整之前打开ADAMS/View的自检结果表是非常重要的，据此可以知道全断面掘进机模型内零件信息和零件之间的约束关系，检查所添加的约束关系和自由度是否正确。通过检验，可知该全断面掘进机模型建立是正确的，如图40.4-9和图40.4-10所示。

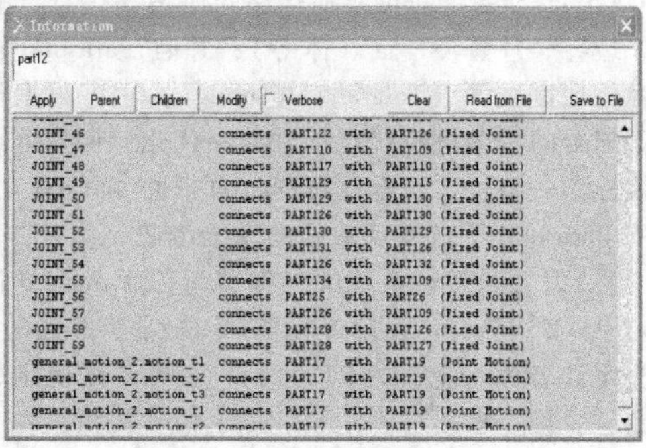

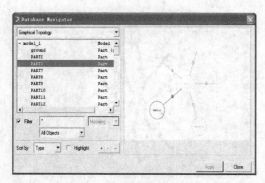

图40.4-9　刀具和刀盘系统的信息表

图40.4-10　数字样机模型中间拓扑图

进行运动学和动力学仿真的初始条件是：首先刀盘驱动系统进行（0，1s）内加速旋转，使速度达到100°/s；然后在（1s，9s）内以100°/s进行匀速旋转；最后在（9s，10s）内减速到0，并以函数形式作为驱动动力进行仿真。

图40.4-11所示为刀具系统中的边缘刮刀在 X、Y、Z 以及空间上的线速度曲线。边缘刮刀在1s内的线速度达到900mm/s，然后进行匀速运动。由于刮刀在 X、Y 平面内运动，Z 方向速度为0，与实际相符；在 X、Y 方向上线速度是不断变化的，在加速和减速过程中都是以非正弦速度曲线运动，在匀速过程中两个方向的速度都是以正弦曲线运动。

图40.4-12所示为边缘刮刀在合成方向上的角速

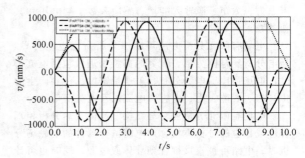

图40.4-11　边缘刮刀在多方向上的线速度曲线

度和角加速度曲线。通过仿真曲线可以看出刮刀的角速度和初始角速度相同，符合运动定律。根据微分方程，可以得出角加速度曲线的正确性。

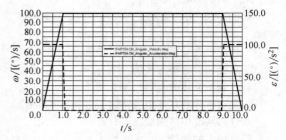

图40.4-12　边缘刮刀在合成方向上的角速度和角加速度曲线

由图40.4-13可知，不同半径上的边缘刮刀的线速度是不同的，但运动规律相同；半径越大的刮刀线速度越大，但角速度相同。

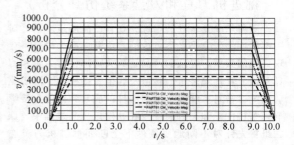

图40.4-13　不同半径边缘刮刀在合成方向上的线速度曲线

由图40.4-14可以看出，不同半径上的边缘刮刀的位移是不同的，但运动规律相似，半径越大的刮刀位移曲线越大。

图40.4-15所示为刀具系统中的边缘刮刀在 X、Y、Z 以及空间上的位移曲线。Z 方向位移为0，与实际相符；在 X、Y 方向上位移是不断变化的，在加速和减速过程中都是以非正弦位移曲线运动，在匀速过程中两个方向的位移都是以正弦曲线运动。

由图40.4-16可以看出，假设在不受外力的情况下，不同半径上的边缘刮刀受到的力是不同的。通过

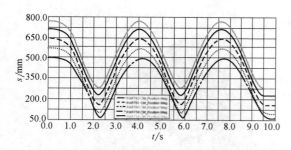

图 40.4-14 不同半径边缘刮刀在合成方向上的位移曲线

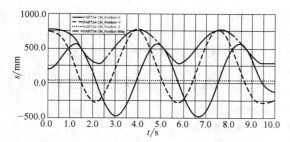

图 40.4-15 一边缘刮刀在多个方向上的位移曲线

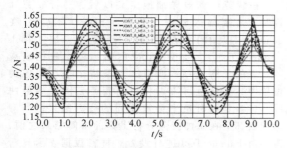

图 40.4-16 同半径边缘刮刀在合成方向上的受力曲线

离心力规律计算和分析，半径越大的刮刀，离心力曲线越大；在匀速运动时，力曲线是正弦曲线规律；在加速或减速时，离心力急速变化。

图 40.4-17 所示为不同半径边缘的刮刀在合成方向上的转矩曲线，无论在加减速度还是在匀速运动时，转矩是相同的。

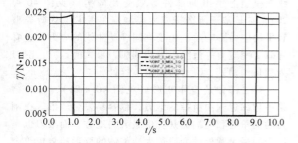

图 40.4-17 不同半径边缘刮刀在合成方向上的转矩曲线

通过以上的运动学分析和动力学分析，求出的速度、

加速度、力和转矩的数据为零部件设计提供了依据。

4.2 全断面掘进机的刀具模态仿真分析

对全断面掘进机关键部件进行模态分析是非常重要的，不仅可以获得频率特性和振动特性，而且可以获得应力和强度的变化及规律。因此，有必要进行关键部件的有限元分析。

目前使用的刀具一般有两类：一是刮刀类刀具，二是滚动类刀具。刮刀具是指只随刀盘转动而没有自转的破岩刀具。刮刀具的种类繁多，目前全断面掘进机上常用的刮刀具有边刮刀、切刀、齿刀、先行刀和仿形刀等。

滚动刀具是指不仅随刀盘转动，还同时做自转运动的破岩刀。刀盘在纵向液压缸施加的推力作用下，使其上的盘形滚刀压入岩石；刀盘在旋转装置的驱动下带动滚刀绕刀盘中心轴公转，同时各滚刀还绕各自的刀轴自转，使滚刀在岩面上连续滚压。刀盘施加给刀圈推力和滚动力，其中推力使刀圈压入岩体，滚动刀使刀圈滚压岩体。通过滚刀对岩体的挤压和剪切，使岩体发生破碎，在岩面上切出一系列的同心圆。

（1）建模方法

建模有两种方式：第一种是用在 ANSYS Workbench 的专业建模模块 DM 下，建立有限元分析模型，这种方法的优点是建模模块本来就是 ANSYS 的模块，数据的完整性更好，缺点是对特征比较复杂的模型的建立比较困难，对于不太熟悉 DM 的分析者来说，上手也需要一点的时间。第二种就是选择和 ANSYS Workbench 有无缝接口的专用的三维建模软件。ANSYS Workbench 有非常强大的协同仿真环境，具有非常完善的数据接口，可以与许多先进的 CAD 软件共享数据，各种零件的尺寸参数和装配关系等参数都可以在 ANSYS Workbench 和 CAD 软件之间实现传输。利用 ANSYS Workbench 和 SolidWorks 之间的无缝数据接口，首先可以精确地将在专业建模软件 SolidWorks 平台上生成的数据导入 ANSYS Workbench，在 ANSYS Workbench 中划分网格求解，避免了 DM 的烦琐性。ANSYS 的这种无缝数据接口已经嵌入到了很多的 CAD 软件中，用户可以直接在 CAD 软件中对模型进行预处理，保证 CAD 数据和分析数据间的相关性，为此，ANSYS 软件提供了支持开放集合模型传递标准（IGES）格式及其他数据格式的数据接口，用户可以使用 CAD 中定义好的有限元模型（包括节点位置、单元连接、材料特性、载荷与约束等），然后导入 ANSYS Workbench，并根据需要再利用模型优化，在 ANSYS Workbench 中把 SolidWorks 模型数据转化成 DM 模型数据，如图 40.4-18 和图 40.4-19 所示。

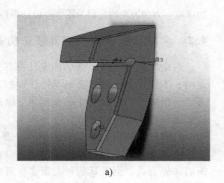 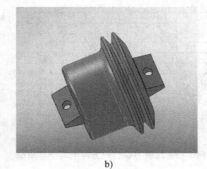

a)　　　　　　　　　　　　　　　　　　　b)

图 40.4-18　刀具的三维模型

a) 刮刀模型　b) 滚刀模型

图 40.4-19　SolidWorks 和 ANSYS 的无缝链接

（2）指定材料

进行疲劳分析是基于线性静力分析，所以需要用到弹性模量和泊松比。本实例中，全断面掘进机刀具的材料是 40CrNiMoA 钢，设定其弹性模量 $E = 206\text{GPa}$，泊松比 $\mu = 0.3$，密度 $\rho = 7200\text{kg/m}^3$。把刀具模型由 SolidWorks 导入 ANSYS Workbench 后，应该预先建立材料特性曲线。

（3）定义载荷和支撑

全断面掘进机在实际工作过程中，刀的受力比较复杂。在推进的过程中，刀具受到两个力、两个转矩。受到的液压缸给刀盘的推进力，这是一对作用力与反作用力。根据液压缸的额定技术指标，这个推力的大小为 6000kN。刀具是通过三个螺栓与刀盘基体固定在一起的，因此推力也是通过这三个螺栓传递给刀具的。力的作用点分别为这三个螺栓孔的前方，这是一个半圆形的面力，方向为垂直于圆柱轴线；土壤的反作用阻力垂直于刀具的前作用面，大小与推理的大小相同，方向相反，也是一个面力。同时刀具还受到转矩的作用，刀盘旋转的转矩大小为 600kN·m。由于刀具的形状比较特殊，不是一个规则的圆柱体，故对单一的刀具进行疲劳分析的时候，这个转矩的中心无法寻找。采用的方法是把这个转矩转化成一个等大的面作用力，代替转矩的作用。

（4）设定求解结果

疲劳分析首先是基于静力分析的，因此需要知道应力、应变和变形接触结果。在求解过程中，可向 Solution 栏添加 Equivalent（Von Mises）和 Total Deformation，以查看在施加载荷之后刀具的应力大小状况和总体变形特点，找到应力最大点。

在疲劳计算被详细地定义以后，进行疲劳计算时，需要插入疲劳工具条（Fatigue Tool）：在 Solution 子菜单下，从相关的工具条上添加 "Tools >Fatigue Tool"，Fatigue Tool 的明细窗中将控制疲劳计算的求解选项；疲劳工具条将出现在相应的位置中，并且也可添加相应的疲劳云图或结果曲线，这些是在分析中会被用到的疲劳结果，如寿命和破坏。在添加疲劳分析工具的求解结果之前，需要对 Fatigue Tool 进行设置。材料数据表示光滑试件和在役构件，因此定义疲劳强度因子为 0.8；刀具每旋转一周，都会受到交互应力循环，定义为对称循环载荷；由于是全反载荷而不是平均应力，所以不需要平均应力理论；定义 Von Mises 应力以便和疲劳材料数据比较。

添加完求解结果后，单击求解，查看分析的结果。静力分析结果有两部分，一是等效交变应力等值线在模型上绘出的部件等效交变应力（见图 40.4-20），它是基于所选择应力类型，在考虑了载荷类型和平均应力影响后，用于询问 S-N 曲线的应力。查看等效交变应力等值线会查找到应力最大的地方，刮刀为拐角沟槽处，滚刀为固定螺栓处。

第二部分是整体变形（见图 40.4-21），这一结果中越靠近图中所指的地方，越容易发生变形。在刮刀的尖角处和前端面是变形最大的地方，而滚刀也是滚子的最大圆处的变形最大，整体的变形趋势也符合理论上的预期效果。整体变形情况和实际挖掘过程中的刮刀损坏的位置基本吻合。

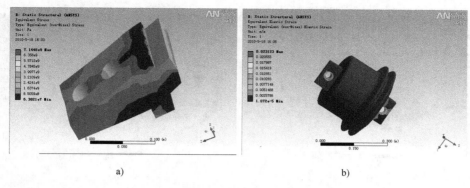

图 40.4-20　等效交变应力图
a）刮刀　b）滚刀

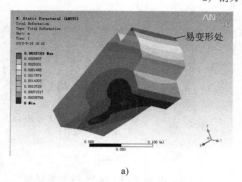

a）

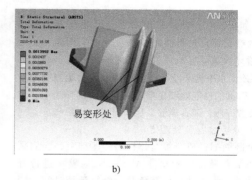

b）

图 40.4-21　整体变形图
a）刮刀　b）滚刀

疲劳分析的结果有三部分：第一部分是安全系数等值线（见图 40.4-22），它是一个在给定设计寿命下的失效。由分析结果可知，全断面掘进机在此循环下是安全的。

第二部分是双轴指示应力双轴等值线（见图 40.4-23），它有助于确定局部的应力状态，是较小与较大主应力的比值（对于主应力接近 0 的可忽略）。因此，单轴应力局部区域为 B 值为 0，纯剪切的为 -1，双轴的为 1。

第三部分是疲劳敏感性（Fatigue Sensitivity），显示的是部件的寿命、损伤或安全系数在临界区域随载荷变化而变化的一个疲劳敏感曲线图，能够输入载荷变化的极限（包括负比率）。

疲劳分析的结论如下：

1）若某一部件在承受循环载荷，经过一定的循环次数后，该刮刀部件裂纹或损坏将会发展，而且有可能导致失效，这和掘进过程中的事实是相符的。

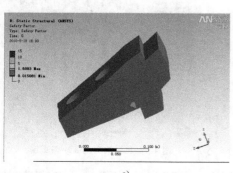

a）

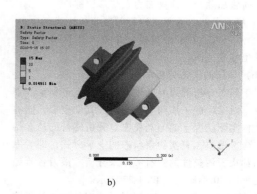

b）

图 40.4-22　安全系数
a）刮刀　b）滚刀

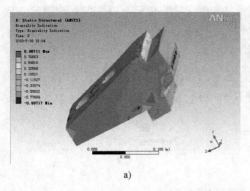 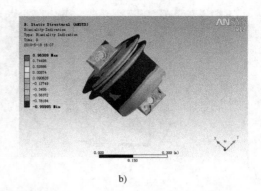

a)　　　　　b)

图 40.4-23　双轴指示
a）刮刀　b）滚刀

2）如果同一个部件作用在更高的载荷下，则导致失效的载荷循环次数将减少，在增加了循环力的大小后，循环次数明显减小，对应的寿命也减小。

3）该泥水平衡全断面掘进机的刮刀满足当前地质的要求，刀具的性能能够在指定的交互力的作用下达到一定的疲劳寿命，刀具能够满足当前工况的要求。

（5）分析过程及处理方法

在全断面掘进机三维实体模型的基础上，我们采用结构力学有限元分析软件 ANSYS 来对整机进行有关分析计算。为了减小计算负荷，缩短计算时间，同时尽量真实地模拟全断面掘进机的实际情形，我们对整机各部件及部件之间的接触关系做了一些合理的简化和模拟。

1）三维实体模型的简化。对各部件三维实体模型进行合理简化，简化原则为：

① 定义材料属性。

② 施加约束。

③ 施加重力载荷。计算整机在重力加速度 $g = 9.8\mathrm{m/s^2}$ 作用下的变形情况。

④ 施加集中力载荷。在铣轴中心分别沿 x、y、z 三个方向施加载荷，计算加力点变形位移。

2）模态分析。对整机进行模态分析计算。

3）后处理。在后处理模块中查看计算结果，绘制变形位移等值图。

（6）结构的模态分析结果

对于模态分析的边界条件，有自由模态和工作模态之分。对结构的工作约束状态进行真实模拟，能够给出结构实际状况下的振动模态。分析转台的动态特性时，应首选模拟真实约束状态的支承方式，即考虑结构的约束，用整体的固有频率来分析。滚刀各阶频率振型如图 40.4-24～图 40.4-27 所示。

图 40.4-24～图 40.4-27 所示是滚刀的前4阶固有频率，分别为 754.8Hz、2022.2Hz、2149.8Hz 和

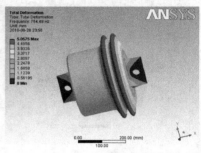

图 40.4-24　滚刀的1阶振型图

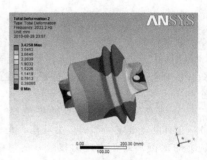

图 40.4-25　滚刀的2阶振型图

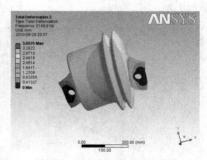

图 40.4-26　滚刀的3阶振型图

2741Hz，分别表现为前后摆动、左右摆动、上下摆动同时左右摆动和上下摆动同时前后摆动。滚刀的固有频率和振型方向见表 40.4-1。

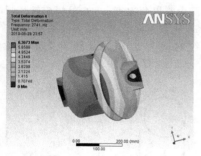

图 40.4-27　滚刀的 4 阶振型图

表 40.4-1　滚刀的固有频率和振型方向

滚刀的阶数	固有频率/Hz	振型方向
1	754.8	前后摆动
2	2022.2	左右摆动
3	2149.8	上下扭转
4	2741	前后扭转

模态分析后可得到各阶固有频率。振型大小只是一个相对的量值，它表征的是各点按某一固有频率振动时，各自由度方向振幅间的相对比例关系，反映该固有频率上振动的传递情况，并不反映实际振动的位移数值。对于各阶振动的详细情况，可以查看各阶固有频率所对应的变形动画，以了解框架结构的振动形态。

图 40.4-28～图 40.4-31 所示是刮刀的前 4 阶固有频率，分别为 4627.6Hz、4855.1Hz、6155.2Hz 和 11128Hz，分别表现为上下扭转、左右摆动、上下摆动和上下摆动同时前后摆动。表 40.4-2 是刮刀的固有频率和振型方向。

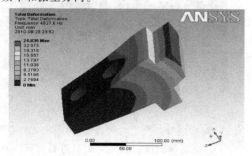

图 40.4-28　刮刀的 1 阶振型图

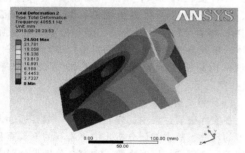

图 40.4-29　刮刀的 2 阶振型图

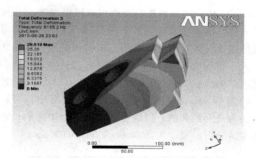

图 40.4-30　刮刀的 3 阶振型图

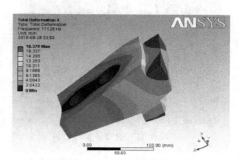

图 40.4-31　刮刀的 4 阶振型图

表 40.4-2　刮刀的固有频率和振型方向

刮刀的阶数	固有频率/Hz	振型方向
1	4627.6	上下扭转
2	4855.1	左右摆动
3	6155.2	上下摆动
4	11128	上下摆动同时前后摆动

通过刮刀模态分析可以看出动态振动情况，同时可以获得固有频率，它为刮刀结构动态特性分析提供参考依据和优化设计。

4.3　全断面掘进机的滚刀破岩仿真分析

以下主要应用岩石损伤中的宏观分析方法，以盘形滚刀破岩已有研究成果为基础，针对某型滚刀在沈阳地铁隧道工程中实际作业时地质条件建立岩石损伤本构模型，并以实际工况的破岩过程进行有限元仿真分析。

（1）仿真模型的建立

根据岩石弹塑性本构关系和破碎准则，建立适用于滚刀破岩的线性 Drucker-Prager 塑性岩石模型。对盘形滚刀破岩特点做如下假设：岩石材料性质具有等向、均匀、连续和小变形特性。岩石在盘形滚刀作用下的弹性变形阶段采用线弹性模型来建立岩石弹性阶段的本构关系。因直径为 432mm 滚刀是工程中最常见的一种刀具，故本文选此型号刀具作为仿真对象。首先利用 Pro/E 5.0 软件对滚刀进行了三维建模，因

Parasolid 格式的几何核心系统可以提供精确的几何边界表达，能够在以它为核心的 CAD/CAE 系统间可靠地传递几何拓扑信息，故将三维实体模型保存为此种格式；然后将它导入有限元分析软件 ABAQUS 中，模型结构尺寸如图 40.4-32 和图 40.4-33 所示，刀圈直径为 432mm，厚度为 80mm。实际工况中，岩石可以认为是无限大的，以底面和侧面完全固定的长方体来模拟岩石，尺寸为 200mm×300mm×100mm。

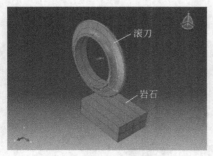

图 40.4-32　滚刀破岩模型图

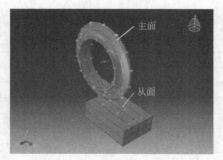

图 40.4-33　滚刀和岩石的接触关系

（2）定义材料属性

本文岩石采用掘进中常见的红花岗岩作为研究对象，按照表 40.4-3 定义岩石的材料参数。因为岩石的破碎主要由滚刀的剪切和挤压综合作用造成，故采用 Ductile Damage 和 Shear Damage 两种失效准则的组合来定义岩石的失效。因滚刀在短暂的切割岩石的过程中，磨损非常小，故本文将滚刀设置为刚体。

表 40.4-3　花岗岩材料参数

密度 /(kg/m³)	单轴抗压强度 /MPa	抗拉强度 /MPa	抗剪强度 /MPa	弹性模量 /GPa	泊松比	破碎角 /(°)	内摩擦角 /(°)
2730	183	6.78	22.8	42.3	0.18	140	43.5

（3）定义分析步

本文的分析类型选择 ABAQUS 显式动力学，并定义两个分析步：滚刀在分析步 1 中以一定速度切割岩石，并且达到指定切割深度；在分析步 2 中，滚刀围绕刀圈中心以角速度 $\omega = 6\text{rad/s}$ 旋转，同时以 $v = 1300\text{mm/s}$ 的线速度沿着 x 轴方向切割岩石。分析步 1 的持续时间为 0.01s，分析步 2 的持续时间为 0.04s，分析步如图 40.4-34 所示。

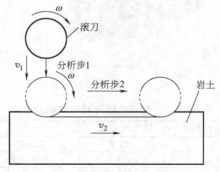

图 40.4-34　分析步示意图

（4）定义接触关系

将滚刀刀圈约束为刚体，其中心设为仿真参考点。为了减小计算机的运算量，将岩石表面划分为若干部分，如图 40.4-35 所示。在接触关系设置上，选择刀圈顶端圆弧面和靠近顶端的两侧面为主面，岩石上表面的中间表面为从面，设置接触属性为有摩擦，摩擦因数为 0.4。

图 40.4-35　载荷和边界条件

（5）网格划分

为了提高运算速度，首先将岩石进行分区。在滚刀和岩石接触的区域，增加单元数量，提高网格密度，在非接触区域粗划分网格，岩石采用六面体 C3D8R 的单元类型。因为滚刀结构复杂，故采用四面体的单元类型进行划分，同时增加滚刀和岩石接触区域的网格密度。网格划分结果如图 40.4-36 和图 40.4-37 所示。

（6）定义边界条件

在实际破岩过程中，岩石的尺寸一般要远远大于滚刀的尺寸，故在初始分析步中将岩石的下表面和左右表面完全固定。同时在第 1 和第 2 分析步分别定义

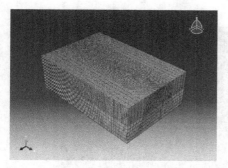

图 40.4-36　岩土网格划分示意图

图 40.4-37　刀圈网格划分示意图

滚刀的位移约束和速度约束。当岩土全断面掘进机刀盘的转速为 4r/min 的时候，可计算出半径为 4m 处的滚刀围绕刀盘中心的转速 $v=1300\mathrm{mm/s}$，故在第 1 分析步中给滚刀设定一位移约束的边界条件，在第 2 分析步中给滚刀设定沿岩石表面的前进速度 $v=1300\mathrm{mm/s}$ 和围绕自身中心的角速度 $\omega=6\mathrm{rad/s}$。

图 40.4-38 所示为滚刀力破岩效果。在 0~0.1s 时间内，因为此过程中滚刀以一定的角速度自转，故滚刀受到比较小的滚动力。在 0.1~0.4s 时间内，滚刀以一定自转角速度和前进速度前进，滚动力在 0.1s 左右时因为突然加载前进的速度，存在速度冲击，故滚动力极速增加，最后达到稳定值 24.0kN 左右。

（7）仿真结果分析

在滚刀推力的作用下，岩石发生了初始的弹性形变，随着切深的增加，内能值相应增大。岩石为脆性材料，在最开始极短的时间内，岩石发生塑性变形，当岩石内部的应力超过材料失效准则所设定的单轴抗压强度后，单元失效删除，当损伤积累到一定程度时，即使在非接触区也同样会发生单元失效破坏。值得注意的是，滚刀滚压过程中，还会在刃侧出现小块岩石崩裂破碎的现象。

a)

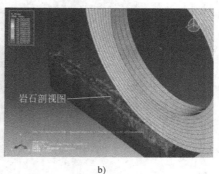

b)

图 40.4-38　滚刀破岩效果图

1）单刃滚刀不同切深的时剪应力分布。

图 40.4-39 所示为滚刀在 1mm、2mm、3mm、4mm、5mm 和 6mm 切深下的剪应力分布图，剪应力分为左右两部分，分别以红色和蓝色表示。红色表示剪应力为正，蓝色表示剪应力为负，正负值表示不同方向的剪应力。记录滚刀在不同切深下的最大剪应力，汇总见表 40.4-4。

表 40.4-4　不同切深对应的最大剪应力

切深/mm	1	2	3	4	5	6
最大剪应力/MPa	540	606	611	601	612	629

当切深为 0~2mm 时，随着切深的增加，剪应力逐渐增加；当切深为 2~6mm 时，随着切深的增加，剪应力增长非常缓慢。在 0~2mm 阶段，由于滚刀刀尖是圆形刀尖，随着切深的增长，滚刀与岩石的接触体积逐渐增加，对刀刃两侧的岩石挤压作用逐渐增加，从而造成剪应力逐渐增长。当切深达到 2mm 时，由于滚刀是常截面刀圈，滚刀对岩石的挤压作用基本保持恒定，因此，此时随着切深的增加，剪应力基本保持恒定。剪应力分布在刀刃两侧，分别向刀刃两侧延伸，当剪应力达到岩石的剪切强度时，岩石便发生剪切破坏。这也证明了岩石剪切破岩理论的正确性。

2）滚刀不同刀间距时岩石的剪应力分布。如图

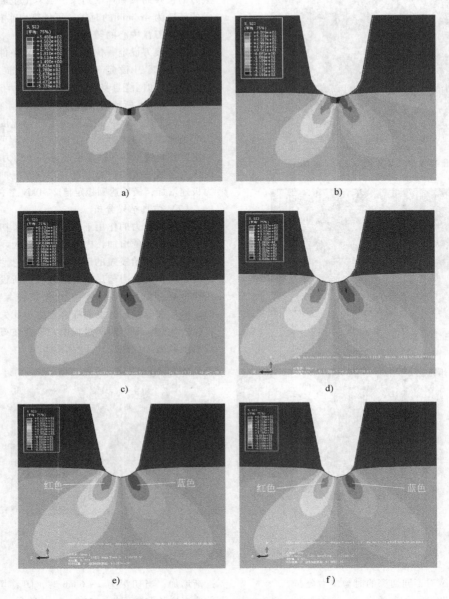

图 40.4-39　滚刀不同切深的剪应力分布

a) 切深 1mm　b) 切深 2mm　c) 切深 3mm　d) 切深 4mm　e) 切深 5mm　f) 切深 6mm

40.4-40 所示，不同颜色深浅表示不同方向的剪应力，而且颜色深浅还表示应力大小。分别将滚刀的刀间距设置为 70mm、80mm、90mm、100mm、110mm 和 120mm。

由图 40.4-40 可知，在刀具两侧分布着不同方向的剪应力。两滚刀中间的剪应力将滚刀间的岩石破碎，随着刀间距的增大，滚刀之间的剪应力分布变得稀疏，破岩效果会逐渐减小。如果刀间距过小，虽然破岩效果好，但是会增加刀盘刀具布置数量，增加成本，同时会造成全断面掘进机能耗的增加；反之，如果刀间距过大，则滚刀之间的某些区域分布的剪应力不足以将岩石破碎，造成岩脊现象的出现，破岩效果不理想；如果刀间距更大，则两滚刀之间的岩石完全没有贯通，此情况相当于两把滚刀单独破岩的效果，故在设计滚刀间距的时候要合理选择刀间距。

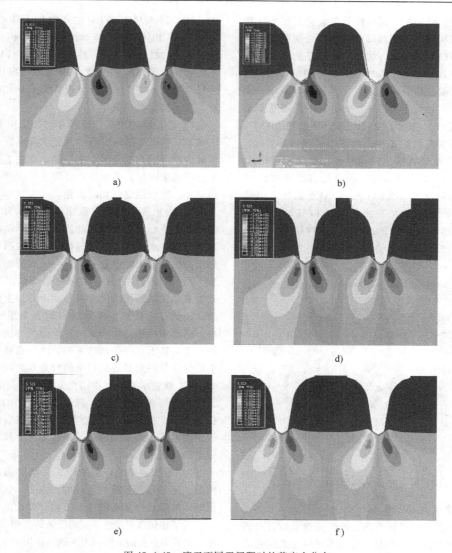

图 40.4-40　滚刀不同刀间距时的剪应力分布

a）刀间距 70mm　b）刀间距 80mm　c）刀间距 90mm

d）刀间距 100mm　e）刀间距 110mm　f）刀间距 120mm

5　数字仿真与分析应用实例（车铣加工中心仿真分析）

车铣加工中心作为高档数控机床之一，价格十分昂贵。以前国内研制一台车铣加工中心需要多种方案的反复比较和试验，也需要大量的技术投资和较长开发周期，因此机床制造企业常常无力进行此项研究。数字仿真技术的出现，为开发高档数控机床产品提供了非常有力的技术途径。车铣加工中心有其自身特点和设计要求，在设计阶段采用虚拟样机仿真方法解决车铣加工中心的关键技术是非常有效的。由于可以在计算机上设计出三维动态数字仿真模型，并对其进行

修改和优化，试验和评价过程都通过计算机建模与仿真来实现，因此可节约大量成本，缩短开发周期。

5.1　车铣加工中心建模

ADAMS 软件具有建模功能，对简单的机械结构来说，直接用 ADAMS/View 建模不仅方便、快捷，而且有利于对该机构进行仿真分析。但复杂零件的建模并不是 ADAMS 软件的特长，这样将花费大量的时间在建模上，并会大大降低 ADAMS 软件仿真和分析效率。要想得到零件的准确质量和质心，可以通过其他擅长复杂零件建模的软件进行建模求解，然后再将结构导入到 ADAMS 软件中。SolidWorks 软件具有强

大的三维机械设计功能，同时该软件也完全支持参数化设计，使得机械设计工程师能快速地绘制草图，尝试运用各种特征与不同尺寸，使生成的三维实体模型接近于实际物体；另外 SolidWorks 软件与 ADAMS 软件之间具有无缝接口，导入方便。采用 SolidWorks 软件建立的三维实体模型如图 40.4-41 所示。该模型是在实际图样基础上进行了简化，然后导入到 ADAMS 软件中，形成的车铣加工中心的虚拟样机模型。AD-AMS 软件中零件形状描述得越精确，自动求解的零件质量和质心位置也越精确，所得仿真结果也越可靠。因此正确处理 SolidWorks 与 ADAMS 软件之间的模型转换是确保仿真效果的一项关键技术。对于 SolidWorks 与 ADAMS 软件之间的模型转换，除了定义好零部件的长度和密度单位，还需要注意以下关键问题。

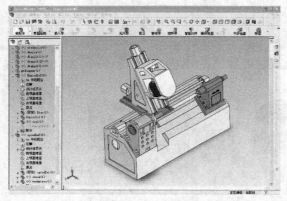

图 40.4-41　车铣加工中心的三维实体模型

（1）简化模型及转换

对于一个复杂的机械系统，通常要建立数万个甚至更多的三维实体零件模型，这些零部件在装配完成后，要根据运动关系和研究目的简化为由数个刚体组成的刚体模型。一个刚体可能仅包含一个零件，也可能包括数十个甚至上百个零部件，这就需要把准备定义为一个刚体的多个零件进行简化，使其合并为一个零件，从而使各个零部件之间的关系变得简洁明了。ADAMS 与 SolidWorks 软件共同支持的三种主要图形交换格式分别是 STEP 格式、IGES 格式和 Parasolid 格式。本文采用的是 Parasolid 格式，它是 EDS 公司开发的几何造型核心系统，现已成为开发高端、中等规模 CAD 系统及商品化 CAD/CAM/CAE 软件的标准，SolidWorks 和 ADAMS 软件均采用其作为几何核心。在图形文件交换时，采用 Parasolid 格式可以防止数据丢失，这对仿真结果的正确性和有效性有重要的影响，因此采用 Parasolid 格式作为两个软件进行数据交换的纽带具有显而易见的优势。利用 Parasolid

格式导入到 ADAMS/View 的车铣加工中心模型与在 SolidWorks 软件中的模型对比，缺失了机床的约束信息、零件的材料信息、零件的质量和零件的名称，这些信息在 ADAMS/View 软件中很容易修改，这样就为我们进行下一步的仿真分析提供了非常好的基础。

（2）施加约束和动力

1）施加固定约束。根据车铣加工中心实际的工作状态，给模型的床身与地面施加固定约束，然后将主轴箱和台尾与床身固定在一起。在主工具箱上，选择固定约束图标，然后选择要固定的床身和地面以及固定点，完成固定约束的设置。

2）施加转动约束。根据机床的实际运动状态，需要在各个轴旋转施加转动约束。在运动副工具箱中选择转动约束图标，然后选择要连接的两个部件，最后选择施加约束的位置和方向，完成施加转动约束。

3）施加移动约束。机床在运动时，刀尖点的运动主要是依靠滑板、横滑板和动力刀架上的电动机驱动，因此要在滑板、横滑板和动力刀架处施加移动副。移动副的施加和前面的约束施加方法相同，先在约束工具箱上选择移动约束副，然后选择要连接的两个部件，最后选择施加约束的位置和方向。

4）创建车铣加工中心的运动轨迹。在主工具箱上用右键选择零件图标，然后在弹出的工具箱中选择折线图标，在刀尖点位置创建运动轨迹，并加一个固定副使其与地面相固定，另外再加一个线约束，使刀尖点约束在给定的轨迹上。

5）施加运动。在运动副工具箱中选择旋转运动图标，然后选择要施加运动的约束副，选择单点运动图标，然后选择运动轨迹的方向，修改运动速度。

为了使仿真更接近于实际机床的工作状态，要对机床末端刀尖点施加单作用力。选择作用力工具图标，在 Run_Time Direction 设置栏选择力的作用方式 Boby moving，然后将力加在机械手末端的标记坐标 Workpoint 上，确定力的方向和施加力的大小。建好仿真模型后，选择 Tool 下拉菜单中的 Model Verify，以确认模型的正确性及自由度。建好的模型如图 40.4-42 所示。

5.2　车铣加工中心运动仿真分析

基于虚拟样机的车铣加工中心仿真主要包括运动学和动力学仿真。运动学仿真可以检验所建的虚拟样机模型是否正确，是否发生干涉，同时可以对机床在运动中的位移、速度、加速度进行评估。动力学仿真可以预测在加工过程中电动机的驱动力大小，同时可以通过多刚体和多柔体系统在运动过程中对驱动力进行误差分析。因此，对车铣加工中心进行运动学和动力学仿真是非常有必要的。

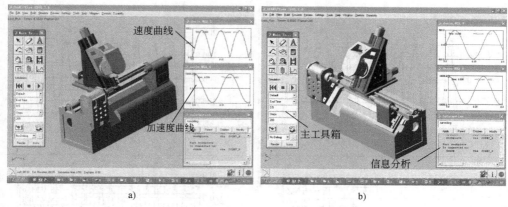

速度曲线

加速度曲线

主工具箱

信息分析

a)　　　　　　　　　　b)

图 40.4-42　车铣加工中心的虚拟样机三维模型

通过运动学仿真可以观察机床在运动过程中干涉现象的发生，以检验机构设计是否合理，从而可以修改和完善机床的设计。运动学仿真是使机床的虚拟样机模型按照要求做机械运动，从而检验机床的各运动部件的运动轨迹是否满足设计要求。运动学分析是在不考虑力作用的情况下研究机械系统的各部件的位置

和速度。

下面对车铣加工中心在空间上进行螺旋线轨迹的正逆运动仿真研究。

假设刀尖按螺旋线轨迹运动，则在机构运动过程中，刀头点的位置坐标 (x, y, z) 可表示为如下的时间 t 的函数：

$$\begin{cases} \vec{F_x} = \left\{ \dfrac{za_{pp}f_z}{8\pi} \left[K_{tc}\cos2\phi - K_{rc}(2\phi - \sin2\phi) \right] + \dfrac{za_{pp}}{2\pi}(-K_{te}\sin\phi + K_{re}\cos\phi) \right\}_{\phi_{st}}^{\phi_{ex}} \\ \vec{F_y} = \left\{ \dfrac{za_{pp}f_z}{8\pi} \left[K_{tc}(2\phi - \sin2\phi) - K_{rc}\cos2\phi \right] - \dfrac{za_{pp}}{2\pi}(K_{te}\cos\phi + K_{re}\sin\phi) \right\}_{\phi_{st}}^{\phi_{ex}} \\ \vec{F_z} = \left[\dfrac{za_{pp}}{2\pi}(-f_z K_{ac}\cos\phi + K_{ae}\phi) \right]_{\phi_{st}}^{\phi_{ex}} \end{cases} \quad (40.4\text{-}1)$$

将上述运动规律按驱动方式加载到刀头点，进行逆动力学的仿真。滑板、横滑板和动力刀架沿着 X、Y、Z 及合成方向的曲线位移和速度曲线如图 40.4-43 和图 40.4-44 所示。

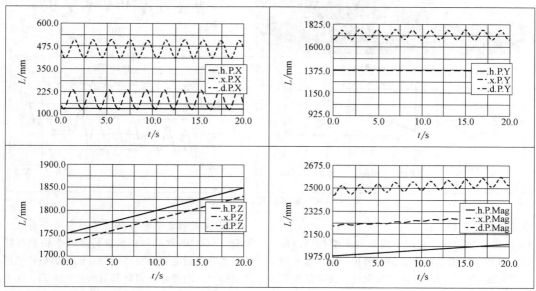

图 40.4-43　机床逆运动学位移仿真曲线

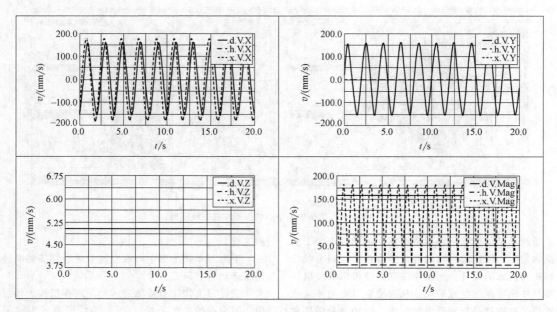

图 40.4-44　机床逆运动学速度仿真曲线

按照刀头点的运动规律，可以在虚拟样机的后处理模块中求得滑板、横滑板和动力刀架的运动曲线，并通过后处理的函数功能，利用函数将三个部件运动曲线表示出来，然后将所得运动曲线函数再加载到三个部件的电动机上，关闭刀头点的驱动改为电动机的驱动，进行正运动学仿真，所得刀头点的位移、速度和加速度曲线如图 40.4-45 所示。

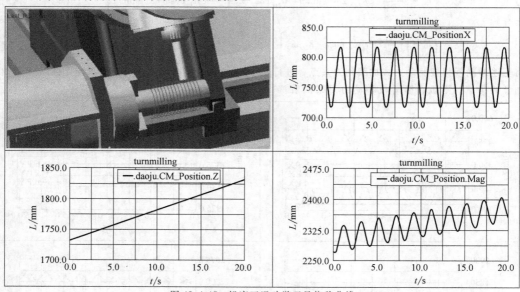

图 40.4-45　机床正运动学刀具位移曲线

仿真结果分析如下：

① 由逆运动学可以看出，当刀具末端按所给的螺旋线运动时，其曲线的形成是由滑板、横滑板和动力刀架共同完成的，存在相同的周期性，仿真结果符合加工轨迹要求。

② 在正运动学的仿真结果图中可以看出，运动平稳。ADAMS 软件对机构进行运动学仿真，符合正逆运动学的运动关系，同时也验证了虚拟样机模型的运动部件之间符合所设计的机构运动关系，这为后续的车铣加工中心的动态特性提供了基础条件。

第5章 逆向工程与快速原型制造

1 逆向工程设计概述

逆向工程（Reverse Engineering, RE）也称反向工程、反求数字化设计等，是相对于传统的正向工程提出的概念。对未来的产品进行功能分析，并数字化为 CAD 模型，在满足设计要求的情况下加工出产品的实物，这个过程称为正向工程，是一个构思—设计—产品的过程。

逆向工程是一个与正向工程相反的过程，是针对已有的产品模型或实物，消化吸收和挖掘蕴含其中的涉及产品设计、制造和管理等各个方面的一系列分析方法、手段和技术的综合。它是以先进产品设备的实物、软件或影像为研究对象，应用现代设计方法学原理、生产工程学、材料学和有关专业知识进行系统深入的分析和研究、探索掌握其关键技术，进而开发出同类的更为先进的产品的系统工程。逆向工程可以分为广义的逆向工程和狭义的逆向工程。广义的逆向工程包括产品设计意图与原理的逆向、几何形状与结构的逆向、材料逆向、制造工艺逆向、管理逆向等。广义的逆向工程包括很多内容，但目前国内外大多数的逆向工程还只是针对几何形状的逆向工程，即建立产品的 CAD 数字模型。本章所讲的逆向工程是狭义的逆向工程，即把产品的模型或实物转化为 CAD 模型的相关计算机辅助技术、三维扫描技术和几何模型重建技术的总称，是由产品模型（或实物）到 CAD 模型再到 CAM 或快速成型的过程。

1.1 逆向工程的研究对象

逆向工程技术的研究对象多种多样，所包含的内容也比较广泛，主要可以分为三大类，见表 40.5-1。

表 40.5-1　逆向工程的研究对象

类别	研究对象	主要应用
影像类	图片、照片或以影像形式出现的资料	修复照片、图片
资料类	图样、程序、技术文件等	程序反编译
实物类	先进产品设备的实物本身、油泥模型、人体骨骼器官等	先进产品的 CAD 模型获取、试验模型借助逆向工程转换为产品的三维 CAD 模型及其模具、人体骨骼或器官破损后的修复等

1.2 逆向工程的主要方法

（1）逆向工程的原理反求法

要分析一个产品，首先要从产品的设计指导思想分析入手。产品的设计指导思想决定了产品的设计方案，深入分析并掌握产品的设计指导思想是分析了解整个产品设计的前提。充分了解逆向工程对象的功能有助于对产品原理方案的分析、理解和掌握，才有可能在进行逆向设计时得到基于原产品而又高于原产品的原理方案，这才是逆向工程技术的精髓所在。

（2）逆向工程的材料反求法

对逆向对象材料的分析包括了材料成分的分析、材料组织结构的分析和材料的性能检测等几大部分。其中，常用的材料分析方法有：钢种的火花鉴别法、钢种听音鉴别法、原子发射光谱分析法、红外光谱分析法和化学分析微探针分析技术等；而材料的结构分析主要是分析研究材料的组织结构、晶体缺陷及相互之间的位相关系，可分为宏观组织分析和微观组织分析；性能检测主要是检测其力学性能和磁、电、声、光、热等物理性能。逆向工程材料反求法的一般过程如图 40.5-1 所示。在对反求对象进行材料分析时，要充分考虑材料表面的改性处理技术。

（3）逆向工程的工艺反求法

反求设计和反求工艺是相互联系的，缺一不可。在缺乏制造原型产品的先进设备与先进工艺方法和未掌握某些技术诀窍的情况下，对反求对象进行工艺分析通常采用的方法，见表 40.5-2。

（4）逆向工程的精度分析法

产品的精度直接影响产品的性能，对反求分析的产品进行精度分析，是逆向工程精度分析的重要组成部分。逆向工程的精度分析包括反求对象的初步确定、精度分配等内容，对反求对象进行初步确定的具体方法和精度分析的步骤见表 40.5-3。

（5）逆向工程的系列化、模块化分析

分析逆向工程的反求对象时，要做到思路开阔，要考虑所引进的产品是否已经系列化，是否为系列型谱中的一个，在系列型谱中是否具有代表性，产品的模块化程度如何等具体问题，以便在设计制造时少走弯路，提高产品质量，降低成本，生产出多品种、多规格、通用化较强的产品，提高产品的市场竞争力。

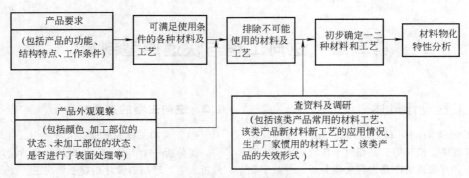

图 40.5-1　逆向工程材料反求法的一般过程

表 40.5-2　对反求对象进行工艺分析的常用方法

类　别	具　体　描　述
反求法编制工艺规程	以零件的技术要求如尺寸精度、几何公差、表面质量等为依据,查明设计基准,分析关键工艺,优选加工工艺方案,并依次由后向前递推加工工序,编制工艺规程
改进工艺方案,保证引进技术的原设计要求	在保证引进技术的设计要求和功能的前提条件下,局部改进某些实现较为困难的工艺方案。对反求对象进行装配分析主要是考虑选用什么装配工艺来保证性能要求、能否将原产品的若干个零件组合成一个部件及如何提高装配速度等
用曲线对应法反求工艺参数	先将需分析的产品的性能指标或工艺参数建立第一参照系,以实际条件建立第二参照系,根据已知点或某些特殊点把工艺参数及其有关的量与性能的关系拟合出一条曲线,并按曲线的规律适当拓宽,从曲线中找出相对于第一参照系性能指标的工艺参数,就是所求的工艺参数
材料国产化,局部改进原型结构以适应工艺水平	由于材料对加工方法的选择起决定性作用,所以,在无法保证使用原产品的制造材料时,或在使用原产品的制造材料后,工艺水平不能满足要求时,应使用国产化材料,以适应目前的工艺水平

表 40.5-3　对反求对象初步确定的具体方法和精度分析的步骤

反求对象	初步确定方法	精度分析步骤
实物	通过常用的测量设备如万能量具、投影仪、坐标机等对产品直接进行测量,以确定形体尺寸	
资料	通常采用参照物对比法,利用透视成像的原理、作图技术、人机工程学以及相关专业知识,并通过分析计算来获得反求对象	
影像		

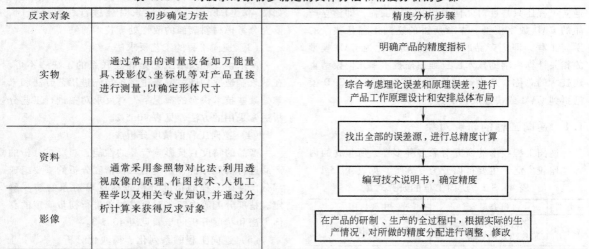

1.3　逆向工程的主要研究内容

逆向工程的研究内容涉及反求的产品设计理论、生产制造工程、管理工程等诸多方面。从设计角度看,逆向工程技术的研究内容主要包括以下几个部分:

1) 分析引进产品的设计指导思想。
2) 功能和原理方案分析。
3) 结构分析。
4) 形体尺寸分析。
5) 精度分析。
6) 材料分析。

7）工作性能分析。

8）三维重构设计分析。

9）工艺分析。

10）使用和维修分析。

11）包装技术分析。

1.4　逆向工程的工作流程

逆向工程的工作流程如图 40.5-2 所示。

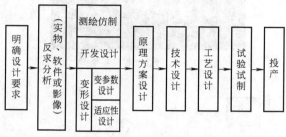

图 40.5-2　逆向工程的工作流程

2　逆向工程设计的关键技术

前面介绍的逆向工程是指广义的逆向工程，虽然包括很多内容，但目前国内外大多数的逆向工程还只是针对几何形状的逆向工程，即以实物作为反求对象的狭义逆向工程，因此这里只介绍狭义逆向工程的关键技术：数据采集技术、数据处理技术、曲面重构技术。狭义逆向工程的工作流程如图 40.5-3 所示。

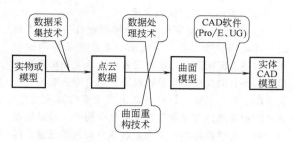

图 40.5-3　狭义逆向工程的工作流程

2.1　数据采集技术

（1）测量方法的分类

数据采集技术是指通过特定的测量设备和测量方法获取零件表面离散点的几何坐标数据，以便下一步进行复杂曲面的重构、评价、改进和制造。数据采集技术作为逆向工程的第一步，如何高效、高精度的获得实物表面数据是逆向工程实现的基础和关键技术之一。

目前的数据采集技术可分为接触式和非接触式测量，接触式测量主要是三坐标测量，而非接触式测量则依据信号源的种类，可以分为超声测量、光学测量和电磁测量。光学测量中以光栅投影测量的应用较为广泛。采用哪一种数据采集方法要考虑到测量方法、测量精度、采集点的分布与数目及测量过程对后续 CAD 模型重构的影响，测量方法的分类如图 40.5-4 所示。

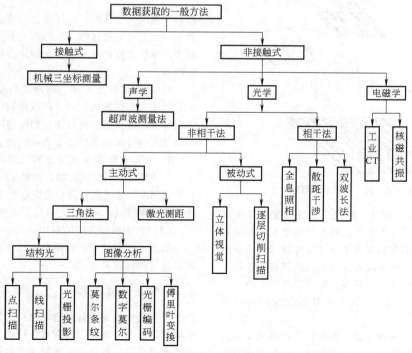

图 40.5-4　测量方法分类

（2）常用测量方法的原理

1）三坐标测量原理。三坐标测量机是比较常见的三维坐标测量仪器，一般用于工业产品检测的较多，也用于反求测量。这种设备由三个互相垂直的测量轴和各自的长度测量系统组成，结合测头系统、控制系统、数据采集与计算系统组成主要的系统元件。测量时把被测件置于测量机的测量空间中，通过机器运动带动传感器即测头实现对被测空间内的任意点的瞄准，当瞄准实现时测头即发出读数信号，通过测量系统就可以得到被测点的几何坐标值，根据这些点的空间坐标值，经过数学运算求出待测物体的几何尺寸和相互位置关系。

三坐标测量机的出现是传统的手动方式向现代化的自动测试技术过渡的一个里程碑。它解决了复杂零件表面轮廓尺寸的测量，提高了测量的精度，极大地提高了测量的效率。

2）投影光栅法原理。测量时光栅投影装置投影数幅特定编码的结构光到待测物体上，成一定夹角的两个摄像头同步采得相应图像，然后对图像进行解码和相位计算，并利用匹配技术和三角形测量原理，计算出两个摄像机公共视区内像素点的三维坐标。被测样件表面高度调整后，光栅影线发生变形。这样通过调解变形的光栅影线，就可以得到被测表面的高度信息。其原理如图 40.5-5 所示，图 40.5-6 所示为光栅投影法的测量实物图。

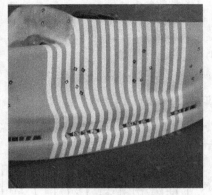

图 40.5-6 投影光栅的实物图

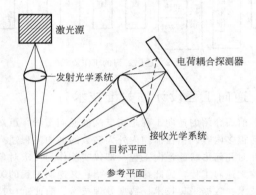

图 40-5-7 激光三角法的测量原理

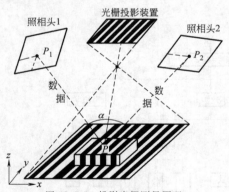

图 40.5-5 投影光栅测量原理

3）激光三角法原理。激光三角法是发展很成熟的一种非接触式测量方法。这种方法的基本原理是利用具有规则几何形状的激光束或模拟探针沿样品表面连续扫描，被测表面形成漫反射的光点或者光带在光路中安置的图像传感器上成像，按照三角形原理，测出被测点的空间坐标，激光三角法的测量原理如图 40.5-7 所示。

测量时，由激光源发出的激光束与接收光学系统的主光轴成一定角度，即三角成像角。当激光点或线照射位置发生变化时，深度变化的信息会反映在探测器上，根据光电转化等一系列的变换及有关几何光学原理，可以计算出激光束方向的位移等物体表面的坐标信息。

4）超声波测量原理。超声波测量的原理是当超声波脉冲到达被测物体时，在被测物体的两种介质边界会发生回波反射，通过测量回波与零点脉冲的时间间隔就可以计算出各面到零点的距离。

5）逐层切削照相测量原理。这种技术的原理是以极小的厚度逐层切削实物，并对每一截面进行照相，获取截面的图像数据，是目前断层测量精度最高的方法，且成本很低。其缺点是破坏了零件的完整性。

（3）常用测量方法的对比

根据以上阐述的各种测量原理及方法，几种常用测量方法的特点见表 40.5-4。

2.2 数据处理技术

无论是接触式测量还是非接触式测量，在获得点云数据以后都需要对点云数据进行处理，提取重构曲面必要的信息。点云数据的处理大致可分为：点云数

表 40.5-4　几种常用扫描方法的特点

扫描原理	精度	成本	扫描范围	代表厂家
接触式三坐标测量仪	高,可达 0.02mm 左右	较高	小,不能扫描软质物体,速度慢	青岛海克斯康公司 英国雷尼绍公司
激光三角法三维扫描仪	中,一般达 0.04mm 左右	较低	很大,可以扫描软质物体,速度较快	日本柯尼卡美能达 法国法如公司
投影光栅式三维扫描仪	一般,在 0.05mm 左右	较低	大,可以扫描软质物体,对物体的反光及颜色敏感,速度很快	德国 GOM 公司 上海数造科技

据的拼接、点云数据的分块、点云数据的去噪、点云数据的精简等。在逆向工程中应根据点云情况选择必要的处理方式,这样才能有的放矢,提高效率,提高模型的重建精度。

（1）点云数据的拼接

采用非接触式三维扫描仪采集模型的点云数据时一般需要从多个视角来获得模型表面完整的数据,这样就出现了多视数据拼接的问题。通过把多次扫描得到的数据对齐,以显示模型的三维拓扑关系。一般而言,对于同一个模型的多视数据一般有两种处理方法:

可以先根据扫描得到的各个视图的数据进行模型重建,然后再对齐各个视图的模型数据。但是,这种方法不容易整体把握模型的结构和特征,一般不常用。一般采用先对齐各视图点云数据然后再重建模型的方法。

为了能较好地对齐各视图点云数据,一般需要在被扫描模型上贴标记点,扫描仪的软件系统会根据这些标记点来对齐各个视图的数据。一般在特征复杂区域可以多贴标记点,在特征简单区域少贴标记点。对齐点云后得到一个完整的模型点云就可以进行下一步处理了。图 40.5-8 所示为点云拼接前后的效果。

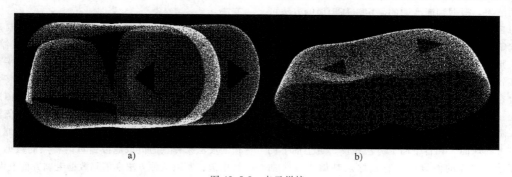

图 40.5-8　点云拼接
a）点云对齐之前　b）点云对齐之后

采用标记点对齐多视点云的方法是基于三点基准点原理。因为三点可以建立一个坐标系,如果测量过程中,在不同的视图中标记用于对齐的三个基准点,通过对齐三个基准点,就能实现三维测量数据的多视对齐,事实上是将数据的对齐问题转化为坐标变换问题。测量时,在零件上设立基准点,取不同位置的三个点,用记号标记,在测量零件表面数据时,如果需变动零件位置,每次变动必须重复测量基准点;模型要求装配建模的,应分别测量零件状态和装配状态下的基准点。在不同测量坐标系下得到的数据,通过将三个基准点移动对齐,就能将数据统一在一个造型坐标下,数据变换问题就归结为基准点的对齐,可以利用几何图形的坐标变换方法来实现。单个零件的多次测量和多个零件装配测量的数据坐标变换都可以采取上述方法。

（2）点云数据分块

复杂模型外形一般是由多个曲面构成的。重建模型一般需要把原始点云数据分割成多个小的点云,使得分块得到的每个点云属于一个自然曲面。识别不同曲面间的边界、分割不同区域中的点是曲面重建的重要步骤。

即便是经过点云滤波精简,但对于特别复杂、曲率变化过大的实体,滤波精简后的点云数据还是比较大,用常用的正向造型软件处理起来仍然比较困难,不但精度不能保证,而且花费的时间较长,失去了逆向工程快速响应市场的特点。故应考虑对整体点云进行分割,分割成一块块小的点云数据进行处理,然后再进行整体匹配恢复原始实体形状。进行点云分割时,应在基于方便最后整体匹配的基础上,尽量使分割线界于曲率平滑处,在曲率变化大的地方避免分割线的介入,否则匹配时容易引起整体局部细节的变形。点云数据的分块主要有三种方法:基于边的方法、基于面的方法和基于群簇的方法。

基于边的方法首先从数据点集中，根据组成曲面片的边界轮廓特征、两个曲面片之间的相交、过渡特征，以及形状表面曲面片之间存在的棱线或脊线特征，确定相同类型曲面片的边界点，连接边界点形成边界环，判断点集是处于环内还是环外，实现数据分割。

基于面的方法是尝试推断出具有相同曲面性质的点，然后进一步决定所属的曲面，最后由相邻的曲面决定曲面间的边界。基于面的方法是一种较好的分割方法，这种方法和曲面的拟合结合在一起，在处理过程中，这种方法同时完成了曲面的拟合。因此，相比较基于边的方法，基于面的方法是数据分割中更具有发展前途的一种技术。数据分割和曲面拟合是一对矛盾的统一体，如果知道将要拟合的是哪一种曲面类型，立即就能划分属于它的数据点；反之，如果确切地知道属于一种曲面类型数据点集，根据点集，就能拟合出最佳的曲面。然而，这两个过程不是独立的：大多数场合，既不知道曲面类型，也不能划分数据点集，只能是两个过程的并行，反复计算，寻求最符合要求的结果。根据判断准则的确定，基于面的方法可以分为自下而上和自上而下两种。自下而上的方法是首先选定一个种子点（Seed Points），由种子点向外延伸，判断其周围领域的点是否属于同一个曲面，直到在其领域不存在连续的点集为止，最后将这些小区域组合在一起。在过程进行中，曲面类型并不是一成不变的：比如开始时，由于点的数量少，判断曲面是平面；随着点的增多，曲面可能会改变为圆柱面或一个比较大的球面。和自下而上方法相反，自上而下的方法开始于这样的假设：所有数据点都属于一个曲面，然后检验这个假定的有效性。如果不符合，将点集分成两个或更多的子集，再应用曲面假设于这些子集，重复以上过程，直到假设条件满足。在自下而上的方法中，种子点的选取是困难的，如果存在一种以上的符合条件的曲面类型，如何选择需要仔细考虑。

如果有一个坏点被选入，它将使判断依据失真，即这种方法对误差点是敏感的。而自上而下方法的主要问题是选择在哪里和如何分割数据点集，而且经常是用直线作分割边界，它是和曲面片的自然边界不一致的，这导致最后曲面"组合或缝合"时，边界凸凹不光滑；另一个问题是数据点集重新划分后，计算过程又必须从头开始，计算效率较低。

（3）点云噪声去除

数据的获取方法有多种，但在实际的测量当中不可避免地会受到人为或随机的影响，这样测量到的数据将会引入和实际模型不符合的噪声点，一般测量方法中噪声点会占到数据总量的 0.1%～5%，为了尽量提高后续重构工作的精度，需要对测量数据进行滤波处理。数据滤波的方式主要有两大类，一种是空间域方法，另一种是频率域方法。常用的空间域方法有领域平均法、中值滤波法、多次测量平均，重要的频率域方法有低通滤波。散乱点云数据之间缺乏明显的拓扑关系，且数据分布空间不均匀，不能直接采用这些方法。

对于大量的散乱点云，常采用程序判别自动滤波技术，如标准高斯、N 点平均值滤波、中值滤波等。高斯滤波在指定域内的权重为高斯分布，其平均效果较小，故在滤波时能很好地保持原始数据的特征。平均滤波采样点的值取各个数据点的统计平均值来取代原始点，改变点云的位置，使点云平滑。中值滤波将相邻的三个点取平均值来取代原始点，实现滤波。中值滤波法采样点的值取滤波窗口内各点的数据点的统计中值，所以这种方法在消除数据毛刺方面效果较好。

图 40.5-9 所示为几种滤波方法的对比结果，可以看到同一个点数据采用不同的滤波方法，得到的结果不同。图 40.5-9b 中高斯滤波的平均效果较小，而图 40.5-9d 的中值滤波则平均效果很明显。选择哪种滤波方法，取决于点云质量和后续的建模要求。

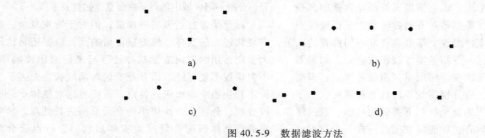

a)　　　　　　　　　　　　b)

c)　　　　　　　　　　　　d)

图 40.5-9　数据滤波方法
a）原始点　b）高斯滤波　c）平均值滤波　d）中值滤波

（4）点云数据精简

运用非接触式扫描仪测量得到的数据量一般都会很庞大，小则十几兆，大则几十兆甚至几百兆，体积较大的模型动则有几万兆的数据点。大量的数据会导致许多无效的运算，影响了建模的质量和速度，所以有必要对数据进行精简。数据精简的目的是删除压缩不必要的数据点，在保证精度的前提下，删除冗余数据，尽量保证原始数据的形状特征。

很多人提出了很多数据的精简方法。主要分为两类，即空间采样方法和间隔采样方法。空间采样方法思想是将点云划分为空间包围盒，在每个包围盒中最多只保留一个散乱点，即仅保留距离包围盒中心最近的散乱点。间隔采样就是保留若干索引号间隔的散乱点，删除其他的散乱点，从而达到精简散乱数据的目的。

在 Geomagic 软件当中，可以首先将数据生成三角文件，然后减少三角片的数量，Geomagic 会尽量保持模型的细节特征。下面以一个小玩具的模型为例测试 Geomagic 这种精简数据的效果。关于三角化，在曲面重构部分将会详细阐述。

图 40.5-10 所示为该模型的原始点云及三角化的渲染模型。该模型有 53231 个数据点，106486 个三角片。首先保持原三角片数量不变，与点云进行 3D 比较，结果如图 40.5-11 所示。可以发现，三角化的精度控制在 -0.018~0.018mm 之间。然后，减少三角片数量至 30000 个，减少了 71.83%，再与原始点云进行一次 3D 对比，如图 40.5-12 所示。可以发现，三角化的精度控制在了 -0.047~0.047mm 之间，小部分位置的精度在 0.047~0.196mm 之间。

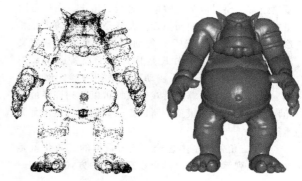

图 40.5-10　原始点云及三角化渲染模型

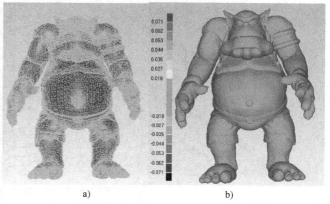

a)　　　　　　　　　b)

图 40.5-11　原始点与三角模型的对比
a）106486 个三角形模型　b）未精简三角模型与点云的 3D 对比

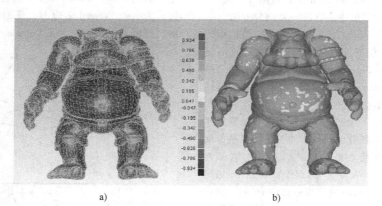

a)　　　　　　　　　b)

图 40.5-12　精简模型与原始点对比
a）30000 个三角形模型　b）精简三角模型与点云的 3D 对比

可以看到，模型的三角片从 106486 个减少 71.83% 至 30000 个，虽然小部分位置出现的误差有所增大，但模型依然保持原有较好的特征，而且其细节特征部位的三角文件减少得较少。所以，在精简点云数据时可以采用这种方法，也有利于评价精简数据给模型重建带来的误差。

2.3　曲面重构技术

（1）点云数据的三角化

模型重建就是根据测量得到的反映几何形体特征的一系列离散数据在计算机上获得形体曲线曲面的方程，大多曲面重建的对象是散乱的数据点。实物模型重建经常先要对散乱的数据点进行三角化，在三角网格的基础之上进行曲面拟合。尤其是当实物的边界和形状比较复杂时，基于三角剖分的曲面插值更为灵活。而且目前 STL 文件还是快速成形设备应用最为广泛的文件格式，此外在动画、虚拟环境、网络浏览、医学扫描、计算机游戏等领域可以看到许多由三角网格构建的实体模型，所以点云数据的三角化尤为重要。

1）三角化的基本理论。点云数据的三角化就是通过一系列算法将独立的点以三角形的方式连接在一起，建立点数据正确的拓扑关系，揭示数据蕴含的原始物体表面的形状和拓扑结构。逆向工程的三维扫描得到的数据以散乱数据居多，而且扫描设备的发展趋势也是向着更精确更海量的散乱点云数据方向，所以本章针对散乱点云数据介绍点云数据的三角化操作。

目前散乱数据三角化的基本思想是：由初始三角形的边界开始，向未剖分区域逐步扩展边界环，形成新的三角形，直至三角网格覆盖整张曲面。图40.5-13直观地显示了 Imageware 和 Geomagic 软件对同一散乱数据点的三角剖分。

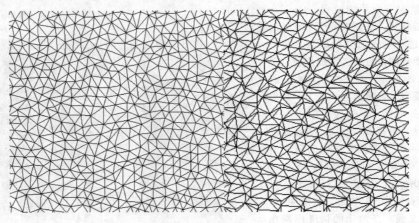

图 40.5-13　点云数据三角化

数据三角化有多种算法，比如 Delaunay 算法、生长三角剖分算法、螺旋边三角剖分算法等。其中，Delaunay 法是目前使用最为广泛的一类剖分方法。

2）三角化的 Delaunay 法。Delaunay 法是用得比较多的一种算法，很多三角化的算法生成的都是 Delaunay 三角网格。Delaunay 法有二维空间的和三维空间的，三维的 Delaunay 三角剖分实际上是二维的 Delaunay 剖分向三维空间映射。

Delaunay 三角剖分将空间测量的数据点投影到平面进行二维三角化，然后将剖分后的拓扑关系映射回三维空间。设空间测量点集 P_1，P_2，$\cdots$，P_n 在平面上的投影为 P_1，P_2，$\cdots$，P_n，对每个投影点 P_i 划定一个区域 R_i，$1<i<n$，区域内任何一点距 P_i 的距离比距其他任一投影节点 P_j（$1<j<n$，$j \neq i$）的距离都要小，即

$$R_i = \{x : d(x-P_i) < d(x-P_j), j \neq i\} \quad (40.5-1)$$

所以该区域是一个凸多边形，这种域分割称为 Dirichlet Tessellation，又称 Voronoi 图。可见，R_i 域的边界是由节点 P_j 与相邻节点连线的中垂线构成的。每个 Voronoi 多变形中只包含一个节点。Voronoi 多边形的集合也称为 Dirichlet 图。连接相邻的 Voronoi 多边形中的节点可以形成三角网格，就是 Delaunay 三角网格。如图 40.5-14 所示，在投影平面上的粗虚线组成的网格即为 Dirichlet 图，包含有 P 点的一个凸六边形为一个 Voronoi 多边形。投影面上方的实现构成的三角网格即为三维空间 Delaunay 三角剖分。

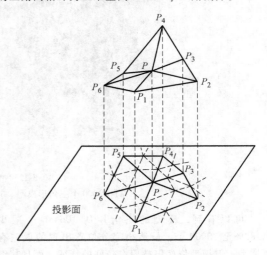

图 40.5-14　Delaunay 三角剖分及 Dirichlet 图

要实现 Delaunay 三角剖分有多种算法，其中有 Bowyer 算法、Watson 算法、基于四叉树、八叉树的

Sheohard Yeery 算法、网格前沿法等。

　　这种算法运行效率高，且思想简单易于实现，适用于任意拓扑结构的物体和各种类型的散乱数据点，但这种算法对存储空间的要求比较高。

　　3) 三角化的生长三角剖分算法。生长三角剖分算法的发展很成熟。其基本思想是：先在散乱点云数据中找到合适的种子三角形，然后依次遍历各边界边，搜索与当前边界边最匹配的散乱点，组成一个新的三角形，依次处理所有新生成的边，直至最终完成。如图 40.5-15 所示，首先生成种子三角形 ABC，然后搜索 CA 找到 D，接着搜索 AB 找到 E，最后搜索 BC 找到 F，结束第一次遍历。

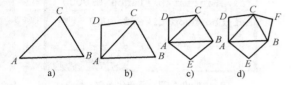

图 40.5-15　生长三角剖分原理
a) 生成种子三角形　b) 搜索 CA 找到 D　c) 搜索 AB
找到 E　d) 搜索 BC 找到 F，第一个三角形结束

　　生长三角剖分算法每次搜索边界后最多能添加一个三角形，因此运行速度比较慢，而且该算法无法避免重复三角形的加入。

　　4) 三角化的螺旋边三角剖分算法。螺旋边三角剖分算法的原理是：该算法是以边界上的边界点为对象向外生长三角形，一次边界点的三角化可以生长出多个三角形。而上述的生长三角剖分算法是以边界环上的边为生长对象向外生长三角形，一次三角化只能生长出一个三角形。

　　如图 40.5-16 所示，螺旋三角剖分法以点 A 为对象生长出四个三角形，而生长三角剖分算法以 AB 为对象生长出一个三角形。所以，螺旋三角剖分原理效率高，速度快，但是，该方法对临近点的判断很烦琐，且所得的临近点并不一定是自然的临近点，不一定能保证几何拓扑连续性。这种算法适用范围有一定的局限性。

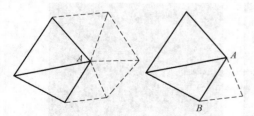

图 40.5-16　螺旋三角剖分原理

　　5) 三角网格的优化准则。三角网格优化是指通过对原始网格进行调整，使得到的网格中出现尽量少的尖锐三角形，即在整个网格中所有三角形最小内角之和为最大，并使网格形状变化最合理。三角网格的优化准则有：最小内角最大准则、圆准则、Thiessen 区域准则、ABN 准则和 PLC 准则。三角化的算法很多都是基于这些优化原则的。

　　① 最小内角最大准则。该准则是指划分三角形时，选择使得所有三角形中的最小内角为最大的那种剖分方法。如图 40.5-17 所示，第一种剖分方法得到的最小内角为 α，第二种剖分方法得到最小内角为 β，所以选择第二种剖分方法。

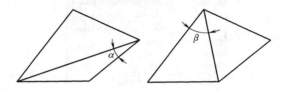

图 40.5-17　最小内角最大准则图

　　② 圆准则。该准则是指过四边形的三个顶点做圆，如果第四个顶点落在圆内，则连接与其相对的顶点，否则连接另外两个顶点。

　　如图 40.5-18 所示，过 A、D、C 点作的实线圆，B 点落在圆内，连接 BD。过 B、C、D 点作的虚线圆，A 点落在圆外，连接 BD。该准则与最小内角最大准则等价。

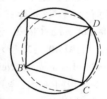

图 40.5-18　圆准则

　　其他准则这里不做介绍，其中 ABN 准则和 PLC 准则不是对网格中的三角形进行优化，而是选择这两个准则约束下的节点连接方式来保证网格空间形状出现尽量少的凸起变化。

　　6) Imageware 三角化操作。

　　① 三角化试验操作过程。下面以一个汽车覆盖件的散乱点云为例，阐述基于 Imageware 的三角化操作。该点云数据有 124406 个散乱点（图 40.5-19 显示了原始点云的基本信息，包括该目标所在的层、数据类型、数据量、最大操作距离等信息），点数较多。所以，需要先进行数据缩减。图 40.5-19 是经过间隔取样（Space Sampling）命令来实现（图 40.5-20 所示为该命令的对话框）点云数据量缩减后的图像。

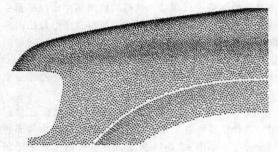

图 40.5-19 汽车覆盖件点云数据

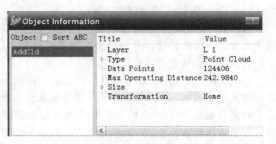

图 40.5-21 点云信息

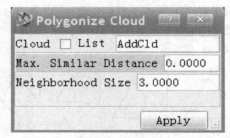

图 40.5-22 三角化参数

图 40.5-20 点云取样

SpaceSampling 命令能实现在指定的间隔中简化点云,也能去除重叠点。也就相当于拿一个筛子,筛子的每个网孔是 1.0mm×1.0mm,对点云进行筛选,每个网格只留下一个数据点。为研究方便暂选距离公差为 1.0mm,运行后可以从图 40.5-21 中看出,简化后的点云数据包括 83596 个数据点,减少了 32% 的数据点。然后,对简化后数据进行三角化操作。Imageware 中的命令是 PolygonizeCloud。设定参数后,就可以进行三角化了,如图 40.5-22 所示。其中有两个主要参数 Max. Similar Distance 和 Neighborhood Size。Max. Similar Distance 是指同一个三角形中任何两个顶点的距离都比该设定的距离大;Neighborhood Size 是指同一个三角形中的任何两个顶点间的距离都小于该指定的距离。

因为前面已经进行了 SpaceSampling 命令,所以 Max. Similar Distance 距离设为 0,Neighborhood Size 设

为 3.0mm,执行三角化,得到的结果如图 40.5-23 所示。从图 40.5-23 中可以看出,三角化不完全,表面有很多漏洞,说明 Neighborhood Size 的值太小,需加大。不断以 0.2mm 为单位加大 Neighborhood Size 的值,试验表明,当加到 4.0mm 左右时,构造出的三角形虽然有少量孔洞,已经较为完美。图 40.5-24 显示了 Neighborhood Size 值为 4.0mm 时的三角化情况。Neighborhood Size 值继续增加,三角化没有太大变化。当该值增加到 7.0mm 时,出现了一些违法的三角形,破坏了实物原有的拓扑结构。如图 40.5-25 所示,本来不相连的模型,采用的值为 7.0mm 时,出现了一些细长三角形连接了两侧边界。可想而知,当值继续增大时,将会出现更多的错误三角形。

设置 Space Sampling 的值为 2.0mm,然后进行三角化操作试验。经过试验,当 Neighborhood Size 值为 6.0mm 时能产生较好的三角化效果。当 Space Sampling 的值为 3.0mm 时,选取 Neighborhood Size 值为 9.0mm 时能产生较好的三角化效果。

图 40.5-23 参数为 3.0 的三角化效果

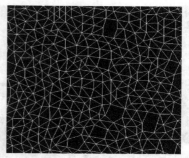

图 40.5-24　参数为 4.0 的三角化效果

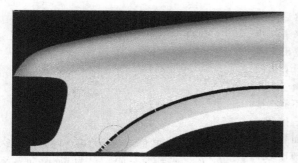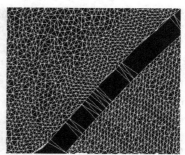

图 40.5-25　参数为 7.0 的三角化效果

② 三角化操作试验结论。通过上述试验研究，用 Imageware 进行散乱点云三角化时，取 Max. Similar Distance 值为 0，取 Neighborhood Size 的值为 Space Sampling 的值的 4 倍左右时，可以得到较好的三角形。同时，若未进行 Space Sampling 命令，则 Neighborhood Size 的值也需达到点云平均间距的 4 倍左右。

③ 三角网格的优化。点云处理达到要求时，三角化完毕后依然有一些无法避免的缺陷显现出来，比如一些由于扫描的原因产生的数据点缺漏的地方会产生孔洞。三角面片会有不平顺的地方，或者法向方向相反。如图 40.5-26 所示，圆内的深色部位出现了相反的法线方向，需要进一步修正。

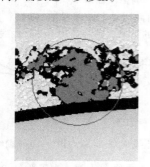

图 40.5-26　法线方向相反

如图 40.5-27 所示，Surfaces Imageware 有多种优化方法来修好三角网格，删除多余三角形（Redun-

dant）、删除退化三角形（Degenerate）、删除重叠三件形（Overlap）、去除有重合边界的三角形（Multiple Edge）、去除法向不连续的三角形（Inconsistent Normal）、去除细长三角形（Long）等。此外，Imageware 还可以对三角片进行光顺（Smooth）。

图 40.5-27　孔洞及不平顺

经过以上执行命令，可以创造出较好的三角模型。如图 40.5-28 所示，原来模型上的一些法线方向缺陷、孔洞、不平顺问题得到了修复，产生了较为理想的三角化模型。

在处理三角片文件方面，Geomagic 软件具有较好的操作性和可视性，处理速度也较快。在 Geomagic 当中，可以使用补洞、砂纸、平顺、投影边界等工具来处理三角片文件，也可以评估处理三角片文件带来的误差。

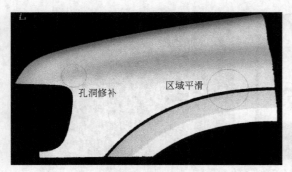

图 40.5-28 处理好的三角模型

处理到这一步就可以生成 STL 文件，然后用专门操作修善 STL 文件的软件（如 Magics）来进一步处理模型，最后传输给快速成型设备，制造出来零件。但是，点云数据的三角网格模型虽然在计算机图形学和快速成型领域得到了广泛的应用，但由于它是原始模型的近似，精度较低，这类模型一般不能直接用于复杂产品模型的精确表示和数控加工中。很多时候我们并不是想简单的复制一个零件出来，而是需要在复制的同时进行改进，这时如果直接对 STL 文件进行操作将非常复杂，甚至不可行。所以，我们还需要建立扫描点云的 CAD 数字模型。

（2）复杂零件逆向建模

曲面重构除了前面介绍的在三角网格的基础上进行曲面拟合外，还可以采用基于点云数据的直接拟合曲面构建、基于曲线的曲面构建、基于曲线和点云的曲面构建等方法。在实际应用时应根据不同类型的零件采用不同的方法，以及采用不同的软件组合使用，来完成曲面重构工作。

1）自由曲线曲面的基础理论。逆向工程中常常采用自由曲线和自由曲面。所谓自由曲线是指不能用直线、圆弧和二次曲线描述的任意形状的曲线。而自由曲面是指不能用基本立体要素描述的呈自由形状的曲面。自由曲线和自由曲面广泛应用于机器人、航空航天、汽车、船舶、模具型面等流线型表面的设计和分析领域。

构造自由曲线曲面有很多种方法，例如样条函数、参数样条曲线和曲面以及 Coons 曲面。这几种方法都属于构造差值曲线和插值曲面的方法，主要用于构造那些通过给定型值点的曲线和曲面，而不适用于进行曲线曲面的设计与构造。目前构造自由曲线曲面的主流方法是 Bezier 曲线曲面、B 样条曲线曲面、非均匀有理 B 样条（NURBS）曲线和曲面。

① Bezier 曲线曲面。Bezier 曲线是以法国人 Pierre Bezier 的名字命名的，它是由指定的控制顶点为基准进行不同阶数的插值运算得到的。

二次 Bezier 曲线的表达式为

$$P(u) = (u^2, u, 1) \begin{pmatrix} 1 & -2 & 1 \\ -2 & 2 & 0 \\ 1 & 0 & 0 \end{pmatrix} \begin{pmatrix} V_0 \\ V_1 \\ V_2 \end{pmatrix}$$

(40.5-2)

三次 Bezier 曲线的表达式为

$$P(u) = (u^3, u^2, u, 1) \begin{pmatrix} -1 & 3 & -3 & 1 \\ 3 & -6 & 3 & 0 \\ -3 & 3 & 0 & 0 \\ 1 & 0 & 0 & 0 \end{pmatrix} \begin{pmatrix} V_0 \\ V_1 \\ V_2 \\ V_3 \end{pmatrix}$$

(40.5-3)

Bezier 曲线一般表达式

$$P(u) = ((1-u)^2, n(1-u)^{n-1}u, \cdots, n(1-u)u^{n-1}, u^n)$$

$$\begin{pmatrix} V_0 \\ V_1 \\ \cdots \\ V_{n-1} \\ V_n \end{pmatrix} = \sum_{i=0}^{n} B_{n,i}(u) V_i \quad (40.5-4)$$

式中，u 为参数值，$u \in [0, 1]$；V_i 为特征多边形的顶点；$B_{n,i}(u) = C_n^i (1-u)^{n-1} u^i$ 为 Bernstein 基函数。

式（40.5-4）所表示的曲线称为由特征多边形 $V_0 V_1 \cdots V_n$ 定义的 Bezier 曲线，该曲线逼近给定的特征多变形，通过特征多边形的首末点 V_0 和 V_n，并与其首末边 $V_0 V_1$ 和 $V_{n-1} V_n$ 相切。

Bezier 曲线（见图 40.5-29）有以下几个特点：一定通过始点和终点，并与特征多边形首末两边相切于始点和终点，其余中间点拉近曲线靠近自己；参数式允许描述多值曲线，包括封闭曲线；Bezier 曲线依赖于参数，而不依赖于坐标的选择，即具有几何不变性；凸包性，Bezier 曲线必定落在特征多边形的凸包之中，不可能出现多余的摆动；表达曲线的参数多项式的次数可灵活控制；具有整体控制性，改动一个控制点，就会影响整段曲线形状。

Bezier 曲面即是把一维参数（u）扩展到二维参数（u, v）的结果，其特征和 Bezier 曲线类似。

图 40.5-29 三阶与四阶 Bezier 曲线

② B 样条曲线和曲面。为了弥补 Bezier 曲线对曲线的局部控制能力不足，人们开始研究 B 样条曲线，B 样条曲线具有良好的局域控制能力。

B 样条曲线的方程如下

$$P(u) = \sum_{i=0}^{n} B_{n,i}(u) V_i \qquad (40.5\text{-}5)$$

式中，V_i 为控制顶点；$n+1$ 为控制点数；$B_{n,i}(u)$ 为 B 样条基函数。

B 样条曲线有以下几个特点：有良好的区域控制性能；形状和位置与坐标的选择无关，即几何不变性；造型灵活，可以构造尖锐区域等特殊情况等。图 40.5-30 所示为 4 阶 B 样条曲线控制点的变化对曲线的影响，可以发现 B 样条曲线良好的局部控制能力。

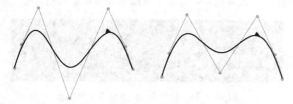

图 40.5-30　4 阶 B 样条曲线控制点的变化

③ NURBS 曲线和曲面。非均匀有理 B 样条曲线（Non-Uniform Rational B-Spline Curve，NURBS）是 B 样条方法中最具有一般性的曲线，是一种非常灵活的曲线，逆向工程当中经常用到。

NURBS 曲线为一分段的矢值有理多项式函数，表达式为

$$P(u) = \frac{\sum_{i=0}^{n} B_{i,k}(u) W_i V_i}{\sum_{i=0}^{n} B_{i,k}(u) W_i} \qquad (40.5\text{-}6)$$

式中，V_i 为控制顶点；W_i 为权因子；$B_{i,k}(u)$ 为 k 次 B 样条基函数。

NURBS 曲面由式（40.5-6）定义

$$P(u,w) = \frac{\sum_{i=0}^{n}\sum_{j=0}^{m} B_{i,k}(u) B_{j,l}(w) W_{i,j} V_{i,j}}{\sum_{i=0}^{n}\sum_{j=0}^{m} B_{i,k}(u) B_{j,l}(w) W_{i,j}}$$

$$(40.5\text{-}7)$$

式中，$V_{i,j}$ 为控制顶点；$W_{i,j}$ 为全因子；$B_{i,k}(u)$ 为沿 u 方向的 k 次 B 样条基函数；$B_{j,l}(w)$ 为沿 w 方向的 l 次 B 样条基函数。

NURBS 曲线曲面具备了 B 样条方法所具有的一切特性，当节点矢量仅由两端的 $(k+1)$ 重节点构成时，NURBS 曲线曲面退化为 Bezier 曲线曲面。NURBS 曲线曲面具有很多优点：可以用一个统一的表达式同时精确表示标准的解析形体和自由曲线曲面；既可以借助调整控制顶点，又可以利用权因子来修改曲线曲面；NURBS 方法的计算也是稳定的；具有完善的集合计算工具，包括节点插入与删除、节点加密、升阶、分割等算法与程序。

2）曲线的构造。

① 初等基本曲线的拟合。在逆向造型过程中有些几何元素是明显的直线、圆弧等初等曲线，这时就可以根据点云数据直接拟合出相应的元素。

在 Imageware 中，可以用命令 Curve Form Cloud——Fit Line 来实现直线的拟合。Imageware 会根据点数据的分布情况自动逼近一条最佳的直线，对于一些明显偏离点群的点会给予忽略，得到一条最为靠近原始点数据的直线。得到该直线之后，可以评估直线的拟合精度，用来评估拟合的直线与点数据的偏差，如果偏差太大，则不能将点数据当作直线来拟合。图 40.5-31 所示为某点数据拟合为直线的结果，拟合完成之后，可以评估原始点数据到拟合直线的垂直距离，以反映拟合的精度。不同的色块代表不同的拟合误差范围。

Imageware 中还有很多拟合基本曲线的命令，如 Fit Circle（拟合圆）、Fit Ellipse（拟合椭圆）、Fit Rectangle（拟合矩形）、Fit Slot（拟合槽形）等。

图 40.5-32 所示为自动拟合圆的效果，也可以应用 Automatic Point Rejection 选项，不断调整公差值得到几个圆的半径，然后取平均值，最后用指定一个半径的方法来拟合圆。图 40.5-33 所示为槽形拟合，包含了圆的拟合与矩形拟合。

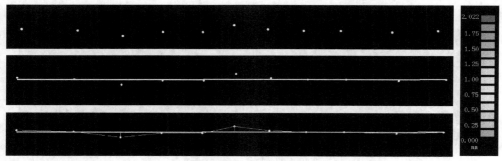

图 40.5-31　直线点云拟合

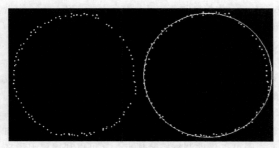

图 40.5-32 圆的拟合

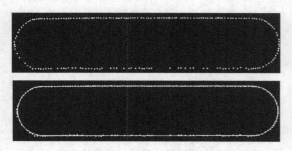

图 40.5-33 槽形拟合

对于基本几何元素的拟合，只要点云提取得合适，一般会拟合出来比较好的结果，这就需要耐心地去提取边界的点云，以期能得到较为符合原始设计的模型（见图 40.5-34）。

图 40.5-34 原始曲线点云

② 自由曲线的拟合。自由曲线的拟合有几种常见的方式：Uniform Curve（平滑曲线）、Tolerance Curve（误差曲线）、Interpolate Curve（插值曲线），在 Imageware 中都以 B 样条曲线的方法来拟合。

Uniform Curve 方法：根据点云拟合一条光滑的曲线，拟合的曲线光顺性较好，但是有时误差较大。选择合适的阶数和节点数才能拟合较为理想的曲线，可

以借助误差报告来不断修改两个值以得到满意的结果。理论上阶数越大，得到的曲线越贴近点数据，但曲线的顺滑程度会产生明显变化，且阶数越大曲线越不容易控制。这时，可以增加曲线的节点数目。

如图 40.5-35 所示，阶数为 4、节点数为 4 时的拟合显然偏差太大，这时适当的增加阶数以及节点数目。当阶数为 5、节点数为 6 时拟合得到了较为理想的效果（见图 40.5-36），其取样点到线的距离如图 40.5-37 所示。这时可以查看误差报告，如图 40.5-38 所示。如果达不到要求，继续修改节点数目和阶数。

图 40.5-35 阶数为 4、节点为 4 的拟合

图 40.5-36 阶数为 5、节点为 6 的拟合

Imageware 还可以给用户自动生成图 40.5-38 所示的误差诊断报告，我们可以方便地检查曲线与点之间的各项数据，来指导我们的模型重建工作。报告中我们可以查看法向方向和欧氏几何空间的最大偏差绝对值、平均偏差绝对值、标准偏差等。

Tolerance Curve 方法：用这种误差曲线的方法生成的曲线会把误差控制到一个指定的范围内，这样就可以很好地控制误差的范围了，但是其光顺性会比较差。图 40.5-39 所示是用这种方法生成的误差曲线，阶数和上面的平滑曲线一样，都是 5 阶。因为，在逆向工程中一般达到 0.1mm 的误差就可满足要求，所以设置误差值为 0.1mm。对其进行曲率分析，可以发现曲率变化没有规律，光顺性很差，如图 40.5-40 所示。要提高光顺性，只能牺牲拟合的精度。

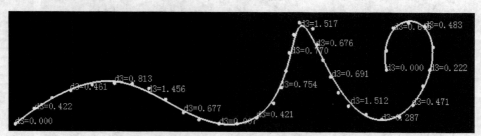

图 40.5-37 取样点到线的距离

Curve to Cloud Diagnostic Report

Job:		SHOWPEN007
ModelID:		Northeastern University
Model Version:		Shenyang CHINA
Status:	Date: showpen 20:29:20 — 14 2010	NANHU PARK
Date Eff:	Page: 1	+1 666 888 6698

Curve	"FitCrv" (Nominal)	
Curve	""	
Units	mm	
Error Tolerances:		
Positive		2.3023
Lateral		0.1000
Analysis Type	High Precision	
Max Checking Distance		5.0000
Offset Applied		0.0000

Curve Name: FitCrv
Error Statistics:

	Total	Out of Tol
n	38	0
%	100.00	0.00

	Abs. Norm.	Euclidean	
Maximum	2.3023	2.3023	0.0000
Average	0.6535	0.6535	0.0000
Std. Dev.	0.4783	0.4783	0.0000

图 40.5-38　误差报告

图 40.5-39　5 阶误差曲线拟合

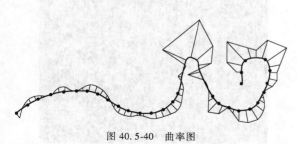

图 40.5-40　曲率图

Interpolate Curve 方法：这种方法让曲线通过每一个点数据，是百分之百精确的拟合方法。由于曲线只是简单地通过指定的采样点，所以光顺性更差。图 40.5-41a 所示为 5 阶的插值拟合的曲线。对比各种拟合方法可以看到各有其特点，实际应用当中，更应视具体情况选择合适的拟合方法。如果追求曲面的光顺程度，如汽车覆盖件、家电外形等，一般采用光顺曲线。如果追求拟合的精度，如人体模型等，可以采用其他两种方法。

3）曲面的构造。

① 基于点云数据的直接曲面构造。这种方法对于简单基本几何体比较适用，若点云数据是一些明显的平面、球体、圆柱体、圆锥、简单弧面，可以用这种方法直接拟合得到，Imageware 会将点云最大程度地拟合成指定的简单几何体。

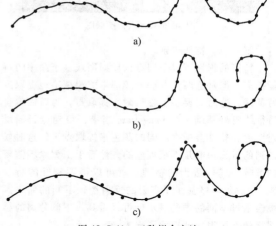

a)

b)

c)

图 40.5-41　三种拟合方法
a）5 阶插值曲线　b）5 阶误差曲线
（误差为 0.1mm）　c）5 阶光顺曲线

② 基于曲线的曲面构建。基于曲线的曲面构造有多种方法，这也是逆向造型常用的方法。其中有：根据边界曲线创建曲面、UV 向量线构建曲面、放样曲面（Loft Surface）、旋转曲面、扫掠曲面（Swept）等。

③ 基于曲线和点云的曲面构建。这种方法结合曲面的边界和点云数据来构造曲面，一般能得到较为精确的曲面，但这样可能得到较多的控制点，会导致后续的工作比较烦琐。

对于曲面构造的具体过程将在后面的逆向工程实例中详细阐述。

（3）曲面重构实例

下面以几个例子介绍曲面重构的一般方法，并对比它们之间的不同。

1）汽车翼子板建模。首先对点云数据进行分析，确定建模的方案。由图 40.5-42 可以看出，这个零件由一系列的自由曲面组合而成，可以采用基于特征的建模方法。基本的思路为，首先找出并区分各种曲面特征，如平面、二次曲面、简单自由曲面、过渡曲面等，然后提取特征曲线进行数据分块，把点数据分成各个小块分别重构曲面，进行曲面之间的操作，如过渡、桥接等，最后整体评价重建的精度。

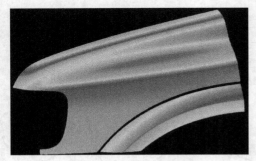

图 40.5-42　点云反射图

第一步：特征识别。

特征的识别可以采用点云反射图或基于曲率的特征提取，但是这两种方法一般都不能很精确地提取到特征线，这时需要手工参与耐心提取点，为后面拟合特征线打好基础。在 Imageware 当中，得到点云的反射图后，软件会根据不同的颜色来提取点云，这时候得到的点云一般是不很理想的，然后手工删除不需要的部分，进行适当的整理，就可以得到较好的特征线。图 40.5-43 显示了点云的反射图，不同的曲率区域会通过不同的颜色显示。可以看到，下侧分离的挡泥板的脊线很好地提取了出来。

图 40.5-43　曲率提取

采用曲率提取的方法则可以提取到比较明显的高曲率部分，手工处理较为简单，但是可以操作的范围较小。

而对于边界可采用手工提取的方法来实现，一般

提取边界采用框选点云的方法，本章提出一种提取边界的方法是采用重新创建点的方法，捕捉边界的点数据，手工创建一个新的边界点数据，这样效率更高，还可以人为地忽略一些明显的错点。然后可以根据这些新创建的点数据来拟合边界。如图 40.5-44 所示，十字形的点是原始点云数据，可以看到其边界比较整齐，圆形点为根据边界点捕捉到的新的边界点。

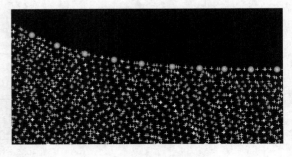

图 40.5-44　边界点云创建

第二步：特征线构造。

根据上一步中得到的点云反射图提取一些特征线的点云数据，再人为地截取一些必要的特征线，结合创造的边界点云拟合成曲线，如图 40.5-45 所示。

图 40.5-45　边界线及特征线的拟合

初步提取出特征线和边界线之后，由于操作的误差以及点云本身的误差，边界和一些特征线在空间上是不相交的，这会影响进一步的建模工作。这时通过曲线的延伸（extend）、裁剪（snip）、混成（blend）、对齐（snap）、匹配（match）等操作得到在 3D 空间上相连的曲线。

第三步：进一步细分曲面片，生成曲面。

根据特征线及边界进一步细分主要曲面片，尽量把曲面分成没有突兀变化的小面，一般要对边界线进行重新参数化操作，然后就可以生成曲面了。图 40.5-46 所示为分片造型，一般会分成一些四边形小面，然后按照 UV 方向来生成 NURBS 曲面。

主要曲面造型完毕后，通过曲面间的圆角过渡、裁剪、延伸、缝合等操作，实现曲面之间的过渡及次

图 40.5-46　曲面的分片造型

级曲面的生成。在建模过程中，可以随时查看误差报告，检查建模的精度。

第四步：模型重构结束，评价重建质量。

评价模型重建质量的一个重要方面是重建曲面与点云的吻合程度。图 40.5-47 中，根据不同的颜色可以得知该区域的误差范围，如果没有达到要求则返回上一步进一步修改 CAD 模型。

另外一个方面是曲面的法线方向，根据法线方向指针的排列走向是否一致，分布是否均匀，可以方便地检查曲面的走势和光顺程度。同时，曲率检测也可以检查曲面的曲率变化是否连续。图 40.5-48 所示为曲面的法线方向检测。

图 40.5-47　模型重建精度评价

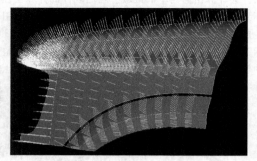

图 40.5-48　曲面的法线方向检测

另外一种检测方法是等高线流，应用反射光线命令能够使灯光照射到曲面上，用反射出来的等高线流来判断曲面的品质。

如图 40.5-49 所示，等高线流越光滑平顺，且流线之间的间距越平均，表示曲面的质量越好，反之则

表示曲面质量越差。

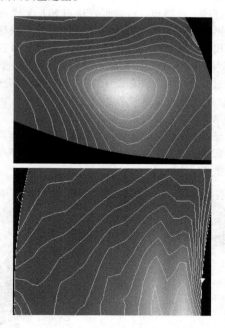

图 40.5-49　等高线流检测曲面质量

欲达到汽车覆盖件 A 级曲面的要求，必须使得曲面的表面不能有明显的凸起和凹陷，曲面的过渡不能是简单的倒圆角产生的过渡面，必须是曲率逐渐变化的过渡曲面。本章中的汽车翼子板基本达到了 A 级曲面的要求。

这种基于特征的造型方法适用于对曲面质量要求比较高的场合，而且可以结合逆向软件和常用的正向造型软件（CATIA、Pro/E）以达到较好的效果。在逆向软件中提取出特征线之后，输出为 IGS 格式，然后导入到正向软件中造型，这样可以更多地参与改进创新设计。

2）基于 Geomagic 的车身快速蒙面造型。Geomagic 可以自动根据三角片文件构造 NURBS 曲面，这种方法关键在于处理得到高质量的三角化数据。Geomagic 以合理的数学模型、曲线曲面构造理论为基础，它与传统的点—线—面的曲面重构方式不同，而是提供了基于三角网格化的快速重构方式，体现了数字外形重构技术的发展趋势。

在 Geomagic 当中，模型构造分为三个阶段：点阶段、三角化阶段、面阶段。三者缺一不可，才能构造出高质量的模型。点阶段要进行手工删除明显偏离点、删除跳点、去除噪点以及均匀减少数据量等操作，为三角化做好准备工作。然后就可以进行三角化了，得到三角化文件后，需要仔细处理三角网格，其中涉及数据缺失地方的补洞、表面平滑、边界齐整、

移除肿块或压痕、三角形数量减少等一系列操作以得到较好的三角模型，这时可以输出 STL 文件用于快速成形制造。得到三角模型后，软件系统能根据这个三角模型自动蒙面得到 NURBS 曲面模型，然后可以输出为 IGS、STEP 文件格式，输入到正向造型软件中做进一步处理，完成造型工作。本文对某车身的油泥模型得到的点云进行了造型工作。

第一步：点云处理。

经过手工删除、去噪点、数据精简等操作，得到较为理想的点数据。图 40.5-50 所示为处理好的车身点云数据。

图 40.5-50　车身点云

第二步：三角化阶段。

处理好点云数据后有 314590 个数据点，数据点不是太庞大，可以进行三角化。图 40.5-51 所示为车身的三角化模型。可以看到三角模型有一些缺陷，应该做进一步处理。可以用 Fill holes 命令来填补孔洞、用 Defeature 命令来修补凸包凹陷等缺陷、用 Relax 命令进行整体平滑处理。此时，该三角模型有 630254 个三角形，三角形数目较多，可以用 Decimate Polygons 命令来减少三角形数目，以提高后续蒙面的计算效率。软件在减少三角形时，会自动把有细节特征的地方保留较多三角形，而平滑的区域用较少的三角形表示。从图 40.5-52 中可以看出，简化三角形网格后，细节特征部位三角网格依然较为密集，这样更有利于表示其细节特征。

图 40.5-51　三角化模型

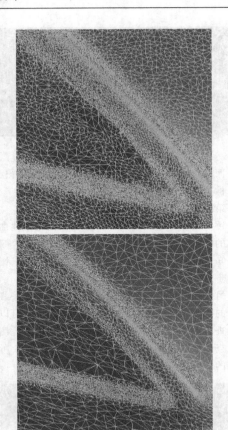

图 40.5-52　三角网格精简

第三步：面阶段，进行蒙面。

首先从多边形阶段（polygon phase）进入到面阶段（shape phase），进行轮廓线探测（detect contours）。探测轮廓线之前先要进行轮廓区域计算，软件会计算出高曲率的区域。当然软件的计算往往达不到我们的要求，需要手工选取删除区域带，以引导生成轮廓线。这个工作需要大量时间。图 40.5-53 所示为进行区域计算（compute regions）并手工调整后的轮廓带描绘结果。

图 40.5-53　轮廓带描绘图

调整好区域带之后，就可以提取轮廓线了，软件能根据上一步中确定的红色轮廓带来计算出相应的轮廓线。当然，由于轮廓带的误差，轮廓线肯定有很多偏离我们预期的范围，这一步也需要手工调整编辑轮廓线，直到达到较好的效果。图 40.5-54 显示了提取并进行调整的轮廓线。

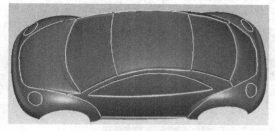

图 40.5-54　轮廓线提取

然后可以计算片体，计算网格，最后生成曲面，也可以在上一步之前直接自动蒙面。探测出轮廓线之后，Geomagic 根据轮廓线和三角化模型构造出NURBS 四边形曲面片。

这种在 Geomagic 中的造型方法，可以快速地根据三角片文件得到曲面，并能输出为 IGS 等文件。这种方法的优点是模型重建的速度很快，对于复杂特征能较快地得到其 NURBS 曲面模型。但是，由于三角

网格文件有这样那样的缺陷，这种方法构造的曲面质量不高。而且，这种方法更不允许数据缺失，人工参与设计的成分较少。

通过以上三种曲面重构方法的讨论，对于不同类型和不同要求的零件可以采用不同的方法，或者综合几种方法来完成一个模型的重构工作。曲面重构需要操作者有较多的经验才能得到较好的模型，需要在实际工作中不断总结。

3　逆向工程设计的实物反求方法

摩托车作为轻便、快捷、低能耗和外形美观的交通工具，受到人们的青睐。随着市场竞争的加剧，各摩托车制造企业都在快速地不断推出新产品，其中摩托车产品的外观造型是这类产品开发的主要内容之一，因此，人们一直在追求一种快速的摩托车新产品外观改型开发的新方法，以适应激烈市场竞争，达到快速响应顾客需求的目标。基于逆向工程技术的新产品快速开发方法和技术，成为当前摩托车新产品外观改型开发的主要技术。以下以某款摩托车的外观改型开发为例，介绍逆向工程设计应用实例，其具体内容如图 40.5-55 所示。

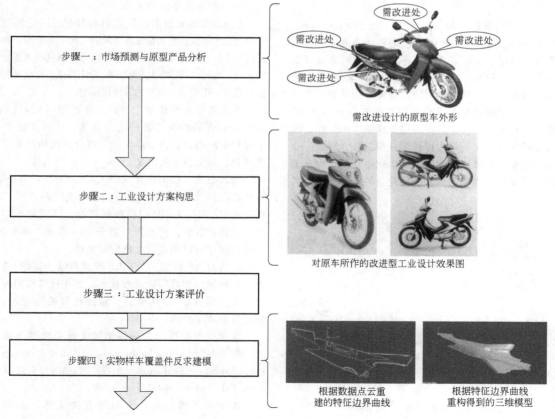

图 40.5-55　逆向工程设计应用实例

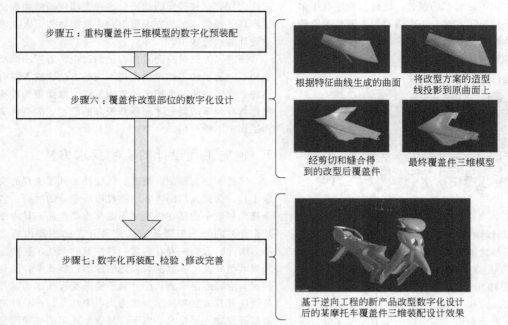

步骤五：重构覆盖件三维模型的数字化预装配

步骤六：覆盖件改型部位的数字化设计

步骤七：数字化再装配、检验、修改完善

根据特征曲线生成的曲面　　将改型方案的造型
线投影到原曲面上

经剪切和缝合得
到的改型后覆盖件　　最终覆盖件三维模型

基于逆向工程的新产品改型数字化设计
后的某摩托车覆盖件三维装配设计效果

图 40.5-55　逆向工程设计应用实例（续）

4　快速原型制造

快速原型制造（Rapid Prototyping Manufacturing, RPM）的本质是增材制造，它是利用各种机械的、物理的或化学的方法，通过有序地添加材料来成形工件（见图 40.5-56）。这种成形方法完全不同于传统的去除成形方法，采用全新的添加成形的思想，其具体做法为：根据计算机上构成的工件三维设计模型，对模型进行分层切片，得到各层截面的二维轮廓；按照这些轮廓，一层一层选择性地堆积材料，制成一片片的截面层，并将这些截面层逐步顺序叠加，构成工件的三维实体。这种成形方法将复杂的三维加工分解

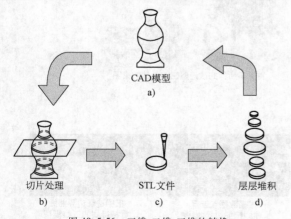

图 40.5-56　三维-二维-三维的转换
a) 三维工件　b) 分层切片　c) 逐层加工　d) 叠加成形

成简单的二维加工组合，因此，不采用传统的加工机床和模具就能直接成形工件。

快速原型制造技术在 20 世纪 80 年代后期源于美国，是最近几十年来世界制造技术领域的一次重大突破。RPM 是机械工程、数控技术、材料科学以及计算机技术等技术的集成，它可以将数学几何模型的设计迅速、自动地物化成为具有一定功能和结构的零件或原型。

随着各种新型机的问世，快速原型（Rapid Prototyping）领域涉及了各种成形系统、成形工艺和成形材料等所包含的内容。因此，综合国内和国外的相关资料，本文做下述定义。

美国制造工程师协会（SME）和 Terry T. Wohlers 对快速原型技术进行了定义：RP 系统依据三维 CAD 模型数据、CT 和 MRI 扫描数据和由三维实物数字化系统创建的数据，把所得数据分成一系列二维平面，又按相同序列沉积或固化出物理实体。

国内对 RP 的定义为：RP 技术是基于离散/堆积成形原理的新型数字化成形技术，是在计算机的控制下，根据零件的 CAD 模型，通过材料的精确堆积，制造原型或零件的。

快速原型制造，在一些学术文献中常用下述表述，如 Solid Freeform Fabrication，Additive Manufacturing，Automated Fabrication Layered Manufacturing，Free Form Fabrication，Solid Imaging 等。

本文采用该词从广义角度及狭义角度的如下定义：

1）针对工程领域而言，其广义上的定义为：通过概念性的具备基本功能的模型快速表达出设计者的意图的工程方法。

2）针对制造技术而言，其狭义上的定义为：一种根据 CAD 信息数据把成形材料层层叠加从而制造零件的工艺过程。

4.1　概述

RP 技术是集现代 CAD/CAM 技术、计算机数控技术、精密伺服驱动技术、激光技术和新材料技术等发展起来的新兴技术。快速原型制造技术是集计算机辅助设计、新型材料科学、数控技术为一体的综合技术。

RP 技术的原理：将计算机中的三维模型经过分层切片后获得其各层截面轮廓的几何数据，计算机根据此数据控制激光器和喷嘴固化成一层一层的薄层材料，从而形成一系列具有微小厚度的层状实体，然后采用熔结、聚合、黏接等手段逐层累积为一个整体，即所设计的新产品模型、样件和模具等。根据零件的形状，RP 系统每次可以制造一个具有一定微小厚度和形状的截面，最后将它们逐层叠加起来得到所需要的零件。整个过程是由计算机控制来自动完成的，不同公司生产的 RP 系统所能使用的成形材料不同，系统工作原理也有一些差异，但基本原理都一致，即"分层制造、逐层叠加"。该工艺过程可以被形象地叫作"增长法"或"叠加法"，其原理如图 40.5-57 所示。

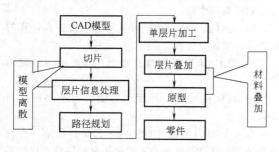

图 40.5-57　快速原型制造原理

RP 技术是机械工程技术、材料科学、数控技术、计算机技术、现代光电技术等集成的结晶，是实现并行工程和快速响应制造的有效途径。和传统的制造技术相比较，它具有以下特点：

1）快速性。快速原型制造技术的一个重要特点就是其快速性，这一特点非常适合于新产品的开发与管理。

2）技术高度集成。快速原型技术是计算机技术、数控技术、材料技术与激光技术的综合应用。在其成形概念方面该技术以离散/堆积为指导；在控制方面以计算机和数控为基础。因此只有在数控技术、计算机技术高度发展的今天，快速原型制造技术才有可能进入实用阶段。

3）设计与制作的一体化。CAD/CAM 一体化是快速原型制造的另一个显著特点。传统的 CAD/CAM 技术，由于其成形思想具有局限性，所以其设计制造的一体化很难实现。但是对于快速原型制造技术，由于该技术采用了离散/堆积的分层制作工艺，所以能够很好地将 CAD/CAM 结合起来。

4）高度的柔性。柔性好是快速原型技术最突出的特点，因此在计算机的管理和控制下利用该技术可以制造出任意具有复杂形状的零件，它将可以重编程、重组、连续改变的生产装备以信息方式集成到一个系统。

5）自由形状的制造。快速原型的这一特点是基于自由形状制造的思想。

6）材料的广泛性。在快速原型领域中，由于各种快速原型工艺的成形方式不同，因而材料的使用也很广泛。

4.2　快速原型制造技术

RP 技术的产生和发展结合了众多当代高新技术，如计算机辅助设计（CAD）、激光技术、数控技术、材料技术，并将随着技术的更新而不断发展。自1986 年出现至今，世界上已有大约二十多种不同的成形方法和工艺，而且新的方法和新工艺仍在不断地出现，见表 40.5-5。

表 40.5-5　快速原型制造技术列表

缩写	全称	缩写	全称
3DP	三维打印	CC	轮廓工艺制造
3DWM	三维焊铣	BPM	粒子制造
SLS	激光烧结	CLOM	叠层曲线实体制造
Meso SDM	细观成形沉积制造	DLF	直射光制造
Mold SDM	浇注成形沉积制造	LOM	叠层实体制造
PLD	脉冲激光沉积	RPBPS	基于粉末烧结的快速成形
PPD	逐点粉末沉积	RSLA	冷却光固化
RFP	快速冰型制造	SALD	选择性区域激光沉积
M2SLS	多材料选择性激光烧结	SLA	光固化
RBC	自动注浆成形	SLPR	选择性激光粉末再熔

目前有许多种类的快速原型系统，1999 年的一个调查定义了 40 种不同的快速原型种类。伴随着其他的快速原型系统不断涌现，它们中的一些成为主流的快速原型系统。表 40.5-5 中也包括了一些正在发展中的、在市场上不能买到的或者根本不可行的快速原型系统。

根据所使用的材料和制造技术不同，目前应用比较广泛的方法有采用光敏树脂材料通过激光照射逐层固化的光固化快速原型（Stereo Lithography Apparatus，SLA）、采用粉状材料通过激光选择烧结并逐层固化的选择性激光烧结法（Selective Laser Sintering, SLS）、熔融材料加热融化挤压喷射冷却成形的熔融沉积制造法（Fused Deposition Manufacturing, FDM）和采用纸质材料等薄层材料通过逐层黏接和激光切割的叠层实体制造法（Laminated Object Manufacturing, LOM）等。

（1）光固化快速原型（Stereo Lithography Apparatus, SLA）

光固化原型也常被称为立体光刻成形，英文的名字为 Stereo Lithography，简称 SL，也有时被简称为 SLA（Stereo Lithography Apparatus）。该工艺是由 Charles W. Hull 在 1984 年获得美国专利，是最早发展起来的快速原型技术。

自从 1988 年美国 3D Systems 公司最早推出 SLA-250 商品化快速原型系统以来，SLA 已成为目前世界上技术最为成熟、研究最为深入、应用最为广泛的快速原型工艺方法之一。该方法以光敏树脂为原材料，利用计算机控制激光器保证其逐层凝固成形。该方法能简洁地制造出表面质量和尺寸精度较高、几何形状较为复杂的产品原型。

光固化快速原型工艺的基本原理：光固化快速原型的成形过程如图 40.5-58 所示。在盛满液态光敏树脂的液槽中，氦-镉激光器发出的紫外激光束在计算机控制系统的控制下按照零件的各层截面信息在光敏树脂表面上逐点进行扫描，被扫描区域的光敏树脂薄层发生光聚合反应而固化，形成零件的一个薄层。一

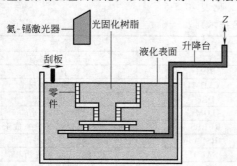

图 40.5-58　光固化快速原型原理

个薄层固化完毕后，工作台下移一个层厚的距离，在已经固化好的树脂薄层表面再敷上一层液态光敏树脂，然后利用刮板将黏度大的光敏树脂层刮平，再进行下一层扫描，新固化层牢固地黏接在前一层，如此重复操作直到整个零件的固化完毕，最终制造出完整的三维实体原型。光固化快速原型的制作一般可以分为前处理、光固化成形和后处理三个阶段。图 40.5-59 为光固化快速原型制作的工业样件。

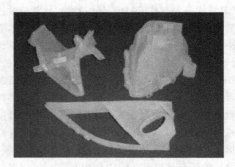

图 40.5-59　光固化快速原型制作的工业样件

光固化快速原型的优点：

1）光固化成形法是最早出现的快速原型制造工艺，成熟度高。

2）由 CAD 数字模型直接制成原型，产品生产周期短，加工速度快，不需要切削工具与模具。

3）可以加工结构外形复杂或使用传统方法难以成形的原型和模具。

4）为试验提供试样，可以对计算机仿真计算的结果进行验证与校核。

5）使 CAD 数字模型直观化，降低错误修复的成本。

6）可联机操作，可远程控制，利于生产的自动化。

自从 1988 年美国 3D Systems 公司推出第一台商业化设备 SLA-250 以来，光固化快速原型技术在世界范围内得到了迅速而广泛的应用，如概念设计的交流、产品模型、单件小批量精密铸造、快速工模具及直接面向产品的模具等诸多方面，并广泛应用于汽车、电器、航空、娱乐、消费品以及医疗行业。

（2）选择性激光烧结法（Selective Laser Sintering, SLS）

美国得克萨斯大学奥斯汀分校的 C. R. Dechard 于 1989 年研制成功 SLS 选择性激光烧结法。目前，在 SLS 技术上走在世界前列的是德国 EOS 公司，该公司已经研发出对未经预热的金属粉末进行选择性激光烧结的系统，被烧结的材料是多种金属粉末组成的混合物，这些金属粉末在烧结过程中互相补偿体积的变化来保证烧结

时的收缩率小到忽略不计，有利于保证制造的精度。SLS 选择性激光烧结原理如图 40.5-60 所示。

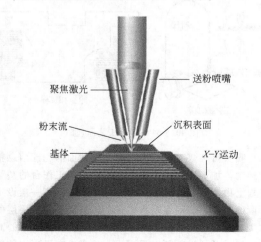

聚焦激光
送粉喷嘴
粉末流
沉积表面
基体
X-Y 运动

图 40.5-60　选择性激光烧结原理

SLS 的工艺过程就是利用粉末状材料成形，其具体过程为：材料均匀地铺洒粉末在已成形零件表面并刮平；然后采用高强度红外或 CO_2 激光器在粉末层上扫描出零件截面；在高强度激光照射下粉末材料将被

烧结为一体，得到零件截面，并与已成形部分黏接在一起；当该层截面烧结完成后，重复进行下层截面的烧结。

选择性激光烧结技术的主要特点有：

1）其制造过程与零件的复杂度无关，是真正意义上的自由制造，这种制造方法是传统制造方法无法类比的。与其他 RP 不同，SLS 不需要提前制作自然支架，未烧结的松散粉末就可以作为自然支架。

2）材料的范围广，任何在加热后黏接成形的材料都可以作为 SLS 的原材料。材料没有浪费，未烧结的粉末可回收再次使用。

3）产品的制造成本几乎与批量无关，因此特别适合于新产品研发试制或单件、小批量生产。

4）选择性激光烧结技术可与传统的加工工艺相结合来实现模具的快速制造、小批量生产、快速铸造等。

5）应用范围广，由于其材料的多样性，所以 SLS 适合于多个应用领域，例如原型设计的模具母模验证、精铸熔模、型芯和铸造型壳等。图 40.5-61 所示为采用激光快速成形技术制造的钛合金飞机隔框和支座。

a)　　　　　　　　　　　b)

图 40.5-61　采用激光快速成形技术制造的钛合金飞机隔框和支座（Aeromet 公司为 Boeing 和 Lockheed Martin 公司制造）

由于该类成形方法有着制造工艺简单、成形速度快、柔性度高、材料选择范围广、材料价格便宜、成本低、材料利用率高等特点，因此 SLS 主要应用于铸造业，并且可用来直接制作快速模具。SLS 工艺可以选择不同的材料粉末制造不同用途的模具，用 SLS 方法可以直接烧结金属模具和陶瓷模具，用作注塑、挤塑、压铸等塑料成形模及钣金成形模。

（3）叠层实体制造法（Laminated Object Manufacturing，LOM）

LOM 工艺也可称为叠层实体制造，其原理（见图 40.5-62）是根据零件分层几何信息切割箔材或纸等，将切割得的层片黏接成三维实体。其工艺流程为：首先铺上一层箔材，然后用 CO_2 激光在计算机的

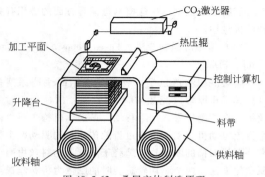

CO_2 激光器
加工平面
热压辊
控制计算机
升降台
料带
收料轴
供料轴

图 40.5-62　叠层实体制造原理

控制下切出一层轮廓，非零件部分全部被切碎以便去除。当本层完成切除后再铺上一层箔材，用辊子碾压

并加热,以固化黏结剂,使新铺上的一层牢牢地黏接在已经成形的实体上,然后再切割该层的轮廓,如此反复直到制造完毕,最后除去切碎部分以得到完整的工件。

LOM 技术的特点是原型制造精度高,分层实体制造中激光束只需按照分层信息提供的截面轮廓,而不需要对整个截面进行扫描,并且不需要考虑支撑部分,因此具有制作速度快、效率高、成本低的优点,采用 LOM 制作的零部件如图 40.5-63 所示。制造出来的工件可以承受高达 200℃ 的温度,同时还具有优良的力学性能,可以进行各种切削加工。其缺点是 LOM 技术不制作塑料零件,而且工件尤其是薄壁类工件的抗拉强度和弹性差。同时工件也比较容易吸湿膨胀,所以成形后的工件需要尽快进行表面防潮处理。由于工件表面还具有台阶现象,其高度和材料的厚度基本一致,一般为 0.1mm 左右,因此工件成形后需要进行打磨处理。

图 40.5-63　LOM 制作的零部件

LOM 工艺由美国 Helisys 公司 Michael Feygin 于 1986 年研制成功以来,在世界范围内得到了迅速广泛的应用。虽然在精细产品和类塑件等方面不及 SLA 的优势,但在比较厚重的结构件模型、砂型铸造、实物外观模型、快速模具母模等方面的应用有独特的优越性。

(4)熔融沉积制造法(Fused Deposition Manufacturing,FDM)

熔融沉积制造也是一种广泛应用的快速原型技术。其工作原理(见图 40.5-64)是:制造加工时送丝机构在控制信号作用下移动,该送丝机构主要由两个直流电动机驱动,再通过齿轮传动机构驱动两个带有环形浅凹槽的驱动轮,缠绕于丝盘上的料丝由两个驱动轮夹住,两个驱动轮旋转时的摩擦力将料丝送至与喷头相连的导向软管,经过软管后被送入喷头,在喷头中加热器装置由温度传感器控制,送入的料丝被高温融化形成液体,再由喷头处的步进电动机驱动螺杆将其挤出。

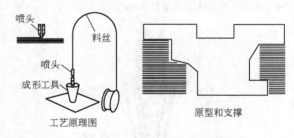

图 40.5-64　FDM 工艺原理图

喷头可在 X-Y 平面内根据零件截面的轮廓信息精确运动。加工初期,喷头首先在固定于工作台的塑料底板上根据截面的轮廓和网格信息熔融沉积一层设定厚度的料丝,凝固在塑料底板上,然后进行一层层的加工,每加工完成一层后工作台下降一层厚度的高度,然后开始进行新一层沉积,并黏接在已凝固的起定位和支撑作用的前一层上,如此重复直到整个零件成形结束。该成形过程是在一个恒温的成形室里进行,其原理如图 40.5-64 所示。

熔融沉积工艺的优点:

1)采用了先进的热融挤压头专利技术,系统构造和操作都非常简单,且系统运行安全,维护成本低。

2)制造成形速度快。

3)以蜡作为材料的成形零件,可用于熔模铸造。

4)任意复杂程度的工件都可成形。

5)在成形过程中原材料不会发生化学变化,制件的翘曲变形也较小。

6)原材料利用率很高,而且材料寿命也很长。

7)支撑材料的去除简单,不需化学试剂清洗,分离也容易。

FDM 快速原型技术已经被广泛应用于汽车、机械、家电、航空航天、通信、医学、建筑、电子、玩具等产品的设计开发。例如产品的外观的评估、方案的选择、装配的检查、功能的测试、用户看样订货、塑料件开模前的校验设计以及少量产品的制造等,也被应用于政府、大学及研究所等机构。用传统方法需要几个星期、几个月才能制造出来的复杂产品原型,用 FDM 技术无需任何刀具和模具,短时间内便可完成。图 40.5-65 所示为采用 FDM 制作的发动机模型。

(5)三维打印(Three Dimension Printing,3DP)

三维打印技术包括三种:黏接材料三维打印成形、光敏材料三维打印成形、熔融材料三维打印成形。

1)黏接材料三维打印成形。3DP 工艺是美国麻省理工学院 Emanual Sachs 等人 1989 年研制出来的一

图 40.5-65　FDM 制作的发动机模型

图 40.5-66　三维打印制作的高尔夫球杆头

种专利技术，该技术基于微滴喷射。静电墨水喷头是根据零件的截面轮廓向材料粉末层喷射黏结剂，如此逐层黏接成形零件。如果利用彩色黏结剂，还可以制造出彩色零件。Z Corp 公司制造的三维打印机就是基于这种技术的典型设备，该设备除了能打印单色的零件，还能打印制造色彩缤纷的零件。彩色原型件更直观、生动，能传递更多的信息。图 40.5-66 所示为利用黏接材料三维打印制作的高尔夫球杆头。

2）光敏材料三维打印成形。光敏材料三维打印成形是一种基于微滴喷射技术，以光敏聚合物为材料来成形制造零件，然后利用紫外光进行固化操作的一种工艺。这种工艺结合了光固化成形和喷射成形的优点，所以提高了零件成形效率。喷头沿 X 方向往复运动形成的喷射材料和支撑材料构成一个截面后用紫外光进行固化，此后重复该过程直至完成整个工件的制造。该技术的典型设备以 3D Systems 公司生产的 Invison 系列三维打印系统和 Objet 公司生产的 Eden 系列成形系统为代表，如图 40.5-67 所示。

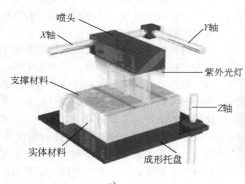

a)

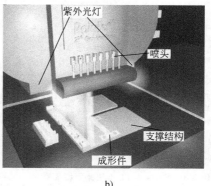

b)

图 40.5-67　EDEN250 型三维打印快速成形机
a）成形系统　b）喷头

Eden 系列成形系统采用了第二代光敏材料的喷射技术，在系统的控制下 8 个喷头可以协调、精确地喷射出等量成形或支撑材料，其分辨率高达 600×300dpi，其厚度最小可到 0.016mm，能制作出小至 0.6mm 的壁厚和无台阶效应的复杂曲面，可以获得具有精细特征的高质量原型零件。采用的多喷头可一次性喷出 65mm 宽的微滴束，这样在保证成形精度的前提下加快了成形速度，其凝胶状的支撑结构也可以利用喷射压力水方便地去除。

3）熔融材料的三维打印成形。熔融材料的三维打印成形是采用热能加热热塑性材料至熔融状态后从喷头挤出或喷射出，从而逐层堆积出工件的一种工艺。该技术的典型设备是 Solidscape 公司的 T 系列台式成形机和 Stratasys 公司的 Dimension 系列三维打印机。

4.3　快速原型制造工艺

几种典型的快速原型设备，包括 SLA、SLS、FDM、3D Printing 快速原型系统，分别如图 40.5-68～图 40.5-71。这几种快速原型系统在一定程度上代表现阶段的主流快速原型技术及生产快速原型系统的商业化公司。除 Z Corporation 已经退出市场之外，其余的几家大规模的快速原型设备生产公司在该领域都占有相当大的市场。

图 40.5-68 3D Systems SLA 快速原型系统

图 40.5-69 EOS SLS 快速原型系统

图 40.5-70 Stratasys FDM 快速原型系统

图 40.5-71 Z Corp ZPrinter150 快速原型系统

快速原型制造方法在工艺上各有其特点，通过对各种快速原型的优缺点进行对比，有利于选择合适的成形方法进行加工。表 40.5-6 分别对几种成形方法

的成形件的精度、表面质量、材料价格、材料利用率、运行成本、生产效率、设备费用、占有率等进行了比较。

表 40.5-6 RP 工艺比较

RP 工艺	精度	表面质量	材料价格	材料利用率	运行成本	生产效率	设备费用	占有率(%)
SLA	好	优	较贵	接近100%	较高	高	较贵	78
SLS	一般	一般	较贵	接近100%	较高	一般	较贵	6.0
LOM	一般	较差	较便宜	较差	较低	高	较便宜	7.3
FDM	较差	较差	较贵	接近100%	一般	较低	较便宜	6.1

4.4 快速原型制造的进展

喷墨黏粉式和熔融挤压式两种传统三维打印机都有一定的局限性，这主要是因为所用原材料有较大的限制。例如，热泡式喷头能喷射的黏结剂有限，特别是难以喷射黏度较大的黏结剂以及非水溶液性黏结剂；熔融挤压式喷头只能使用一定直径的可熔融塑料丝材。这种状况显然无法满足新材料成形的需求，特别是生物医学领域、机电制造领域和其他一些新发展领域的成形需求。

为突破这些限制，近年来已经开展了快速原型制造关键技术——先进喷头，特别是关于压电喷墨式喷头、微注射器式喷头和电流体动力喷头的研究。这些喷头的共同特点是采用微滴喷射技术，从而不仅使快速原型制造的可用原材料（"墨水"）范围大大扩展（几乎无限制），而且使成形件的精度也有大幅度的提高，并且在这些先进喷头的基础上出现了一些全新的快速原型制造机。由于这些快速原型制造机采用喷头来操控和配送成形材料，可以制作三维工件，因此统称为三维打印机。为区别于传统的三维打印机，将新出现的这些三维打印机称为"先进三维打印机"（Advanced 3D Printers），并将这些打印机及其所使用原材料与相关工艺统称为"先进三维打印技术"。先进三维打印技术可以成功地解决生物医学和机电制造等领域新材料（特别是微纳米材料）的复杂功能器件的成形难题，因此正在成为发达国家争先发展的一项高新技术。

在大力发展上述高端三维打印机的同时，人们也十分重视普及式三维打印机的发展。按照这类打印机目前的售价范围和主要用途，可以将其分为工程设计用、简易试验用和学生学习用 3 种。其中，工程设计用三维打印机的售价范围是 1000~20000 美元，主要用于三维工程设计，以便部分取代现有设计用二维打印机；简易试验用三维打印机的售价范围是 1000～4000 美元，主要用于一般的三维成形试验，特别是学生的课程试验；学生学习用三维打印机的售价为几百美元，适合大专院校学生用标准模块自行组装三维打印机，借此掌握三维打印机的原理和基本操作，以及三维打印快速原型制造工艺基础。

5　快速原型制造的应用实例

5.1　微型热管成形

　　热管（见图 40.5-72）是一种高效散热器件，它是用导热材料（如纯铜）构成空心管，其内部由毛细结构（如灯芯）、液流和蒸气流两种工作流体构成。当热从热源进入蒸发段时，工作液发生相变，转变为蒸气并流向热管的冷凝段，释放热量后冷凝为液态，然后借助灯芯结构的毛细管力的作用流回蒸发段，如此循环使乏热源的热量不断地消除。常用的小热管外径为 1～3mm。

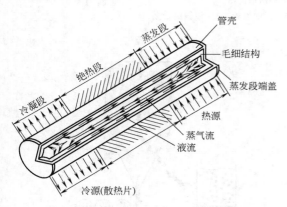

图 40.5-72　热管原理图

　　为使热管能用于集成电路芯片的散热，加拿大 EPM 理工学院用三维打印快速原型制造制作了微型热管（Micro Heat Pipes，MHPs），图 40.5-73 所示为微型热管网络的快速原型制造的过程，采用的喷头为气动微注射器式（PAM），喷嘴直径为 100～250μm，墨水为易消散有机墨水，由 200%（质量分数）微晶蜡和 80%（质量分数）凡士林油混合而成。渗入的环氧树脂固化后，在约 75℃ 下加热热管网络，并在轻度真空下通过网络中的开口排除其中的墨水，再用热水洗环氧树脂微腔热管网络，最后在高真空下充入定量的工作液，用环氧树脂密封热管网络的开口，获得微型热管。

　　图 40.5-74 所示为用于成形微型热管的三维打印机，其中的激光传感器用于检测微热管的布局。

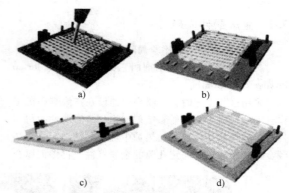

图 40.5-73　微型热管网络的快速原型制造的过程
a）通过喷嘴沉积墨水　b）逐层沉积墨水
c）在热管网络中渗透低黏度环氧树脂
d）环氧树脂固化，去除易消散墨水

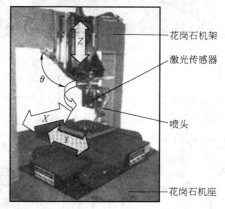

图 40.5-74　成形微型热管的三维打印机

　　图 40.5-75 所示为黏接在芯片上的三维打印微热管，微热管的通道直径为 200μm。

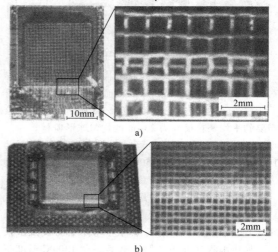

图 40.5-75　黏接在芯片上的微热管
a）2 层微热管　b）4 层微热管

5.2 金属器件成形

可以用三维打印机制作金属器件,其工艺有以下两种。

(1) 向粉层喷射黏结剂的三维打印 ("Binder on Powder" 3D-printing)

采用这种工艺时,由喷头向铺设在三维打印机工作台上的金属粉层喷射黏结剂,构成所需器件的初坯件,然后将初坯件置于加热炉中烧除黏结剂,并烧结各金属粉,构成有一定孔隙的金属器件,再渗铜锡合金 (含 90% 铜与 10% 锡) 使器件到全密度。

例如,为了成形 420L 不锈钢器件,采用粉粒平均尺寸为 44μm 的不锈钢粉材,粉层厚度为 100μm,喷射黏结剂的液滴体积为 140pL,所得初坯件中的匀金属颗粒被黏结剂桥连接 (见图 40.5-76a)。将初坯件置于加热炉中烧除黏结剂,并在 1120℃ 下烧结成密度为 600% 的不锈钢件 (见图 40.5-76b),然后再渗铜锡合金使更器件达到全密度 (见图 40.5-76c),其屈服强度可达 455MPa,抗拉强度可达 680MPa,硬度可达 26~30HRC。

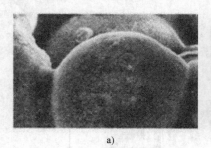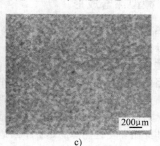

a)   b)   c)

图 40.5-76 三维打印不锈钢齿轮

a) 金属颗粒被黏结剂桥连接 b) 烧结后的齿轮 c) 渗铜锡合金

图 40.5-77 所示为 Georgia 理工学院用三维打印成形金属件的过程,它包括以下 3 个步骤:

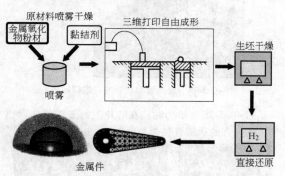

图 40.5-77 三维打印成形金属件的过程

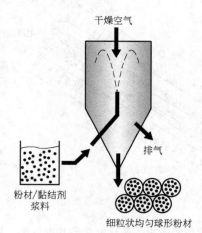

图 40.5-78 喷雾干燥

1) 原材料喷雾干燥。对粉状金属氧化物和黏结剂 (如 2% 或 4% 的 PVA) 混合而成的浆料进行喷雾干燥 (Spray-drying),如图 40.5-78 所示,构成符合需要的平均颗粒尺寸为 25μm 的均匀球形粉材。

2) 三维打印成形生坯件。打印成形的层厚为 100μm,成形生坯件在 450℃ 的加热炉内经干燥处理去除其中的黏结剂。

3) 生坯件还原为金属件。典型的还原剂为氢气或一氧化碳,进行化学还原反应时 (见图 40.5-77),在 850℃ 的温度下这些气体与生坯件中的氧发生反应,形成水蒸气并被排除,然后,在 1300℃ 温度下烧结生坯件得到金属件。

由于三维打印成形无需支撑结构,所用粉材颗粒精细,因此可成形有孔的微细结构金属件 (Cellular Parts,细胞状工件),其微孔尺寸可达 0.5~2mm,壁厚可达 50~300μm,特征尺寸可达 0.1mm。

(2) 向已预混聚合物 (热塑性黏结剂) 的金属粉层喷射溶剂的三维打印 ("Solvent on Granule" 3D-printing,见图 40.5-79)

预混聚合物的金属粉经过湿混、烘干、碾磨和筛选等工序制成,颗粒尺寸约为 100μm,喷射溶剂的液滴体积约为 10pL,粉层厚度为 50~200μm,然后将成形所得生坯件置于加热炉中,在 450~650℃ 氢气下烧除黏结剂,在 1330℃ 氩气下烧结 3h 成形 (见图 40.5-80),其密度可达理论密度的 95%。

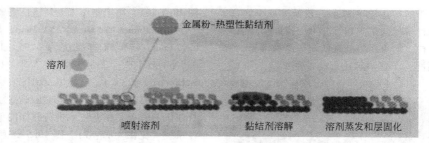

图 40.5-79 向已预混聚合物的金属粉层喷射溶剂的三维打印

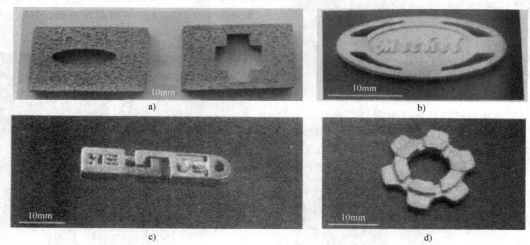

图 40.5-80 "Solvent on Granule"三维打印不锈钢工件

图 40.5-81 是三维打印成形的渗铜 420L 不锈钢注塑模镶块，其屈服强度为 455MPa，抗拉强度为 680MPa，硬度为 26~30HRC。

图 40.5-81 三维打印成形的渗铜不锈钢注塑模镶块

图 40.5-82 3D Systems 公司蜡模三维打印机

5.3 铸造蜡模成形

3D Systems 公 司 生 产 Projet CP3000（见 图 40.5-82）、Projet CPX 3000 和 Projet CPX 3000Plus 等 3 种铸造蜡模三维打印机，可用于直接成形机电工件、珠宝的铸造用蜡模，这几种打印机的 x-y 方向的分辨率为 328×328dpi 或 656×656dpi，成形材料为

Visijet CP200 蜡（熔点为 70℃）和 Visijet CPX200 蜡（熔点为 70℃），支撑材料为 Visijet S200 蜡（熔点为 55~65℃）。打印完成后，从打印机上取下蜡模，将其置于溶解盆中（见图 40.5-83），在盆中异丙醇（isopropanol）溶剂的作用下，去除支撑结构，得到所需蜡模。由于所用成形蜡材和支撑蜡材的熔点都较

低,因此对喷头的加热温度要求也较低,易于实现。但是,由于两种蜡材的熔点相近,不能借助加热温差来去除支撑结构,而需用溶剂来使支撑结构溶解,所用溶剂(异丙醇)不能溶解成形蜡材。

图 40.5-83　溶解盆中的蜡模

这些型号的打印机采用单程打印模式(见图40.5-84),即在打印机的横向布满喷头,打印时喷头不必相对工件进行横向扫描运动,只需工件在工作台驱动下沿纵向进行往复运动,因此打印效率较高。

图 40.5-84　单程打印模式

图 40.5-85 所示为上述 3 种蜡模三维打印机打印成形的蜡模。

图 40.5-85　三维打印成形的蜡模

Solidscape 公司生产 T612 型蜡模三维打印机(见图 40.5-86),用于制作工业铸造所需蜡模,成形件尺寸为 304.8mm×152.4mm×152.4mm,层高为 0.013~0.127mm,蜡模弯曲强度为 1.95×10^3psi(1psi = 0.006895MPa),弯曲模量为 2.50×10^5psi,密度为 1.25g/cm^3(23℃),硬度为 65HSD,表面粗糙度为 $Ra32 \sim Ra63 \mu$m,打印最小特征尺寸为 254μm。这种打印机上设置了视觉技术进行打印图像在线检测与监控系统(见图 40.5-87)。图 40.5-88 所示为用此系统进行在线检测与监控的实例,根据监测所得图像缺陷的阀限(见图 40.5-88f)可以快速进行打印参数修正,以便及时改善打印品质。

图 40.5-86　Solidscape 公司的蜡模三维打印机
a)喷头与铣刀　b)工作台

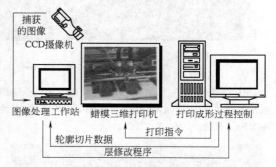

图 40.5-87　采用视觉技术进行打印图像在线检测与监控系统

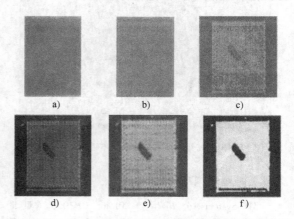

图 40.5-88　采用视觉技术进行打印图像在线检测与监控实例
a)蜡模铣削后的参照图像　b)打印沉积后的实际图像
c)图像 a)与 b)的差别　d)调节图像的亮度和对比度
e)图像滤波　f)图像缺陷的门限

第6章 协 同 设 计

1 概述

1.1 协同设计产生背景

产品设计问题是一个典型的具有分布、动态特征的群体求解问题。传统的串行产品设计开发模式，在设计的初始阶段不能很好地考虑用户需求、产品制造、装配、使用以及产品绿色性等问题，同时也缺乏相应的技术手段。因此，设计的产品常常存在可加工性、可装配性差以及用户不满意等问题。而这些问题往往一直延续到制造阶段，甚至到交付用户使用时才被发现。事后修改设计方案，不仅延长了产品的开发周期，增加了制造成本，而且用户的需求也不能很好地得到保证。

未来的制造业从某种意义上来说，将成为一种信息产业，用信息技术促进制造业的改造已成为时代的发展潮流。制造业近50年的变化历程如图40.6-1所示。21世纪世界制造业发展的总趋势是：信息技术在促进制造业发展过程中的作用仍然是第一位的；独占性技术决定了产品的价值和价格；联合和竞争两位一体，并超出国界；敏捷性成为制造业追求的主要目标。

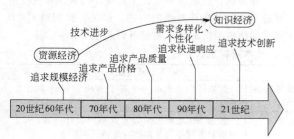

图 40.6-1 制造业企业的战略变迁

面对网络经济时代制造环境的变化以及制造模式的转变，产品设计的内涵也发生了变化，与之相对应的解决方法和手段也随之变化。因此，网络化制造环境对产品设计提出了新的要求：

1）需要建立基于协同理论的产品集成设计团队。

2）对复杂结构产品的设计过程进行重组，建立产品协同设计开发流程。

3）建立能支持协同设计的计算机协同工作环境。

4）通过对复杂结构产品的建模，优化产品设计过程与质量。

5）利用 PDM、CAD/CAM/CAPP、Agent、虚拟设计等集成技术与工具，提高设计质量与速度。

现代产品的开发过程与信息网络的集成是目前研究的重点，而要实现这方面的集成，必须首先针对现代设计的过程、模式和其具体要求进行研究。异地协同设计的顺利进行是现代设计取得效果的基础，也是并行设计得以实施的技术基础之一。先进的网络信息技术恰好可以提供高效率的信息交流，这为通过互联网来进行协同设计提供了有利的条件。

1.2 协同设计定义及特点

协同设计是在计算机技术支持的网络环境中，由一个群体协同工作完成一项设计任务。协同设计继承发展了并行设计的基本思想，借助于迅速发展的计算机技术和网络技术，构成了"计算机支持下的网络化协同设计"。协同设计是计算机支持的协同工作在设计领域的应用，是对并行工程、敏捷制造等先进制造模式在设计领域的进一步深化。其目的是为了实现不同领域、不同层次人员对信息和资源的共享，协调处理各种耦合、冲突和竞争，完成跨领域、跨时空协作，以满足变化市场的需求。它通过对复杂产品设计过程的重组、建模优化，建立协同设计开发流程，并利用 CAD/CAM/CAPP、PDM、虚拟设计等集成技术与工具，系统地进行产品开发。它不但可以体现面向用户的设计、面向制造的设计、面向装配的设计等现代设计技术，而且还可以体现现代管理技术。

协同设计至今还没有一个权威的定义，根据多年的研究再结合协同设计的内涵，笔者认为协同设计的含义是：为完成某一设计目标，由两个或两个以上的设计主体（或专家小组），通过一定的信息交换和相互协同机制，分别以不同的设计内容共同完成这一设计目标。协同设计的主要内容包括异地协同设计系统的组织结构、数据交换、异地数字化产品定义及管理、冲突消解、交互方法等。根据该定义，将实现协同设计的关键要素总结归纳，见表40.6-1。

协同设计在不同应用领域、协同目的及协同方法下会包含有不同的特性，但一般来讲都会有表40.6-2所示特征。

表 40.6-1 实现协同设计的关键要素

关键要素	特 征	优 势
科学的工作模式	由关注图样转向设计,实现所有数据唯一性	杜绝重复劳动,减少修改设计而产生的错误
统一的语言环境	设计数据可以实现无障碍交换	方便设计团队协同设计过程中数据交换
专业团队协同设计	团队内部按照不同的设计内容进行分工	成员设计内容形成完整的专业设计数据
项目团队协同设计	各团队设计资料实现自动管理、流转和存档	所有涉及内容可形成完整项目设计数据
文件资料统一管理	所有图样资料集中存储在数据库服务器,实现图样管理与控制	完善共享管理和用户权限管理,服务器有完善的备份安全措施
即时通信	借助各种信息技术和工具,实现即时交流	提高了异地协同设计效率
冲突解决	通过冲突检测和消解技术解决冲突	改善了管理机制

表 40.6-2 数字化协同设计的共同特征

特征	特 征 描 述
多主体性	设计由两个或两个以上独立的成员参与,并且独立具有领域知识、经验和一定的问题解决能力
分布性	设计系统具有时间与空间分布性,设计者可在不同时间、地点加入,参与设计
异构性	设计系统通常是跨行业、企业和部门,因此具有数据、知识、软硬件的异构性
协同性	设计成员要通过并发控制方法维护数据的正确性与一致性完成共同的设计目标
共同性	设计成员要实现的设计目标是共同的,所在设计环境和上下游信息也是一致的
灵活性	参与设计的成员数目可以动态增减,协同设计的体系结构也是灵活多变的

1.3 协同设计技术现状

(1) 协同设计的国外技术现状

国外从 20 世纪 80 年代开始大力研究和发展制造系统的数字化和网络化技术,以占领 21 世纪知识经济的制高点,增强其国际地位、发展本国经济;美、英、德、俄、日等国政府以及我国台湾和香港地区的重要学术、信息和工业机构已于近几年在与产品数字化协同及网络交互式设计技术紧密相关的领域和研究方向投入了巨资和大量人力物力,用于开展基础研究和应用开发,并且取得了许多重大的研究成果。部分有代表性的研究见表 40.6-3。

除此之外,还包括 Video Draw 支持二维草图共享;Teledesign 可用于三维 CAD 群件接口检查;Co-Count 是一个开放分布式环境,支持异地的设计人员合作协商共同完成同一产品的设计制造等。

(2) 协同设计的国内技术现状

在国内,就总体而论,工程设计领域计算机应用系统集成的基础还是很薄弱的。但是,我国对 CSCD 技术的研究早已展开,主要研究内容见表 40.6-4。

表 40.6-3 协同设计部分国外技术研究现状分析

研究单位	研究内容	研究成果
加州大学伯克利分校	在 NSF、美国国防部高级研究计划局和福特汽车公司的支持下开展 Cybercut 项目	建立了世界上第一个基于 Web 的设计和制造系统
Lockheed、EIT、斯坦福大学及 HP	进行 PACT 项目,研究大规模、分布式并行工程系统	较为系统地研究了分布式协同设计问题,并已拓展到以网络为基础的异地协同问题上
斯坦福大学、CDR、EIT 及 SIMA	在 APARSISTO 的支持下开展 SHARE 项目	支持设计者通过计算机网络组织和交流设计信息,以对设计和开发过程共享理解
RACECAR	在 Eprint 的支持下以汽车工业为应用背景进行了并行工程的研究	
CECED	以协同设计为出发点进行了并行工程支撑环境的研究	
麻省理工智能工程系统实验室	开展 DICE 项目,采用基于全局控制机制的面向对象的数据库管理系统,解决设计人员之间的协调和交流,通过提供的设计原理解决设计冲突	建立了基于计算机的设计系统 DICE,系统中提供了一个共享的工作空间,多个设计人员可以按照各自的工程学科进行设计
爱荷华大学工业工程系	建立 Internet 实验室,其主要研究项目包含如何利用 WWW 技术建立基于客户/服务器形式的协同设计模型	
波音公司	进行 FlyThru 项目研究,节省了大量的时间和资金	方便了分布在异地的设计人员,缩短设计周期,为设计人员提供异步协调的手段

（续）

研究单位	研究内容	研究成果
Mara Datavision	最新一代 CAD/CAM/CAE 软件 EUCLID QUANTUM 研究	软件具备在 Internet 进行设计工作的功能
SDRC 公司	在 I-DEAS Master 系列 CAD/ CAM/CAE 软件的基础上二次开发	增加了支持基于项目组的产品设计功能
MicroStation 等	开发基于网络的产品设计软件 Engineering Back Office	可用于广域范围内的工程设计平台、数据库以及其他企业信息系统的集成

表 40.6-4　协同设计部分国内技术研究现状分析

研究方向	研究内容	研究单位
CSCW 技术的研究	跟踪国外的先进技术,从事计算机支持协同工作机理、模型、方法等方面的研究	浙江大学、清华大学、西安交大、上海交大、天津大学、华中科技大学、中科院计算所和东北大学等
CSCD 技术在 CIMS 和并行工程设计中的应用研究	建立通用 CSCW 平台模型并利用组件化开发模式系统	天津大学
	利用 Microsoft NetMeeting 为基础平台进行二次开发	南京理工大学
	利用分布式对象建立基于信息共享的专用系统	国防科技大学
协同设计工作的模型和原型系统研究	提出工程设计数据库模型、版本管理模型、概念设计模型、基于黑板的多自治体模型、分步环境下的产品模型,以及 Agent 模型和 Mulit-Agent 等模型	清华大学史美林教授
	提出的"一个协同设计支持系统原型",较系统地提出了一个协同设计系统的组成结构,但是缺少设计信息的结构和模型	
并行工程协同工作模式及支持环境的研究	863/CIMS 重大攻关项目"面向 CIMS 并行工程集成框架关键技术"和"航天并行工程"	南京理工大学、中国科学院计算所等
	基于 CSCW 技术开展了关于计算机支持的协同设计中关键技术的研究	
	网上资源共享及网上协同产品创新开发方面开展大量研究工作	西安交大的国家教委"现代设计与制造网上合作研究中心"
	开发基于 Web 的设计系统和协同设计支持系统等	国内软件开发商
企业间网络化协同设计平台	实现多家主机厂与各自供应商,在互联网上开展新产品开发项目协同、任务协同、设计协同、变更协同、数据发布与共享、技术冲突在线协商等协同设计功能	重庆大学在国家"十一五"科技支撑计划和重庆市重大科技攻关计划项目的支持下完成

2　协同设计的关键技术

2.1　协同设计数据交换与共享技术

一个产品的设计过程一般需要多方协作,如主机厂与配套厂之间的协作。图 40.6-2 所示是主机厂与配套厂之间的协同设计数据关系,在供应链协同产品设计过程中将存在大量的数据信息交换和共享,这些涉及几何、技术和管理等多类型的数据信息交换主要包含有两个方面:一是各企业协同设计小组之间和企业内部设计小组各相关部门之间的数据交换和共享;二是设计部门与后续生产制造部门的数据交换和共享。

在数字化产品设计和制造环境中,从设计、工艺、工装设计到制造,各企业、各部门在产品及零部件的生命周期各个阶段,根据自身的需要和特点,会用不同厂家的软件,如 CAD、CAPP、CAM、CAE 等,不同软件

的使用导致产品数据信息的表示和存储类型及格式不同;同时,由于技术的发展,各个专业软件本身也存在不同的版本,从而使得在不同时期同一类系统产生的数据也有所区别;加上在计算机软件不断更新换代和升级的同时,各企业信息化建设与技术更新速度也同步。因此,协同设计信息传输的媒介、组织和交换方法将直接影响设计的效率及设计能否顺利进行。

和传统串行集成方式不同,协同设计采用并行设计方式,需要支持同步和异步两种数据交换方式。异步方式的数据交换主要采用标准交换文件实现,常用的数据文件标准有 IGES、DXF、STL、TIFF、UDA−FS 和 STEP 等,从目前趋势看,各种标准都在向 STEP 转化;而同步协同设计数据交换方法主要有:专用格式交换法、标准格式交换法和基于消息的数据交换法,但更为常见的是采用 XML 方式和使用基于消息的语义传输方式实现产品数据的交换。

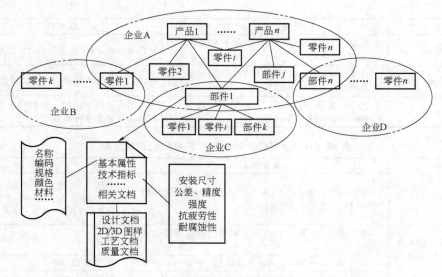

图 40.6-2　协同设计数据共享

（1）基于 STEP 的协同设计数据交换标准

STEP 是产品模型数据交换标准（Standard for Exchange of Product Model Data）的非正式缩写。它是国际标准化组织制定的一种用于交换和共享数字化产品信息的国际标准，代号为 ISO10303。它的目的是提供一种不依赖具体系统的中性机制来描述产品整个生命周期内的产品数据，同时保持数据的一致性和完整性。产品数据的这种描述，不仅适合于物理文件交换，而且是实现和共享产品数据库及产品数据的长期存档的基础。

STEP 标准体系结构包括多种构成部分，支持产品数据的交换和共享。参与产品数据交换的计算机系统可以采用各自的数据格式存储产品数据，但是需采用 STEP 格式进行产品数据交换。在产品数据共享时，STEP 为单一的产品数据源提供各种接口，允许多个计算机应用系统同时访问和操作该数据源。STEP 把产品信息的表达和用于数据交换的实现方法区分开来，将所有内容分为 7 大类，分别是：①描述方法；②通用集成资源；③应用集成资源；④应用协议；⑤一致性测试方法论和框架；⑥与应用协议对应的抽象测试集；⑦实施方法。STEP 标准体系结构如图 40.6-3 所示。

集成资源提供产品信息的表达，定义产品数据的全局信息模型。每一个集成资源是一个由 EXPRESS 描述的产品数据的集合，这些数据描述称为资源构件，不同应用中相似的信息可以用一个资源构件表达，资源构件可经过修改和增加约束、关系及属性来支持特殊的应用。集成资源分为一般资源和应用资源两组，应用资源是对一般资源的引用和扩展，这些一般资源

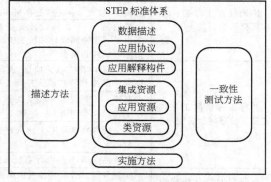

图 40.6-3　STEP 标准体系结构

往往被一组相似的应用所使用，例如绘图、有限元等。

集成资源要支持某一应用的信息要求，必须对集成资源增加许多特定的约束和关系。STEP 中定义的应用协议通过解释集成资源来满足特定应用的信息要求。集成资源的解释就是选择合适的资源构件，进一步细化含义，增加必需的约束和关系。解释的结果，形成了应用解释模型，这是应用协议文本的一部分。应用协议提供一组映射，用于显示集成资源的解释如何满足应用的信息要求。

STEP 中的实现方法用以规定在计算机系统间实现产品数据交换和共享的具体方法，例如文件交换格式或数据库共享方法等。一致性测试描述了对 STEP 应用系统进行测试的框架和方法等。

STEP 最为重要的一点是可扩充性。该特性建立于 EXPRESS 语言之上，对任何需要交换的工程信息，均以 EXPRESS 语言规范描述其结构和正确条件。另外，EXPRESS 语言不仅能描述数据结构，还能表

达约束，这些约束条件是数字化产品数据的一种正确性显式标准。

（2）XML 数据共享格式

XML 的定义为可扩展标记语言（XML：extendable markup language），是 3WC（World Wide Web Consortium）制定的标准标记语言。3WC 将 XML 1.0 版描述如下：XML 是标准通用标记语言（SGML：Standard Generalized Markup Language）的一个子集，其目标是让一般的 SGML 能够在网站上被服务、接收和处理。XML 小巧、简洁，对于广泛应用的 Web 和其他方式的数据交换来说正变得日益重要。它自含字典定义和解析方法，具有可扩展能力，可以为不同运行平台软件所接受，具有以下特点：

1）它是一种建立标记语言的语法，拥有标准格式，易于创建、学习和使用；能够与 SGML 及 HTML 共同合作，并且专门为用于 Internet 而设计。作为连续性的文本文件，可以轻易通过防火墙，在现存的网络上传送，易于实现数据的安全传输。

2）可提供描述方法和在应用程序之间实现格式化的消息和数据传输。使用者可以通过读取和解析（Parsing）XML 资源来处理 XML 对象（文档）。

3）可以实现结构化。利用 DTD（Document Type Definition）/Schema 可以结构化，使内容和语法都能轻易地进行验证。DTD 定义按照树节点之间关系来创建 XML 文档结构树的格式集合规则。XML 处理器能读 DTD 模板并和 XML 文档实例进行对比以发现错误，这种强化的结构化特性确保用户可以建立标准化而且有效的 XML 文件。

4）XML 文件可以使用组合的方式建立。利用 XML 更具威力的链接方式，可以利用其他文件的组合来建立文件。这种强化链接系统让用户只需选择其他文件上需要的部分，就可建立自订文件。

5）数据建模能力强。XML 文档既描述了实体数据，又描述了数据模式，因此特别适宜产品数据库之间的模式和数据的传递与交换，使得基于模型的产品族集成中产品数据模式重构变得简单。

6）数据冗余少。虽然 XML 包含大量标记，会造成一定数据冗余，但通过映射，可以过滤掉不需要传递的子元素和属性。

7）数据约束强。XML 元素中数据通常被统一视为字符串类型，因此很难判断基本数据类型的错误，通过结构类型的映射可以对每个叶子节点做显式的类型声明。

8）数据传递的灵活性高。通过映射与反映射，可以不使用 XSLT 就实现 XML 到 XML 的转换。

在网络化制造环境下，针对产品协同设计的需要，图 40.6-4 展示了基于 STEP 和 XML 标准的产品信息共享与交换系统的解决方案。

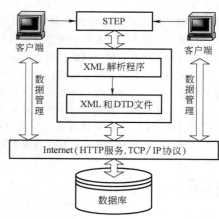

图 40.6-4　协同设计环境下基于 STEP 数据交换过程

2.2　协同设计中的任务协同

协同产品设计是由多个设计活动组成的，每个活动通常又可划分为一系列子活动，每个活动或子活动都可看作一项任务或者子任务的集合。在网络化制造的协同设计方式下，进度控制是指在项目实施过程中，对各阶段的进展程度和项目最终完成的期限所进行的管理。其目的是保证项目能在满足其时间约束条件的前提下实现其总体目标。进度的调整需要由负责人与合作伙伴通过充分协商、协调，是满足盟主合作伙伴各自的资源约束的再协商过程。任务协同是协同管理的一个重要方面，主要包括项目进度计划的制定和项目进度计划的控制。

协同设计任务分解是协同设计活动中最关键的一步，必须保证任务的相对独立、力度适宜，与参与产品协同设计的企业内外部资源相匹配，尤其是对于分配给供应商执行的外协任务设计要求应明确、便于对交互结果进行评估考核，对于由不同供应商承接的子任务之间应尽量减少相互的交叉和耦合，降低协同组织的难度。

协同设计任务分解过程具有很强的经验性和知识性，项目各基本任务之间的逻辑关系主要有强制性的依赖关系、可灵活处理的关系和外部依赖关系。面向网络化制造的协同设计系统的任务进度机制是指在任务进行过程中，实际进度与计划进度发生偏差时所采用的进度监控与调整机制，它是基于产品结构树操作的。任务树是由若干节点组成的有限集，除根节点以外的其他节点可以分为多个互不相交的有限集合，每个集合又是一个任务树，称为子任务树。任务树中每一个节点可独立地作为新的设计任务看待，而整个树是由这些独立任务分解过程按一定顺序组成的有向集合，如图 40.6-5 所示。但是由于各级任务的分解和组织是在各协同设计参与企业内部进行的，相互之间并不完全透明，因此各企业都只看到该结构的一部分，而不是全部。每个企业看到的任务结构图为协同设计任务规划在各层次上的协同设计任务结构各级子视图。每个视图一般都由三部分组成：来自上级企业的任务或任务要求、内部任务、分配给下级企业的子任务。上、下级子视图之间则通过由外协任务组成的虚拟中间层视图关联，借助外协任务（中间层视图）传递相互之间的任务时间、输入输出等约束关系，如图 40.6-6 所示。

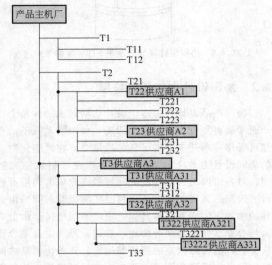

图 40.6-5　协同设计任务规划层次结构

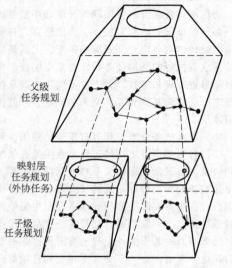

图 40.6-6　协同任务规划子视图层次关系

外协任务由于跨越不同的企业组织，其执行监控过程比企业内部任务更加严谨，这里采用递归权重统计法与时间比值相结合的方法，对实际任务进行项目进度的监控。

方法 1　递归权重法。递归权重统计法是一种权重累加算法，最后结果可以得到由多个子部件、零件组成的产品总体的设计进度。其表达式为

$$\eta = \eta^1 \lambda_1 + \eta^2 \lambda_2 + \cdots + \eta^m \lambda_m \text{ 或 } \eta = \sum_{j=1}^{m} \eta^j \lambda_j$$

$$(40.6\text{-}1)$$

式中，η^j 为第 j 个子零部件设计进度；λ_j 为第 j 个子零部件权重系数，$0 < \lambda \leqslant 1$，其中权重系数由相关专家给出。

方法 2　时间比值递归法。设一个设计任务有 n 个设计子任务，其中，已完成 m 个子任务，则此时的任务进度具体计算方法为

$$S = \sum_{i=0}^{m} AT_i \Big/ \Big(\sum_{i=0}^{m} AT_i + \sum_{j=m+1}^{n} T_j \Big) \quad (40.6\text{-}2)$$

式中，T_j 是在进行设计之前对该设计任务进行预测的需要完成第 j 个子任务所需时间。AT_i 为第 i 个子任务实际完成时间。$\sum_{i=0}^{m} AT_i$ 为 m 个子任务工作实际完成的时间，$\sum_{j=m+1}^{n} T_j$ 是剩余任务预计需要的时间。由式（40.6-2）可知，对于实际的任务进度的计算，它是随着实际完成时间的变化而变化的。

在网络化制造过程中，协作项目是逐级的，这就形成了多级协作目标，其进度也需要自下而上逐级计算，总体进度即所属子目标进度的综合。因此，时间比值进度计算也是一个递归的计算过程。

以上两种方法从不同角度对设计任务的进度进行了分析，在实际监控中采用两种方法相结合。在任务进度过程中两种方法计算出的进度需要进行比较，如果两者差值小于 0.01 则按进度较低的为最终进度显示。否则，需要调整预测时间以及整体设计项目的周期，以安排相应后续工作。

由上述递归算法，可以得到项目进度控制的流程，如图 40.6-7 所示。

2.3　协同设计冲突协调机制

（1）冲突的产生

协同设计需要多个群体或个体协作，各设计主体间相互关联使得整个协同设计过程中，冲突不可避免地存在。在协同设计过程中，对于各关联对象而言，由于对产品开发的考虑角度、评价标准、领域知识等不同，导致设计目标、方案在各主体之间存在一种不

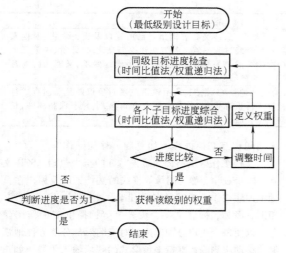

图 40.6-7 进度控制算法流程

一致、不匹配或不稳定的状态。这些协作主体包括设计对象、设计意图、产品开发过程、产品开发人员、多学科专家小组、企业组织等多种具有一定的信息结构及相关属性的信息实体或功能实体。冲突的存在会造成设计的不协调甚至搁浅，影响设计进度和增加设计成本；但冲突也可以促进产品设计革新，促使设计人员及早发现和解决问题，最终实现提高产品质量和性能指标的目的。

冲突可能会出现在概念设计、方案设计、详细设计和生产过程设计等涉及协同产品设计活动的一个或几个阶段。从某种意义上来说，协同设计的过程是一个冲突产生和消除的过程。而且协作的耦合度越大，设计过程越复杂，冲突产生的可能性也越大，进而会造成设计的不协调甚至搁浅，影响设计进度增加了设计成本。冲突是协同设计的内在特征，一般具有必发性、多样性、关联性、破坏性与建设性并存等特点。依据冲突涉及对象和产生的原因，可以将冲突分为设计冲突、过程冲突和资源冲突。依据协同的紧密程度，

可以分为强冲突和弱冲突。根据冲突暴露的明显程度，可以分为显式冲突和隐式冲突。

（2）冲突的检测

为了尽早发现并及时处理冲突，在协同设计过程中要实时监测存在的冲突。常用的冲突检测方法有：基于启发式分类的冲突检测、基于约束不可满足的冲突检测、基于真值的冲突检测、基于 Petri 网的一致性冲突检测等。目前研究得较多的基于约束的冲突检测技术，是依据约束满足问题（Constraint Satisfaction Problem，CSP）及其求解算法的思想来进行的。一个工程设计问题就是在一系列设计要求的规定下为各设计参数寻找合适的值来满足这些设计规定，这些规定和要求就是设计约束。因此一个工程设计问题可以看作一个约束满足问题，即对各设计变量寻找合适的解，使所有的约束都能得到满足。常用的约束满足问题求解算法有 Local Waltz 算法、区间传播算法、一致性算法、定量化约束求解算法和遗传算法等。

在实际应用中，简单的冲突检测方法是基于真值的检测与基于约束的检测结合。根据协同环境下同步和异步工作的不同情况，可以将在线检测和阶段检测结合起来，并利用数据库触发器技术等相关技术工具进行冲突检测。基于 Petri 网的一致性检测冲突检测主要是对协同设计环境下各代理之间的关系进行研究、分析和描述，并采用一定的集成算法对所有描述设计群体代理的 Petri 网进行集成，形成具有一个输出库的集成 Petri 网，从而形成冲突检测模型，再根据冲突检测算法进行冲突检测。

（3）冲突的消解

冲突消解包括在设计周期内避免冲突和对已产生的冲突进行消解。冲突避免主要表现为合理地进行设计任务规划及协作人员分工合作，最大程度地共享领域知识、设计成果等；冲突消解主要有知识推理、约束松弛法、回溯、协商及仲裁等方法，见表 40.6-5。

表 40.6-5 冲突消解的主要方法

消解方法	方 法 内 容		
知识推理	基于规则的冲突消解		把这些冲突解决规则总结成知识库的形式，在一定的推理机制的支持下辅助设计人员解决冲突
	基于实例的冲突消解		通过找出一个同当前冲突相似的实例，较快提出大致的冲突解决方法，在此基础上进行修改
约束松弛	分析约束违反情况，重新进行设计求解方法	显式冲突	设计人员可通过对设计对象的当前值与可行值区间进行比较，或用约束验证工具来自动检测设计对象的改变
		隐式冲突	采用人工智能领域的约束满足问题来检测冲突的产生
回溯方法	当冲突发生时，设计流程回退到过去的某个决策点，选择一些过去未被采用的方案，回溯是在没有冲突消解知识的经验指导下进行的，因此可能在冲突被解决前需要进行大量的回溯工作，并且无法保证能找到最佳的解决方案		

（续）

消解方法	方　法　内　容
协商	一个反复交互逐步求精的过程，建议和理由被反复交互，冲突各方提出自己的建议及支持理由、对他人建议的评价及接受程度、对建议的修改意见等，直至最终达成一致。各方在建议与反建议、评价、决策三个状态间进行转移、循环往复，直至协商结束。协商冲突的结果是使提议既能满足设计要求，又能让协商各方接受一种优化设计方案，从而达到最终消解某些冲突的目的
仲裁	仲裁是指由双方当事人协议将争议提交（具有公认地位的）第三者，由该第三者对争议的是非曲直进行评判并做出裁决的一种解决争议的方法。仲裁异于诉讼和审判，仲裁需要双方自愿，也异于强制调解，是一种特殊调解，是自愿型公断，区别于诉讼等强制型公断

一般情况下，产品设计过程仅靠一种冲突的消解方案是不可能全面解决各种复杂冲突的，很多时候需要将这些冲突消解方法结合使用消除冲突，使得设计任务顺利进行。

2.4　协同设计交互技术

协同设计交互技术是指为异地协同设计的参与者进行全面沟通、交流、协作提供方便的网络化协同会议支撑技术，包括即时通信、共享白板、多媒体、远程协作等技术。

（1）即时通信技术

即时通信（Instant Messenger，IM）技术是一种使人们能在网上识别在线用户并与他们实时交流的技术。借助即时通信技术，人们可以搭建具有文字聊天、语音、视频、文件共享、短信发送等信息交换功能通信平台。与传统的通信方式相比，IM 可跟踪网络用户的在线状态并允许用户实时双向沟通，还可以在 PC/手机/PDA 用户之间进行高效、低成本的即时文字交流。

即时通信软件一般由即时通信服务器（Server）和即时通信客户端（Client）组成，如图 40.6-8 所示。通常，IM 有在线直接通信、在线代理通信、离线代理通信、扩展方式通信四种通信方式。即时通信软件和 email 等信息传送软件最大的不同之处在于"状态监测"和通信的快捷性。

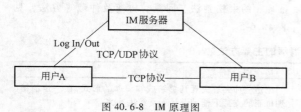

图 40.6-8　IM 原理图

（2）协同设计共享白板技术

白板技术是在应用软件中设置共享文档工作区，并以"页"的形式组织，每个用户都可以建立新页面，添加或删除页面中的内容。每个用户可以通过共享工作区相互交换文档资料，并在其中实时加注自己的意见。此外，每个用户还有私人文档工作区，其内容只被用户自己访问。在共享文档工作区和私有工作区之间相互交换内容，如复制、移动操作等。

文档工作区支持读人事先写好的至少包括 ASCII 文本、PostScript、静止图像等格式的文档，以及用户在页面上加注或作示意图的各种工具，如直线、任意曲线、矩形、箭头、标注文字、荧光笔等；提供多种作图颜色，以便每个用户分别选用；对于图形部分能方便地复制、移动或删除；支持多种形式的现场输入手段，如扫描仪、光笔等；能支持中文、英文等多种语言；文档工作区中的内容应能保存到文件中，以便以后查阅。如果共享文档工作区中的内容涉及权限问题，只有在对方给予授权后才能修改别人所写的内容。

（3）多媒体通信技术

多媒体通信是通信技术和计算机技术相结合的产物，是指在一次通信过程中能够同时提供多种媒体信息，如声音、图像、图形、数据、文本等的新型通信方式。和传统的单一媒体通信方式比较，多媒体通信使得异地用户不仅能声像图文茂地交流信息，不同地点的多媒体信息还能步调一致地作为一个完整的信息呈现在用户面前，而且用户对通信全过程具有完备的交互控制能力。这就是多媒体通信的分布性、同步性和交互性特点，其研究内容包括多媒体数据的压缩编码、多媒体数据的同步、多媒体数据库、多媒体通信网等几个方面。

（4）远程协助

"远程协助"是 Windows XP 系统附带提供的一种简单的远程控制的方法。远程协助的发起者通过 MSN Messenger 向 Messenger 中的联系人发出协助要求，在获得对方同意后，即可进行远程协助，远程协助中被协助方的计算机将暂时受协助方（在远程协助程序中被称为专家）的控制，专家可以在被控计算机当中进行系统维护、安装软件、处理计算机中的某些问题，或者向被协助者演示某些操作。它的功能主要体现在应用程序共享、远程协助、白板共享、寻求远程协助等方面。

2.5　协同设计集成技术

要实现协同设计与企业其他业务的一体化，就要考虑协同设计与企业其他信息系统（如 ERP、SCM、CRM、PDM、OA、CAX 等）的集成。这种针对网络化异构环境下的系统集成需要用到多种集成技术，主要包括数据集成技术、分布式对象技术、Web Service 集成技术。

（1）数据集成技术

数据集成是将不同来源与格式的数据在逻辑上或物理上进行集成的过程。一般说来，数据集成可以分为数据仓库和联邦数据库两大类方法。数据仓库技术在物理上将分布在多个数据源的数据统一集中到一个中央数据库中；而联邦数据库则仅通过将用户查询翻译为数据源查询来进行逻辑上的数据集成。在企业数据集成领域，数据集成发生在企业内的数据库和数据源级别，通过从一个数据源将数据移植到另外一个数据源来完成数据集成。目前已有的一些成熟框架，如联邦式、基于中间件模型和数据仓库等可以利用，这些技术在不同的着重点和应用上解决数据共享和为企业提供决策支持。数据集成的一个最大问题是企业的业务逻辑常常只存在于主系统中，无法在数据库层次去响应业务流程的处理，因此这限制了实时处理的能力。还有一些数据复制和中间件工具来推动在数据源之间的数据传输，有些是以实时方式工作的，而另外一些则是以批处理方式工作的。

联邦数据库系统（FDBS）由半自治数据库系统构成，相互之间分享数据，联盟各数据源之间相互提供访问接口，同时联盟数据库系统可以是集中数据库系统或分布式数据库系统等。数据仓库是在企业管理和决策中面向主题的、集成的、与时间相关的和不可修改的数据集合。其中，数据被归类为广义的、功能上独立的、没有重叠的主题。

在一定程度上，此三种技术解决了企业应用之间的数据共享和互通的问题，但也存在异同。联邦数据库系统主要面向多个数据库系统的集成，其中数据源有可能要映射到每一个数据模式，当集成的系统很大时，对实际开发将带来巨大的困难；数据仓库技术则在另外一个层面上表达数据之间的共享，它主要是为了针对企业某个应用领域提出的一种数据集成方法，也就是我们在上面所提到的面向主题并为企业提供数据挖掘和决策支持的系统。

（2）分布式对象技术

分布式对象技术主要是在分布式异构环境下，在网络计算平台上部署计算环境，建立应用系统框架和对象构件，提供公共服务和开发工具，实现资源共享和协同工作。在此框架的支撑下，开发者可以将软件功能包装为更易管理和使用的对象，这些对象可以跨越不同的软、硬件平台进行相互操作。分布式对象技术经过近 20 年的研究，已经形成了比较成熟、被广泛接受的两大技术标准：OMG 的 CORBA（Common Object Request Broker Architecture）和 Microsoft 的

DCOM（Distributed Component Object Model）。分布式对象技术的优势在于使面向对象技术能够在异构的网络环境中得以全面、彻底和方便地实施，从而能够有效地控制系统开发、管理和维护的复杂性。

一般来说，创建和维护分布式对象实体的应用称为服务器，按照接口访问该对象的应用称为客户。分布式对象技术将分布在网络上的全部资源都按照对象的概念来组织，每个对象都有明晰的访问接口，这些对象可存在于网络的任何地方，通过方法调用的形式访问。

分布式对象技术的最大特点是分布具有透明性，这种透明性体现在客户访问某个对象时，它不需要知道该对象在网络中的具体位置，以及运行在何种操作系统上，更不需要知道该对象使用何种程序设计语言和编译器所创建。同时，分布式对象技术为实现应用的可移植性、可扩展性和可重用性提供了解决途径。但是，分布式对象技术要求服务客户端与系统提供的服务本身之间必须进行紧密耦合，而且基于该技术的系统往往十分脆弱，如果一端的执行机制发生变化（如服务器端改变了应用程序接口），则另一端便会崩溃。由于这些缺陷，分布式对象技术的应用很难扩展互联网上。

（3）Web Service 集成技术

Web Service 是一个独立于平台和开发工具的软件模块，是一个应用逻辑单元，为其他应用提供数据和业务。Web Service 通过 SOAP 在网络上提供软件服务，使用 WSDL 文件对其进行说明，并通过 UDDI 进行注册。Web Service 的特点、角色及相关操作见表 40.6-6。这些角色和操作均围绕 Web Service 的两个构件展开，即服务和服务描述。Web Service 典型的实现模型是服务提供者开发一个通过网络可以被访问的服务，而后将服务描述注册到服务注册中心或发给服务请求者；服务请求者使用查找操作从本地或服务注册中心获得服务描述，并使用服务描述的信息与服务的提供者实现绑定，与 Web Service 交互、调用其中操作。服务提供者和服务请求者是 Web Service 的逻辑基础，一个 Web Service 既可是提供者也可是请求者，其结构如图 40.6-9 所示。

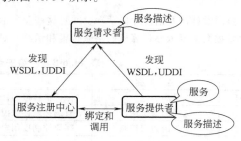

图 40.6-9 基于 Web 的 SOAP 服务体系模型

表 40.6-6 Web Service 的特点、角色和操作

类型	特 点	内 涵
特点	完好封装性	作为一种对象,对于调用这些服务的开发者来说,仅能看到服务提供的功能,不需要了解这些服务是如何实现的
	松耦合	只要提供服务的接口功能不变,不论其实现如何变动,对于调用者而言都是透明的
	使用标准协议规范	所有的公共接口都是使用开放的标准协议进行的
	可查找和自描述	开发人员可简单地发现服务并加以调用,同时提供简单方法对服务的接口进行说明
	高度集成能力	采用可扩展标记语言作为服务的描述和信息的封装,因此消除了平台的差异
角色	服务提供者(Service provider)	从企业角度来看,它是指服务所有者;从体系结构上来看,它是指提供访问服务的平台
	服务请求者(Service requester)	从企业角度来看,它指需要特定功能的企业;从体系结构上看,它指查找和调用服务的客户端应用程序
	服务注册中心(Service registry)	用来存储服务描述信息的信息库,服务提供者在此发布服务,服务请求者查找服务,获取服务的绑定信息
操作	发布(Publish)	服务提供者要将服务进行一定描述后发布到注册中心供用户发现并使用。在发布操作中,服务提供者需通过注册服务器身份验证,才能对服务描述信息进行发布和修改
	查找(Find)	服务请求者能够根据注册服务器提供的规范接口发出查询请求,以获得绑定服务所需的相关信息
	绑定(Bind)	解决怎样实现对服务的调用问题

为了使不同系统顺利地实现 Web Service 交互,需有一系列标准技术支撑。目前,Web Service 体系结构被定义成几个层次,整个 Web Service 技术系列被称为 Web Service 协议栈,它们就像一个堆栈,按照这样的方式协作工作,其结构见表 40.6-7。

表 40.6-7 Web Service 协议栈

技术	层次	公共机制		
WSFL	服务工作流程层			
Static—UDDI	服务发现层			
Direct—UDDI	服务发布层			
WSDL	服务描述层 —服务实现 —服务接口	安全	管理	QOS
SOAP	基于 XML 的消息层			
SML Schema	数据模型层			
XML	XML 消息层			
HTTP、FTP、SMTP、MQ	传输层			

2.6 协同设计安全技术

协同设计涉及诸多业务活动,并且这些业务活动的大量数据主要依靠计算机网络来传输和承载。对于基于 Internet/Intranet 网络体系构建的分布式网络化协同设计系统,大量机密信息也都是借助互联网传输和交换的,而传输控制协议(Transmission Control Pro2tocol,TCP)/网间协议(Internet Protocol,IP)本身缺乏足够的安全机制,加之网络的开放性和自由化特征,使得系统易被黑客攻击、信息易被窃取等。因此协同设计系统安全要从信息安全策略、安全等级、安全机制等方面得以保证。

信息安全策略是以保证提供一定级别的安全保护所必须遵守的规则。实现信息安全,除了依靠先进的技术,还要有严格的安全管理、法律约束等。

为了定性评价网络安全性,美国国防部所属的国家计算机安全中心(NCSC)在 20 世纪 90 年代提出了网络安全性标准(DoD5200.28_STD),见表 40.6-8,即可信任计算机标准评估准则(Trusted Computer Standard Evaluation Criteria),亦称橘皮书(Orange Book)。对于协同设计的安全来说,为使系统免受攻击,应对不同的安全级别,硬件、软件和存储的信息实施不同的安全保护。

根据身份的可认证性、信息保密性和完整性、信息不可抵赖性、信息可用性和防御性等特征,表 40.6-9 中列举了几种安全技术。

表 40.6-8 网络安全性标准 (DoD5200.28_STD)

类别	名 称	主 要 特 征
D1	最小的保护	保护措施很小,没有安全功能
C1	选择的安全保护	有选择地存取控制,用户与数据分离,数据保护以用户组为单位
C2	受控的访问控制	存取控制以用户为单位,广泛的审计
B1	标记安全保护	除了 C2 级的安全要求外,增加安全策略模型、数据标号(安全和属性)和托管访问控制

（续）

类别	名　称	主　要　特　征
B2	结构化安全保护	设计系统时必须有一个合理的总体设计方案,面向安全的体系结构,遵循最小授权原则,有较好的抗渗透能力,访问控制应对所有的主题和课题进行保护,对系统进行隐蔽通道分析
B3	安全域机制	安全内核,高抗渗透能力
A1	可验证安全设计	形式化的最高级描述和验证,形式化隐秘通道分析,非形式化代码一致性证明

表 40.6-9　协同设计安全技术

安全技术		功　能　内　容
身份认证技术	静态口令认证	最常见方式、简单易用、无需其他费用,但存在严重的安全问题。口令在使用时易被窃听、骗取或破解
	动态口令认证	让用户密码按照时间或使用次数不断动态变化,每个密码只用一次
	PKI 认证体系	即公共密钥基础体系,解决了数据加密、数字签名、身份认证等问题;采用数字证书的方式来实现,由 CA 认证中心完成身份确认;数字证书可以为软件证书和 IC 卡证书,前者易被卸载到其他机器上,安全性差,后者成本相对比较高
数据加密技术	私有密钥体制	也称保密密钥、单密钥、对称密钥,数学运算量小,加密速度快,易于处理,但密钥的公布和管理比较困难,一旦密钥泄漏,秘密通信便难以保证;比较著名算法有美国的 DES 以及各种变形,欧洲的 IDEA,日本的 FEALN、Lok191、Skipjack、Rc4、Rc5 以及代换密码和转换密码为代表的古典密码等
	公开密钥体制	又称双密钥或非对称密钥,它把信息的加密密钥和解密密钥分离,依赖于两个不同的密钥,一个公有密钥和一个私有密钥。公有密钥用于加密消息,可以公开;私有密钥用于解密它们,由接收方秘密保存;比较著名的公钥密码有 RSA 算法、背包算法、椭圆曲线公钥算法、MeEliece 公钥算法、Rabin 算法等
防火墙技术	基本功能	网络信息通过时,对它们实施访问控制策略的一个或一组系统;基本功能有包过滤、网络地址转换、代理服务
	安全保障	透明接入技术、分布式防火墙和以防火墙为核心,结合 IDS、病毒检测等相关安全系统构建网络安全体系的技术等
VPN 技术	基本内容	对网络数据封包和加密传输,在一个公用网络建立临时的、安全的连接,从而实现在公网上传输私有数据,达到私有网络的安全级别
	采用技术	隧道技术、加解密技术、密钥管理技术、用户与设备身份认证技术
	用途分类	企业各部门与远程分支之间的 Intranet VPN;企业网与远程(移动)雇员之间的远程访问(Remote Access)VPN;企业与合作伙伴、客户、供应商之间的 Extranet VPN

其中,VPN 的隧道加密技术,加密强度高、安全性好,协同设计中的文字和图形等数据均可通过此隧道在 Internet 上安全传输,但 VPN 不能提供完善的应用层安全,需要配合应用级防火墙实现对象调用的安全过滤。图 40.6-10 所示为针对协同设计应用的VPN 实现,对于移动和远程的用户,可通过拨号接入本地的 POP 服务器。VPN 以极低成本提供了比传

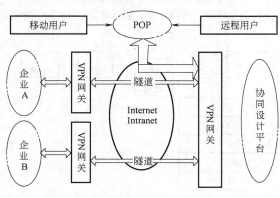

图 40.6-10　VPN 应用

统方法更安全、可靠的网络连接方式。

3　协同设计体系结构及主要功能

3.1　协同设计体系结构

协同设计是跨地区的多领域设计人员共同参与的设计,在协同工作的过程中涉及计算机协同工作技术的应用、过程的组织与管理、网络结构等多方面问题。但制造企业的设计环境是十分复杂的,要真正实现数据信息的传递与共享,保证协同过程的可靠与可行,就要保证系统具有足够的计算资源来确保系统较高的计算性能和对计算资源的管理与调度的功能等。因此,协同设计系统采用图 40.6-11所示的分布式网络拓扑结构,以实现客户通过浏览器在因特网上提出自己的需求;满足设计成员建立自己的内部 Intranet 网,并通过防火墙连接到因特网,向客户提供所需的服务。在网络化制造平台中,协同设计系统与其他系统存在着一定的关系,如图40.6-12 所示。

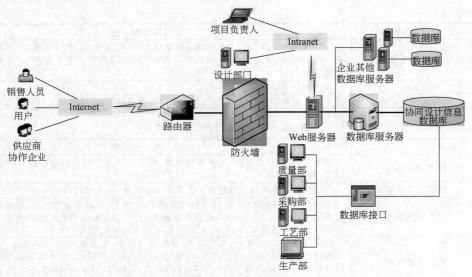

图 40.6-11　协同设计系统分布式网络拓扑结构

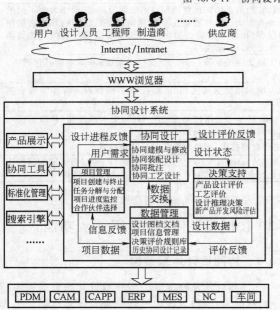

图 40.6-12　协同设计系统与平台子系统关系

3.2　协同设计关系建立

在一般产品设计工作流程的基础上，引入网络化协作内容和技术，建立协同产品的设计工作流程如图 40.6-13 所示。

协同设计本质是多个人或组织协作完成一项共同的任务，设计任务的执行必须考虑参与者这一关键因素。为了保证协同设计各阶段设计活动的质量与效率，必须尽可能地选择最优的具有网络化协同设计能力的协作伙伴。协作伙伴的选择随协同设计组织（团队）的构建过程而展开。这个过程基于协同设计任务的分解结果，目的在于协同设计任务指派。通常协作伙伴的选择有两种方式：委托和招标。委托方式要建立与供应商长期合作的基础之上，以规避协作过程中的风险。招标分为公开招标和邀请招标。在公开招标中，协作发起企业对将要参与协作的企业状况了解很少，最后的决策可通过从投标书中获取的企业信息并评价做出，可采用数学规划法、作业成本法、层次分析法、模糊综合评价、遗传算法、蚁群算法、神经网络等算

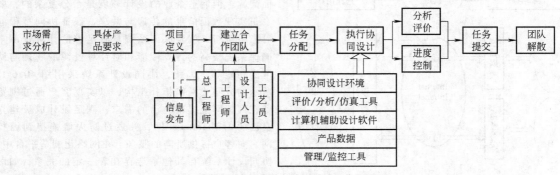

图 40.6-13　产品的协同设计工作流程

法。而邀请招标中，协作发起企业对相关企业有一定了解（如企业能力、信誉等），并在招标开始前已对企业做了第一轮的筛选。选择合作伙伴时，可以混合使用委托方式和招投标方式，如图40.6-14所示。

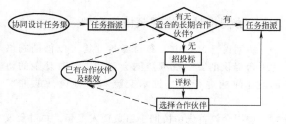

图 40.6-14　合作伙伴选择

协同设计进行一定时间后，为了保证质量，要对新加入的合作伙伴进行阶段性绩效评价，对于曾参与过其他产品协同设计的合作伙伴则可以进一步对协同设计历史情况进行评估考核，合作伙伴绩效评估可以从表40.6-10所示的几个因素进行考虑。

表 40.6-10　协作伙伴在协同设计过程中要考虑的因素

因素	内　涵
时间（Time）	指任务是否按时完成，是否提交协同设计最终结果和中间结果
质量（Quality）	设计技术指标完成情况、被打回比率的情况、需求理解能力
成本（Cost）	设计成本控制情况，包括设计结果的成本指标完成情况
技术（Technology）	主要评价供应商在协同设计过程中技术解决能力
协同（Coordination）	反映在协同设计中沟通、反馈、信息传递、协同主动性等情况

3.3　协同设计管理

（1）协同设计文档管理

主要完成协同设计项目实施过程中产生的文档及图档的管理功能，实现文件编辑、存储、修改、查询、维护以及文件执行中的信息反馈记录，包括文档图档的版本创建、电子会签、电子审图等。表40.6-11展示了协同设计文档管理所涉及的内容。

表 40.6-11　协同设计文档管理功能涉及的内容

功能	内　容
图档文档入库	存储产品所有图档,把已有图样文件通过自动提取和手工输入相结合的方式送入图档库中,形成图档管理控制信息的过程,入库时需填写产品代号、图档名称及代号、图幅等信息
图样的查看与下载	将数据信息存放在数据库服务器上,通过网页来打开和下载数据库中存放的电子图样,供本企业人员（或者在外人员）或者相关用户浏览,为了方便客户使用,系统也应提供图档下载的超级链接。普通用户可进行在线查看或下载图档,高权限用户不仅可以查看文档还可以查看审核结果,同时可以对文档进行修改、重新上传,以及删除的操作
在线查看与电子审图	系统提供在线浏览图样功能,同时具有较高权限的用户在权限认证后可以获得要审核的设计图样任务列表,审核人员可以在线审图同时通过使用网页上设置的邮箱提出批注及修改意见,发送到设计人员的邮箱中以利于设计人员的修改,同时也可以启动网络协同会议进行协商
数据查询模块	对一个产品来说其结构像一棵树,它由若干个部件、零件等组成,而每一个部件又由若干个小的部件、组件及零件组成。在获取相应权限后可以使用关键字如产品编号、产品名称查询某种产品的零部件及图样的浏览、状态等
图档删除	企业已经停产或者近段时间内不进行生产的产品,系统管理员可对该产品的数据进行备份,再从系统上删除,以减小服务器的内存的占有空间

（2）协同设计项目管理

协同项目的管理主要通过任务的下达对协同设计小组和成员进行任务分配。在获取客户需求后，项目小组负责人添加项目信息，同时由具有分配任务权限的负责人对任务信息登记，并进行任务分解，通过筛选分配给指定人员。任务分配结果被保存在数据库中，并通过相关字段与成员表关联。在协同设计过程中，通过定义任务执行状态来监控任务实现。同时，系统还应提供任务、人员查询、修改功能，以实现任务下达、人员分配，进行任务状态的查询和对任务进展的控制。

1）添加设计项目。在项目管理子系统中，项目负责人获得全断面掘进机设计任务后，进行需求转化，转化成具体项目信息并进行发布，查询选择合作伙伴。

2）设计进度规划。信息发布后，项目负责人要对具体设计任务进度定制，进入任务进度定制页面，填写合作伙伴完成任务的信息，系统会给出相应伙伴完成该任务的进度结果。

3）个人设计任务执行。项目负责人通过系统发送任务信息，设计者通过身份验证，进入个人项目任务系统，查询任务列表以及进行任务再创建。

3.4　协同设计产品配置工具

产品结构配置是将一个产品或一个部件，按照所属零件数量、性质及相互关系进行编组，并形成产品结构配置清单的过程。产品配置是以配置模型和需求模型为输入，以最终产品的配置结果为输出的一类设计活动。产品配置的相关概念见表40.6-12。

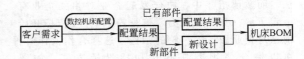

图 40.6-16　产品配置开发流程

表 40.6-12　产品配置相关概念

相关概念	内容
产品结构节点	产品结构节点由节点组织标识、节点信息标识和描述信息标识等组成
产品模型	产品模型定义上下级装配关系的零部件的集合
产品结构	设计完成后具备装配关系的零部件集合，产品模型结构的实例化
零部件	一个零部件的所有参数是一定的，可看成产品结构的实例化
配置规则	由规则库来管理，产品模型中的所有节点（零部件）之间的关系通过约束形成具体产品

产品、产品结构节点（其中根节点是表示产品，中间节点是部件，叶节点是零件）、部件与零件的关系可用图40.6-15来说明；图40.6-16展示了产品配置开发流程。

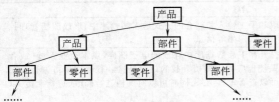

图 40.6-15　产品结构模型示意图

3.5　协同设计三维视频协同会议

协同设计过程中，参与者各方均可以借助网络化平台提供的在线视频协同会议功能，对复杂的协同设计问题进行在线技术交流和多方设计的冲突协调。

协同会议首先由协同小组负责人发起，并对会议主题、会议时间、会议内容、会议文档、与会人员（包括客户和供应商企业人员）进行定义，然后以手机短信、邮件、系统消息等多种方式向受邀人员发放会议通知，并且根据需要进行语音、视频及三维协作环境的虚拟会议室申请。成员加入后，协同小组负责人主持协同会议，并发起对话给所有参与者。此时，控制权在发起者手中，如果其他参与者需要对数据模型进行操作，则必须提出控制权请求，经发起者同意后，即可对图样进行设计。经批准后，设计者可进行模型的移动、翻转、缩放等操作，同时，二维图样可被实时地批注。会议结束只能由发起者决定，但是其他参与者可以随时退出会议。当会议结束时，由会议发起者提出会议结束并且保存会议过程修改的批阅文件。图40.6-17显示了协同会议过程。

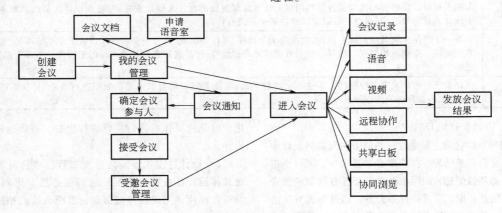

图 40.6-17　协同会议过程

3.6　协同设计数据集成管理

协同设计在应用过程中涉及与企业其他信息系统（如 ERP、PDM、OA、CAPP、CAX 等）进行多方面文档、BOM、零部件、项目、任务等数据信息交互。为了能够将一套设计的有关信息作为一个有机的整体加以处理，必须构建一个集成的产品或者装置结构，该结构还应该包括所有相关文档的逻辑联系。如图40.6-18所示，将 M-CAD（专用的机械 CAD）和 E-CAD（电气/电子CAD）系统集成到 PDM 系统中，并不需要对数据模型进行特别的扩充。为了对机器或装置中的电气/电子部分进行结构化，可以采用文件架结构。

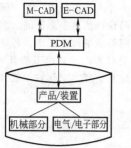

图 40.6-18　基于 PDM 系统的 M-CAD 与 E-CAD 系统集成

以机械和电气/电子产品或装置的数据为例介绍集成管理的原理，如图 40.6-19 所示。一个集成的产品模型中包括了所有机械和电气/电子的零部件。PDM 系统能够为机械产品开发设计提供所有的功能，同样也能向电气/电子产品的开发设计项目提供：诸如通过项目的结构进行导航；查询线路图、元器件清单、工程图和文本文档等；浏览图像文件、版本管理、状态标识、历史过程管理和生命周期管理；面向过程的更改；满足 ISO 9000 质量要求；快速查找已有的技术；统一的机械和电气/电子零部件 BOM；设计项目集成管理等。

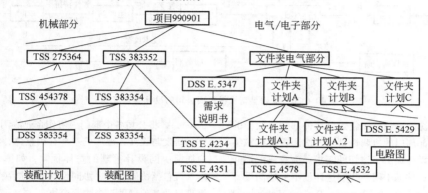

图 40-6-19　产品数据集成管理

4　数字化协同设计应用实例

基于网络化和数字化的协同设计技术显示出良好的应用前景，国内外都有不少成功应用的案例，这里结合前面介绍的理论知识，举出两个较典型的数字化协同设计应用实例。

（1）波音 777 协同开发

协同设计成功应用的最典型例子当属波音公司的飞机制造。波音 777 飞机的诞生，是大型工程协同设计与制造的典范。项目投资 40 多亿，是由网络技术协调该公司分散在世界各地的分支机构和日本三菱重工等 5 家公司协同设计与制造的，参与人员总数超过 8000 人。他们以飞机部件产品为对象，将设计、制造人员编制成 238 个独立的设计、制造团队，而整个项目所用的小型机和 PC 总数超过 10000 台。在世界各地的波音公司工程师随时可从波音 777 客机 300 多万个零部件中调出其中一种，在计算机屏幕上对三维模型零部件观察、研究、修改。信息技术为波音创造了前所未有的协同工作环境，同时带来了空前的收益。通过对 10 万余个零部件的数字化定义，并在计算机上进行数字化预装配和设计更改，使设计更改减少 93%，设计费用减少 94%；项目装配时出现的问题减少了

50%~80%；整机装配误差为 0.09in（1in = 0.0254m），整机的设计制造周期仅为 4.5 年，远低于波音 757、767 所花的 9~10 年时间，产品性能更胜一筹。

（2）沈阳重型全断面掘进机数字化协同设计应用实例

沈阳重型机械集团公司是我国全断面掘进机研发、生产基地之一，目前，已经为青海、甘肃等省大型引水工程、武汉长江过江隧道工程、广深港铁路客运专线工程、北京铁路客运地下直径线工程以及广州、深圳、沈阳、北京、武汉、昆明等城市地铁建设等多个国家重点建设项目研制生产出各种类型和结构的全断面掘进机 40 多台；公司生产的全断面掘进机还远销到海外一些国家和地区。一台全断面掘进机由成千上万个零部件组成，整机企业只生产其中的 20%，其余 80%的零部件均通过进口或由零部件配套企业提供，但是由于大多数配套企业几乎不具备零部件自主设计开发能力，迫使沈阳重型几乎包揽所有零部件的设计，而零部件企业主要依靠沈阳重型提供图样或按实物加工产品。由于全断面掘进机属于单件、小批量生产的产品，这种不合理的合作模式，一方面导致沈重担负繁重的设计开发任务，不能集中人、财、物致力于其自身应承担的新机型开发和整机技术优化等技术创新

能力的提升；另一方面，导致零部件企业成为依附于
沈重的加工厂，不具备核心竞争能力，在全球化采购
的新一轮竞争中面临淘汰出局的危险。

随着企业集团——北方重工的成立，集团下属的
沈重集团公司、沈矿集团公司由于企业规模较大，分
布在不同的地点，在管理上也存在着较大的困难。同
时随着信息技术发展，企业管理技术水平的提高，沈
阳重型机械集团公司的设计管理体系和方法，也已经

不能满足日常生产的需要，如图 40.6-20 所示。根据
数次调研，公司与协作企业之间受到地域和设计限
制，同时来自企业内部的销售、客户服务、市场、生
产等部门的产品设计信息是离散的。因此，公司各部
门和协作企业间形成了信息孤岛。各部门难以在统一
信息的基础上面对客户，从而不能及时与协作企业、
客户进行设计信息交互，工作效率低，不能及时响应
市场的需求。

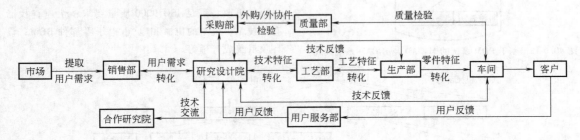

图 40.6-20　沈阳重型机械集团公司的设计管理流程

综上所述，沈阳重型机械集团公司外部合作伙伴的
分散性，以及内部部门的协调性都使得沈阳重型机械集
团对网络化协同设计提出了迫切的需求。为解决上述问
题，就需要建立一种基于网络化制造环境下的协同设计
系统 PCDMS（Product Collaborative Design Management

System），将公司各个部门、协作企业协调起来，使公司
产品研发与设计管理形成一个有机整体，实现产品全生
命周期协同设计管理的整体优化，如图 40.6-21 所示。
本系统包括协同管理、协同设计、协同决策支持、系统
管理以及其他辅助五个主要模块。

图 40.6-21　全断面掘进机数字化协同设计平台首页界面和应用导航图

1）协同管理功能。协同管理功能模块负责对协
同设计过程进行管理，统筹安排项目实施中的各种活
动、资源，包括项目和人员管理等。

① 协同项目管理功能。协同项目的管理主要通
过任务的下达对协同设计小组和成员进行任务分配。
在获取客户需求后，项目小组负责人添加项目信息，
同时由具有分配任务权限的负责人对任务信息登记，
并进行任务分解，通过筛选分配给指定人员。任务分
配结果被保存在数据库中，并通过相关字段与成员表
关联。在协同设计过程中，通过定义任务执行状态来

监控任务实现。同时，系统还应提供任务、人员查
询、修改功能，实现任务下达、人员分配，进行任务
状态的查询和对任务进展的控制。图 40.6-22、图
40.6-23 展示了创建设计任务和设计进度制定的界面。

② 协同文档管理功能。主要完成协同设计项目
实施过程中产生的文档及图档的管理功能，实现文件
的编辑、存储、修改、查询、维护以及文件执行中的
信息反馈记录，包括文档图档的版本创建、电子会
签、电子审图等。图 40.6-24、图 40.6-25 显示了图
样下载与在线审核过程。

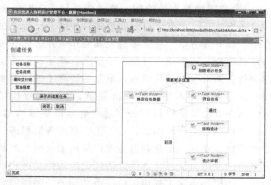

图 40.6-22　创建设计任务界面

图 40.6-23　设计进度制定界面

图 40.6-24　图样下载

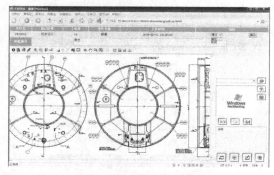

图 40.6-25　审核图样页面

2）协同设计功能。协同设计功能是 PCDMS 的主要功能之一，这对沈阳重型机械集团显得更为重要。因为沈阳重型机械集团的产品都是个性化的，需要与用户进行在线技术、信息等的交流，有时需要与用户、各学科专家协同完成产品的开发设计任务，如图 40.6-26、图 40.6-27 所示。因此，协同设计功能体现了最大限度地满足顾客需求与多学科融合设计的设计管理思想，是 PCDMS 其他模块的基础。作为协同设计的主体功能模块，主要为设计者提供协同设计过程的产品设计平台和设计者之间进行交互的工具。包括协同和交互工具，协同工具在保证集成支持产品设计的 CAD 软件工具基础上，还要为其他参与者（如产品用户）提供浏览和批注工具，用户可以利用该平台完成产品设计的协同建模与装配、协同批注和远程操作其他用户的设计任务；交互工具要具有多种多媒体功能，如语音、文本、图像、视频会议等，为参与协同设计的所有用户提供协商交流的工具，保证设计过程的人—人交互通信。

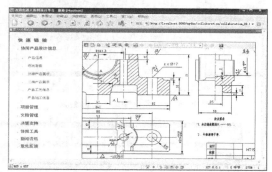

图 40.6-26　设计信息在线发布

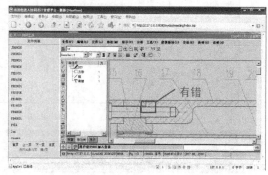

图 40.6-27　设计端系统图样批注

根据用户对实现协同设计目标的不同程度，本系统把协同设计需求分为图样浏览、图样批注及同步设计三个层次，分别应用不同的技术手段实现。用户可以通过该模块对二维、三维模型进行在线浏览，具有较高权限的用户还可以对数据模型进行在线的批注。对于设计过程中出现的不可解决的问题，召开多领域专家会议，进行集体裁定。出现设计冲突与矛盾时，项目小组可以及时组织并召开协同设计会议，实现异地同步协同设计，如图 40.6-28、图 40.6-29 所示。

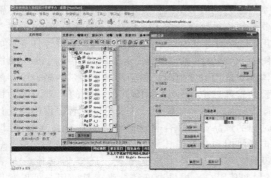

图 40.6-28 设计端创建会议

图 40.6-29 客户端加入协同会议

3）协同决策支持功能。通过建立科学、有效的评价指标体系，以专家打分的形式对协同设计管理过程中产品开发方案、检索案例及其协作伙伴选择等进行综合评价。该模块的目的在于解决一些不确定的信息评价，同时让专家从烦琐、重复的计算工作中解脱出来，尽量利用本系统计算出科学、有效的评价结果，为企业决策层提供充分和适时有效的决策数据，根据评价结果对产品的设计、工艺、制造等流程进行及时调整，实现网络化制造企业产品质量保证与产品方案持续改进，从而持续提升协同设计的产品客户满意度。本模块中除了提供评价决策功能外，还能够完成冲突消解和协同案例检索。

① 评价过程管理。不论是采用案例检索，还是多伙伴协作，对于检索到的案例、选中的方案以及合作伙伴，为保证设计的正确性和高效性，都要经过科学系统的评价才能进一步应用与合作，如图 40.6-30 所示。

② 冲突消解。由于各设计小组或领域专家在设计目标、领域知识和评价标准上的差异，同时由于不同设计对象之间或设计对象的不同属性之间存在着各种相互依赖的关系，在设计过程中难免发生冲突。本模块提供了冲突消解功能，相关人员可以在此进行冲突发布，由专家给出冲突消解方案，如图 40.6-31、图 40.6-32 所示。

图 40.6-30 BP 神经网络评估界面

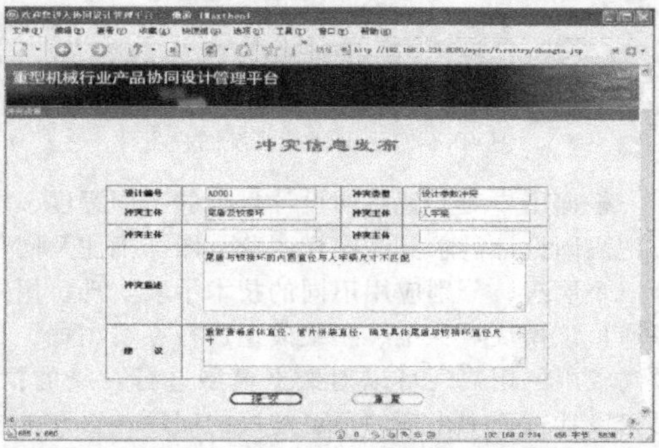

图 40.6-31 冲突发布

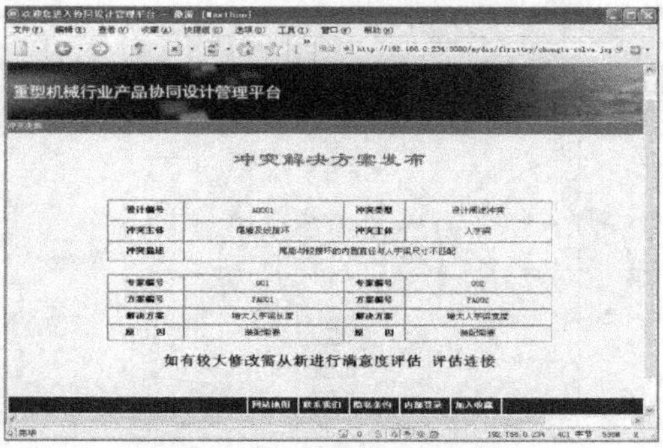

图 40.6-32 解决方案发布

③ 协同案例检索。在本系统中可以采用案例模板进行参数化设计。全断面掘进机的方案与零件设计可以应用检索工具检索产品设计实例库，如有一些与查找要求相匹配的实例，则采用计算相似度寻找相似实例，并对其进行适应性修改，如图 40.6-33 所示；如果无相似实例，则显示"无实例"，需要进行全新参数化设计。

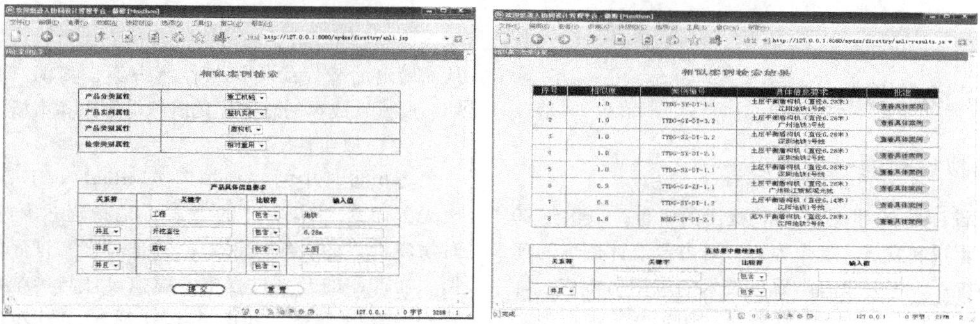

图 40.6-33　相似实例检索

4）系统管理功能。系统管理功能主要针对PCDMS 中数据的维护。系统的日志管理对系统的工作事务进行记录，包括诸如对用户进入、退出时间、姓名、访问内容等进行记录。系统可以从其他功能模块提取运行参数。数据维护管理主要针对协同设计过程中的设计数据提供相关技术支持。具体包括数据库服务和数据通信服务，以保证设计过程的信息流、数据流的传输、交换和共享。

5）其他辅助功能。该模块的建立是对上述功能模块的保证，其目标是实现协同产品的服务、信息的发布以及系统的帮助。协同产品的信息发布与协同设计数据库直接相连，管理员将产品协同设计管理过程中不同阶段的最新设计信息或最新的设计方案通过 Internet 进行发布，企业的决策者和该产品的用户通过本系统直接获得当前产品设计信息与产品进度，以便做出决策。同时，专家在进行评价时需要通过登录本系统获得产品各阶段的设计信息，确保产品开发决策或合作伙伴评价的准确性。系统还提供了新闻浏览、相关链接、电子看板等服务，如图 40.6-34、图 40.6-35 所示。

图 40.6-34　新闻管理页面

图 40.6-35　电子看板页面

6）系统应用效果。本案例中提出的网络化制造模式下产品协同设计管理系统的组织结构、系统结构设计、系统功能设计等研究内容，是以沈阳重型机械集团有限公司的生产模式为背景，并且适于该公司目前的产品设计要求。从系统应用实例中可以看出，所研究设计并开发的面向网络化制造的协同设计管理系统，在产品协同设计管理应用中表现良好，能够解决现代制造生产过程中产品设计管理面临的部分问题，并可以与该公司现有的信息软件系统进行集成，符合实际应用要求，PCDMS 能够简化和规范产品设计管理，从而有效地提高公司的产品开发效率，在进一步完善的基础上，可以应用于公司实际产品协同设计管理。

第7章 虚拟设计

1 虚拟设计概述

1.1 虚拟设计的一般概念

虚拟设计是20世纪80年代提出的概念,20世纪90年代得到重视和发展。迄今为止,对虚拟设计概念的理解仍旧不统一,但并没有阻碍该技术的应用与推广。特别是随着计算机、数据库、多媒体、图形学、虚拟现实技术的发展,目前虚拟设计技术已成为现代产品设计和开发过程中不可或缺的一种重要的技术手段。

1.1.1 虚拟设计的定义

虚拟设计的定义有狭义和广义之分。狭义的虚拟设计主要指利用虚拟现实技术进行产品设计,借助这样的设计手段,设计者可以通过多种传感器与多维信息环境进行自然的交互,实现从定性和定量综合集成环境中得到感性和理性的认识,从而帮助深化概念和萌发新意。

广义的虚拟设计包含两层含义,一是研究内容广泛,二是研究手段广泛。研究内容广泛体现在虚拟设计就是虚拟产品开发,其内容包括了产品生命周期的全部过程,如产品规划、概念设计、详细设计、工艺设计(零件加工、零件装配)、整机性能试验等多个环节。研究手段广泛体现在不仅包括利用虚拟现实技术进行产品设计,而且包括利用其他计算机辅助手段对产品进行设计。

在产品设计过程中,按是否采用了虚拟现实技术又可以分为"沉浸式"虚拟设计和"分析式"虚拟设计。"沉浸式"虚拟设计采用了虚拟现实技术,使设计者有很好的沉浸感,能在可视、可听、可闻、可触的环境中完成设计。而"分析式"虚拟设计主要利用计算机辅助设计技术,对机械产品运动学、动力学、工作性能进行模拟和仿真,完成分析与设计。本章重点介绍"沉浸式"虚拟设计,即利用虚拟现实技术进行产品设计。

1.1.2 虚拟设计的技术特点

虚拟设计的技术特点主要体现在以下三方面,分别是前瞻性、拟实性和多学科融合性。

(1)前瞻性

在产品设计阶段,利用虚拟设计技术,可以模拟出产品未来的性能、制造全过程及其对产品设计的影响,从而做出前瞻性的决策与控制方案,实现产品生产周期、质量、成本的总体优化以赢得用户和市场。

(2)拟实性

虚拟设计中的"虚拟"(Virtual),不等于虚幻、虚无,而是"本质"的意思,是指通过数字化手段对物质世界的真实表现,也就是对真实世界的动态模拟。在产品的开发过程中,虚拟设计与传统设计存在着一种映射关系,如图40.7-1所示。另外,不同于传统设计的串行模式,虚拟设计将设计过程综合起来考虑,并且采用协同与并行的模式进行产品设计。

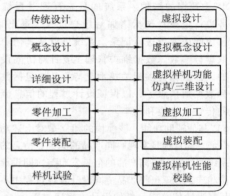

图 40.7-1 虚拟设计与传统设计的映射关系

(3)多学科融合性

虚拟设计技术是计算机图形学、人工智能、计算机网络、信息处理和机械设计与制造等技术综合发展的产物,体现出多学科的融合性。

1.2 虚拟设计的意义

(1)缩短研发周期

虚拟设计通过计算机硬件及软件仿真系统,能够真实地模拟产品的设计过程,从根本上改变了传统的设计模式(即设计、试制、修改设计、规模生产的循环反复),从而大大缩短了产品的研发周期。例如,美国波音777飞机采用了虚拟设计技术获得了无图样设计和生产的成功,是近年来引起科技界、企业界瞩目的一次重大突破。波音公司在SGI图形工作站上建立了波音777飞机的虚拟原型,使设计师、工程师们能漫游于这个虚拟飞机中,审视飞机的各个部分,并能方便地调出其中任何一个零件进行修改。波音公司大大缩短了原来的7~8年甚至更长的设计周期，实现了 3 年内从设计到一次试飞成功的目标。

（2）降低研发成本

在产品研发过程中，应用虚拟设计技术可以避免频繁的设计修改，减少物理样机的试制次数（在某些情况下，甚至可以不制造样机），从而显著降低产品的研发成本。

（3）提高研发成功率

虚拟设计可以对早期的设计方案进行分析与验证，系统地考虑整个产品的设计过程，避免出现顾此失彼的现象，因而可提高产品的研发成功率。例如，从空间上，虚拟设计可以充分考虑系统之间的配合问题，尽量避免出现冲突现象，一旦发现冲突可以及时进行协调；从时间上，虚拟设计可以考虑可制造性、可装配性以及其他在后继环节才能表现出来的性能特点，防止由于设计失误出现大规模返工的现象。

（4）满足消费者个性化需求，提高产品的竞争力

消费者对产品越来越多的个性化要求使得企业需要在产品开发的各个阶段，特别是早期设计阶段，使消费者能方便积极地参与到设计活动中来。虚拟设计能够满足个性化产品开发的需要，可以通过虚拟现实环境和计算机仿真技术，使消费者在产品生产出来之前就可以与代表真实产品的虚拟模型进行交互，提出

建议来帮助改进设计，从而提高产品的竞争力。

（5）满足复杂机械产品设计的需要

目前，人们对机械产品的功能要求越来越多，致使整个机械系统越发复杂。复杂的机械产品不再是只涉及某一个领域，而是涉及多个领域和学科。以汽车为例，起初汽车只是作为人们的交通工具，功能也很单一，现在的汽车已是集机械、电子、控制和软件于一体的功能丰富的产品。如此复杂的机械产品需要先进的设计手段与之对应，虚拟设计系统因其可以在产品设计阶段系统地考虑产品各方面的性能需求，因而可以有效地满足复杂机械产品设计的需要。

1.3 虚拟设计的体系结构

虚拟设计为产品开发提供了新的方法，使不同的设计方案可以进行快速评价。与物理原型相比，虚拟原型生成快，能直接操作和修改，而且数据是可重用的。图 40.7-2 所示为虚拟设计的体系结构框图，以虚拟设计为中心的产品开发涵盖了产品设计的各个阶段，其主要内容包含虚拟概念设计、虚拟样机（包括分析与性能检验）设计、虚拟加工、虚拟装配等。通过在虚拟环境下的各种性能分析与仿真，来实现设计出高质量机械产品的目标。

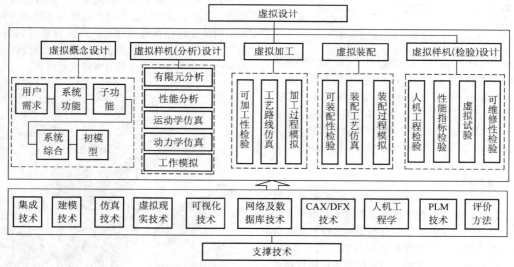

图 40.7-2 虚拟设计的体系结构框图

（1）虚拟概念设计

概念设计是指对产品或零件从头开始的设计构思，它的目标是通过对产品的总体构思，获得产品的基本结构或形状，是设计进程中最终决定产品技术经济效果的关键阶段。因此，在这个设计阶段应尽可能多地考察设计方案，以便选出综合性能最优的设计方案。

虚拟概念设计（Virtual Conceptual Design）是指将虚拟技术与概念设计结合起来，用于在虚拟环境下

进行产品概念设计的方法。虚拟概念设计正成为虚拟设计的一个重要研究方向。虚拟环境下的机械产品概念设计模型已不再停留在传统的原理符号设计阶段，而应具有直观性和可视性。概念设计方案本身是三维虚拟实体的，并以虚拟样机的形式出现在设计者面前。因此，在虚拟环境下，机械产品概念设计建模不仅具有静态信息，而且还应有动态信息。目前，学者们已开发并成功应用多种虚拟概念设计系统，如 3-

DRAW、JDCAD、COVIRDS等。

（2）虚拟样机设计

虚拟样机（Virtual Prototyping，VP）是产品多领域数字化模型的集合体，包含有真实产品的所有关键特征。基于虚拟样机的产品设计过程能够以低成本开发和展示产品的各种方案，评估用户的需求，提前对产品的用户满意度做检查，提高了产品设计的自由度；能够快速方便地将工程师的想法展示给用户，在产品开发的早期测试产品的功能，降低了出现重大设计错误的可能性；利用虚拟样机进行产品全方面地测试和评估，可以避免重复建立物理样机，减少了开发成本和时间。图40.7-3所示说明了虚拟样机的3个组成要素：仿真模型、CAD模型和虚拟环境模型。

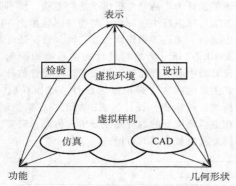

图40.7-3　虚拟样机的组成要素

虚拟样机技术可以应用在详细设计中，对产品性能进行分析与设计，分析的内容可包括运动学分析、动力学分析、有限元分析、性能分析、工作模拟等。同时，虚拟样机技术也可以应用在产品整体性能检验阶段，包括人机工程检验、性能指标检验、可维修性检验、虚拟试验等。因此，虚拟样机设计是虚拟设计的核心内容，直接影响和决定着虚拟设计的成败。

（3）虚拟加工

虚拟加工（Virtual Machining）技术是利用计算机以可视化的、逼真的数字化模型来直观表示零件加工过程，对干涉、碰撞、切削力和变形进行预测和分析，减少或消除因刀位数据错误而导致的机床损坏、夹具或刀具折断，以及因切削力和切削变形造成精密零件的报废，从而进一步优化切削用量，提高零件加工质量和加工效率。

从宏观上看，对虚拟加工技术的研究可以分成两方面：其一是着重对虚拟加工硬件环境的研究；其二是着重对加工过程的研究。加工硬件环境研究分三个层次，分别为车间层、加工中心或机床层及刀具、夹具和毛坯层。硬件环境研究所涉及的关键技术有几何

建模、运动建模及坐标系建模等。而对加工过程的研究包括几何验证和物理验证两方面。图40.7-4所示为某虚拟加工仿真模型。

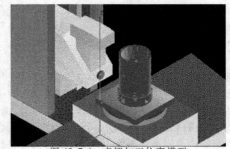

图40.7-4　虚拟加工仿真模型

（4）虚拟装配

装配是产品生命周期的重要环节，是实现产品功能的主要过程。近几年来，随着虚拟现实、计算机辅助技术的不断发展，虚拟装配（Virtual Assembly）作为产品设计制造过程中的一个重要手段，已受到越来越多的重视。

虚拟装配是指利用虚拟现实技术、计算机图形学、人工智能技术和仿真技术等构造虚拟环境以及产品虚拟模型，从而在产品装配过程中进行交互分析以及仿真产品的装配过程和装配结果。通过虚拟装配不仅能够检验、评价以及预测产品的可装配性，并且能够面向装配过程提供直观的、经济合理的规划方法。因而，虚拟装配成为虚拟设计的一个重要研究分支。图40.7-5所示为某减速器的虚拟装配画面。

图40.7-5　二级减速器虚拟装配爆炸图⊖

1.4　虚拟设计同其他概念之间的关系

任何新概念的出现都有其历史发展的必然性和鲜明的时代特征。可以从下面虚拟设计与仿真、计算机图形学、可视化、虚拟企业、多媒体技术等概念的比较中来深入理解虚拟设计的实质，详见表 40.7-1。

表 40.7-1　虚拟设计同其他概念之间的关系

比较对象	具体说明
虚拟设计与仿真	虚拟设计依靠仿真技术来模拟设计、装配和生产过程；仿真是虚拟设计的基础，而虚拟设计是仿真的扩展
虚拟设计与计算机图形学	虚拟设计依靠计算机图形学来建立数字化的模型，这种模型可以表达三维的立体数据，还可以像真实物品一样可视、可运动；计算机图形学是虚拟设计的基础，虚拟设计采用的虚拟现实技术，大量采用计算机图形技术来渲染场景，增加场景的真实性
虚拟设计与可视化	可视化是一种计算机方法，它将信号转换成图形或图像，使研究者能观察它们的模拟与计算，以丰富科学发现的过程。虚拟设计为了揭露虚拟产品的本质——功能、性能，可视化技术是其关键的支撑技术
虚拟设计与虚拟企业	虚拟企业也称动态联盟，和虚拟设计没有很强的相互依赖关系。虚拟企业强调网络环境下快速和敏捷地生产、经营、组织和管理，而虚拟设计的重点是仿真产品生命周期中的各个活动
虚拟设计与多媒体技术	多媒体技术是以计算机为核心的集图、文、声、像处理技术于一体的综合性处理技术。其感知范围没有虚拟现实技术广，后者还包括触觉、力觉等感知。多媒体技术不强调人机交互性，如可视场景不随用户视点而变，因此，它提供的真实感不同于虚拟现实的存在感

2　虚拟现实技术

2.1　虚拟现实技术的定义及特点

虚拟现实（Virtual Reality，VR）技术，是 20 世纪末才兴起的一门崭新的综合性信息技术。它融合了数字图像处理、计算机图形学、人工智能、多媒体技术、传感器、网络以及并行处理技术等多个信息技术分支的最新发展成果，为人们创建和体验虚拟世界提供了有力的支持。目前，虚拟现实技术已在机械工程、军事、医学、设计、考古、艺术、娱乐等诸多领域得到越来越广泛的应用，而且还给社会带来了巨大的经济效益。

虚拟现实技术的定义可以归纳如下：虚拟现实技术是指利用计算机生成一种模拟环境，并通过多种专用设备使用户"投入"到该环境中，实现用户与该环境直接进行自然交互的技术。虚拟现实技术可以让用户使用人的自然技能对虚拟世界中的物体进行考察或操作，同时提供视、听、触等多种直观而又自然的实时感知。

虚拟现实系统具有 3 "I" 特性，分别是沉浸感（Immersion）、交互性（Interaction）和想象性（Imagination），如图 40.7-6 所示。

沉浸感，又称临场感，是指用户感到作为主角存在于模拟环境中的真实程度。虚拟现实技术最主要的技术特征就是使用户具备一种在计算机环境下的沉浸

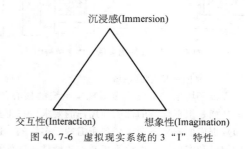

图 40.7-6　虚拟现实系统的 3 "I" 特性

感，即让用户觉得自己是计算机系统所创建的虚拟环境中的一部分，使人由观察者变为参与者，能全身心地投入计算机实践，并沉浸于其中。

交互性是指参与者对虚拟环境内物体的可操作程度和从环境中得到反馈的自然程度（包括实时性）。这种交互的产生，主要借助于各种专用的三维交互设备（如头盔显示器、数据手套等），它们使人类能够利用自然技能，如同在真实的环境中一样与虚拟环境中的对象发生交互关系。

想象性是指在虚拟现实环境中，用户所见即所得，即用户处于多通道的三维空间中，从而可以充分发挥人的灵感和想象力，使设计的成功性和用户驾驭设计对象的能力得到空前的提高。

虚拟现实技术对机械产品虚拟设计有很好的推动作用，例如，可以应用虚拟概念设计系统确定较好的设计方案，利用沉浸式虚拟样机检验产品设计的正确性，以及让用户提前感知产品的设计功能等。

2.2　虚拟现实系统的组成及分类

2.2.1　虚拟现实系统的组成

一个虚拟现实系统通常包括两大部分：第一部分是虚拟环境生成部分，这是虚拟现实系统的主体；第二部分是外围部分，包括各种人机交互工具以及数据转换及信号控制装置，如图 40.7-7 所示。应当注意的是图 40.7-7 是一个典型的虚拟现实系统结构，在实际工作中要按照用途和财力确定合理的结构与配置。

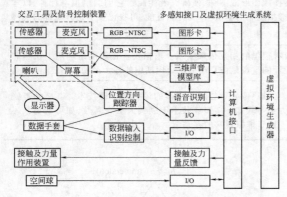

图 40.7-7　虚拟现实系统体系结构图

（1）虚拟环境生成系统

虚拟环境生成系统是虚拟现实系统的核心部分，它的功能是根据任务的性质和用户的要求，在工具软件和数据库的支持下产生任务所需的、多维的、适人化的情景和实例。它由计算机基本软硬件、软件开发工具和其他配件（如声卡、图形卡等）组成，实际上就是一个包括各种数据库的高性能图形计算机系统。数据库中包含对虚拟对象的描述以及对对象运动、行为、碰撞等性质的描述。虚拟环境构造程序由一系列子程序构成，主要用于完成对虚拟环境中物体及其运动、行为、碰撞等特性的描述，生成左右眼视图的三维立体图像，处理用户的输入数据，实时显示图像和播放声音，并根据碰撞检测结果向用户提供触觉信息。

几何造型系统提供描述虚拟物体外形、颜色、位置等的各种信息。当虚拟现实系统生成虚拟视景时，需要调用和处理这些信息。几何造型系统一般用现有的几何造型软件作平台，来为虚拟环境中的几何对象建模，获得线框模型。而且还要进行立体图像生成、剪裁、消隐、光照等处理，为几何对象加上颜色、纹理、阴影以及物理特性等。

主流的计算机及图形生成系统有 SGI Onyx Octane

系列工作站，HP J、SV 系列工作站以及 Sun Blade 系列图形工作站。图形生成器主要有 SGI Infinite Reality Engine、NVIDIA GeForce、ATI 等高端图形生成器。

（2）交互技术简述

虚拟现实系统的特点之一就是它具有更多、更自然的交互工具。这些交互工具包括：能为用户提供各种感受的输出工具，如头盔显示器、立体声耳机、触觉装置等，以及能测定视线方向、识别手势和语音等的输入装置，如头部方位探测器、数据手套等。

目前对于虚拟现实系统交互技术的研究集中于三个方面：触觉、视觉和听觉。对于每一种感觉系统都存在两种模式：输入和输出，所以也可以说在目前的虚拟现实技术中人们重视对六种交互方式的研究：视觉输入、听觉输入、触觉输入、视觉输出、听觉输出和触觉输出（见图 40.7-8）。

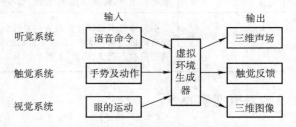

图 40.7-8　虚拟现实系统的主要交互方式

以下对虚拟现实的各主要系统做简要的介绍。

1）视觉输出。视觉输出是虚拟设计系统最重要的反馈。立体视觉的显示与普通计算机屏幕显示有所不同，它要求提供大视野和双眼立体显示。虚拟现实技术的发展已为视觉输出提供了多种显示设备，如立体眼镜、双目镜、桌面显示器及光闸眼镜、头盔式显示器等，并且这些设备已很快地被引入虚拟设计系统之中。

① 立体眼镜。主要有两种技术来使图像立体显示，一种称为被动式（Passive），两幅图像可以并排放置，重叠在一起，图像能够通过放于眼前的不同滤波器投影到眼睛，立体图像使用偏正光眼镜或红/蓝玻璃眼镜，以提供天然的（无色彩）立体视觉，这类眼镜造价便宜，电影等娱乐业大量采用该类型。一种称为主动式（Active），计算机交替产生左、右眼图像，使用液晶显示眼镜与显示器上的立体图像对同步开关，遮挡左/右眼，使大脑很快收到交替图像，并融合图像为单一的场景和景深。该方式需要高速的场频（最小为 60Hz）来避免闪烁，否则用户佩戴后会感到头昏。这类眼镜较昂贵，例如 Crystal Eye 公司的立体眼镜，如图 40.7-9 所示。

② 双目镜（BOOM）。双目镜是采用分屏的方法

图 40.7-9 Crystal Eye 公司无线立体眼镜

产生立体图像的一种装置，如图 40.7-10 所示。它把屏幕分成两个部分同时显示左右眼图像。正对着显示器放置一种安放在头部的观察器，帮助用户的两个眼睛分离开，正确地看到立体图像。

图 40.7-10 双目镜

③ 头盔显示器（HMD）。虚拟现实系统中常用的一种硬件设备是头盔显示器，它是采用分屏方法产生立体图像的另一种装置，如图 40.7-11 所示。它使用某种类型的头盔或护目镜，在每只眼睛前放置一个小型视频显示器，并以特殊的光学技术来聚焦并延伸到可感觉到的视区范围。大多数 HMD 使用两个显示器，能够提供双目图像。也有的使用一个大显示器来提供高分辨率，但没有立体的感觉。

图 40.7-11 头盔显示器

大多数廉价的头盔显示器使用 LCD 显示，其他的使用小型 CRT 显示器，就像是在手提式摄像机上用的那种。更贵一些的头盔显示器使用特别的沿头部架设的 CRT 显示器或光纤来从非头盔显示器中输送图像。一个头盔显示器需要一个位置追踪器附加到头盔上，显示器也可以架设到身上以支撑和追踪。

2）三维声音处理器。这里的三维声音处理包括声音合成、3D 声音定位和语音识别。在虚拟环境中，错综复杂的临场感通常需要立体声音的配合。为了得到立体声音需要创建各种静、动态声源，并需要建立一个动态的声学环境。

3）触觉反馈系统。为了增强用户在虚拟环境中身临其境的感觉，应该尽可能地为用户提供一些诸如运动、力量和接触等的反馈信息。触觉反馈是指系统提供给用户的有关物体表面纹理、运动阻力等感觉，这些感觉对虚拟装配系统来说是很有意义的。图 40.7-12 所示为 SensAble 公司的 PHANTOM 位置反馈系统，可提供 6 个自由度的位置反馈。

图 40.7-12 6 自由度位置反馈装置

4）跟踪探测。跟踪探测技术是虚拟现实系统实现实时反馈的关键技术之一，跟踪探测设备是必不可少的，这些设备质量的好坏以及使用是否得当直接影响着系统的反馈精度。常见的跟踪探测设备有：头部跟踪器、跟踪球和三维探测器等。而数据手套是最常用的跟踪探测装置，它可以将手的运动转化为计算机输入信号。其工作原理是当手活动时，数据手套对这些活动进行检测并向计算机送入相应的电信号，而后计算机将这些信号转换为虚拟手的动作，这样虚拟手就可以随着用户手的移动而移动。数据手套可以跟踪手的位置和手势命令，这样的系统有助于对虚拟物体进行定位、移动等操作。图 40.7-13 所示为 5DT 数据

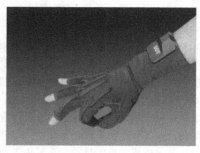

图 40.7-13 5DT 数据手套

手套，其设计的目的是为了满足现代动作捕捉和动画制作等专业人士的严格要求。它具有舒适、易于使用、小型等特点，提供了能实现多种应用的驱动。高数据质量、低相关性和高速率的数据传输，使其满足逼真的实时动画要求。

5）语音的输入。交谈是人们之间以及人机之间最快的通信方式，因此语音输入和语音识别技术已成为虚拟现实技术研究的重要课题。在当前的虚拟设计系统中，语音识别系统已成为最重要的命令输入工具。不过相对而言，虚拟设计系统的情景毕竟比较简单，不需要很多的对话，语音识别主要用于对虚拟对象进行一些操作，不必使用很长的句子，所以现有的语音识别技术基本上可以满足虚拟设计系统目前的需要。

（3）可获得的硬件系统

要获得虚拟现实的硬件系统，可参看表 40.7-2。

表 40.7-2　虚拟现实硬件系统生产厂家及特点

硬件名称	生产厂家及特点
图形工作站	SGI 公司主要提供高端图形工作站以及超级计算机，常用的有 Onyx2、Onyx3000 系列产品。HP 公司 J 系列图形工作站也用来作为 VR 环境的图形生成系统。基于 Wintel 的 PC 图形工作站，由于其造价低廉，应用开发方便，得到普遍重视，可以满足一定的虚拟现实应用。常用的图形卡有 NVIDIA、ATI 芯片系列等
传感器	Ascension、Polhemus 公司的各类电磁传感器是目前虚拟现实市场中最先进和最通用的传感器，常用的型号有 Ascension 公司的 Flock of Birds，以及 Polhemus 公司 ISOTRAK II、FASTRAK 等
数据手套	Fake Space 5DT 公司的 Pinch Glove 以及 SDT 公司的 data glove，其中有提供 5 个和 16 个感觉的数据手套
头盔显示器	Virtual Research Systems 公司的 V6、V8 等头盔显示器产品由于采用了有源 LCD 矩阵技术，使其分辨率得到了改善。基于 CRT 的头盔显示器分辨率可达 2048×1152，但其视角没有 LCD 显示器大，且价格昂贵
显示系统	Barco 公司的投影系统是 VR 显示系统的主要提供商，有 CRT、LED 以及 DLP 系列投影系统，投影屏幕范围可以大到数十米范围。美国科视数字公司（Christie Digital）也提供类似的投影系统

2.2.2　虚拟现实系统的分类

虚拟现实系统按照不同的标准可以有多种分类方法，见表 40.7-3。

表 40.7-3　虚拟现实系统的分类

分类标准	类　　别
沉浸程度	非沉浸式、部分沉浸式和完全沉浸式虚拟现实系统
沉浸方式	视觉沉浸、触觉沉浸、听觉沉浸和身体沉浸系统等
用户参与规模	单用户式、集中多用户式和大规模分布式系统等

目前使用较多的分类方法是既按沉浸程度又按用户参与规模分类，大致分为：桌面虚拟现实系统、沉浸虚拟现实系统和分布式虚拟现实系统。

（1）桌面虚拟现实系统

该系统使用个人计算机和低端工作站来实现，采用三维立体眼镜（如液晶光闸眼镜），以及安装在计算机屏幕上方的发射器来同步系统产生立体图像，人佩戴立体眼镜后产生三维空间的视觉。

桌面虚拟现实系统价格比较低，可以配置各种虚拟现实设备，在各种专业中都极具潜力，但其沉浸感比较差。桌面虚拟现实系统目前大多采用 Windows 或 Linux 操作系统，配置一块能够输出立体图形的显卡，采用 OpenGL 就可以开发使用，如图 40.7-14 所示。

图 40.7-14　桌面虚拟现实系统

（2）沉浸式虚拟现实系统

利用头盔显示器和数据手套等交互设备把用户的视觉、听觉和其他感觉封闭起来，使用户暂时与真实环境隔离，而真正成为虚拟现实系统内部的参与者。人们可利用各种交互设备与虚拟环境交流。目前沉浸式虚拟现实系统主要有三种形式：沉浸桌（ImmerseDesk）、全景墙（PowerWall）以及沉浸屋（CAVE）。

1）沉浸桌（ImmerseDesk）（见图 40.7-15）。沉浸桌比较适合用于装配、建筑领域，是适合 1～3 人合作设计的小型虚拟现实系统。

2）全景墙（PowerWall）（见图 40.7-16）。有平面的和弧形的两种，适合多用户参与、协同的设计。它

图 40.7-15 沉浸桌

明显的特点是具有非常宽阔的视野，在工业设计中用途最广，可以演示 1∶1 尺寸的虚拟样机模型。

图 40.7-16 全景墙

3）沉浸屋（CAVE）（见图 40.7-17）。CAVE 是 Computer Assisted Virtual Environment 的缩写，通常由 3、4 面墙组成，最复杂的系统由 5、6 面投影墙组成，通过投影设备将计算机分割的不同图像投射到不同的面上，产生立体图像。其适合大规模的数据采集、科学计算可视化，有很强的沉浸性，适合 3~5 人的科学研究。

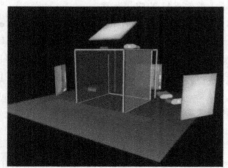
图 40.7-17 CAVE 虚拟现实环境

（3）分布式虚拟现实系统

分布式虚拟现实系统（DVR）是一种基于网络的虚拟现实系统，它可使一组虚拟环境连成网络，使其能在虚拟域内交互，同时在交互过程中意识到彼此的存在，每个用户是虚拟环境中的一个化身

（Avatar）。它的基础是网络技术、实时图像压缩技术等，它的关键是分布交互仿真协议，必须保证各个用户在任意时刻的虚拟环境视图是一致的，而且协议还必须支持用户规模的可伸缩性，常用的分布式协议是 DIS 和 HLA。

2.3 虚拟现实的软件子系统

从系统角度来看，虚拟现实软件必须充分管理和利用好各种计算资源、接口设备和系统资源，提供给虚拟现实应用开发人员一个高性能的接口。用户接口方式可有以下几种。

1）编译库。也称为 API 或 Toolkit 方式。这种接口方式最为灵活，但要求开发人员必须是程序设计人员，而且，每次修改程序时都需要重新编译。它比较适合于开发特定的复杂虚拟现实应用系统，如 OpenGL、Performer 等。

2）描述语言。使用描述语言开发应用系统相对简单，开发者无需程序设计的背景知识，就可以在较短的时间内学会使用描述语言。

3）图形化。图形化界面使用户通过简单的点击即可开发应用系统。优点是无需程序设计背景知识，而且使用方便直观；缺点是难以开发复杂的应用系统，如 VEGA、Realax 等。

虚拟现实软件所提供的环境一般包括对象编辑器、世界编辑器和集成运行环境。对象编辑器主要实现在对象坐标系中为物体几何建模和行为建模的功能，世界编辑器主要实现对象在世界坐标系中的行为建模和集成，对象编辑器和世界编辑器有机地结合起来以实现虚拟环境的建模和管理，集成运行环境提供了虚拟环境的实时表现场所，它可以是一个复杂的分布式仿真环境。图 40.7-18 所示是虚拟现实软件环境框图。

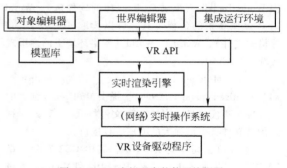
图 40.7-18 虚拟现实软件环境框图

2.3.1 虚拟现实软件系统的组成

虚拟现实软件系统的最基本部分可以分为输入处

理器、仿真处理器、绘制处理器和虚拟环境数据库（World Database）。所有部分必须考虑到处理的时间

要求，每个延迟都意味着降低实时的感觉。虚拟现实软件系统的组成及功能见表 40.7-4。

表 40.7-4　虚拟现实软件系统的组成及功能

软件系统名称	功能简介
输入处理器	虚拟现实程序输入处理器用于把信息输入到计算机的设备中。常用的输入设备有：键盘、鼠标、跟踪球、游戏杆、3D&6D 位置跟踪器（数据手套、数据棒、头跟踪器、数据衣等）以及语音识别系统
仿真处理器	虚拟现实程序的内核是仿真系统，可以处理交互、对象的动作、物理原型的仿真和测定虚拟场景状态。仿真引擎使用户根据编码到虚拟世界中的任务（如碰撞检测、脚本等）进行输入，同时也检测在虚拟世界中将要发生的动作
绘制处理器	虚拟现实程序的绘制处理是用来创建真实感的程序，可以把绘制处理分为视觉、听觉、触觉和其他传感系统。每一个绘制处理器都会从仿真处理器那里得到虚拟世界状态的描述，或直接从虚拟世界数据库中得到
虚拟场景	虚拟场景本身需要被定义在一个"场景空间"里。作为计算机仿真的本质，该场景需要控制场景坐标、场景的划分以及场景环境的分离
虚拟环境数据库	用于存储虚拟对象和场景数据，是虚拟现实系统的一个重要组成部分。存储在场景数据库（场景描述文件）中最主要的对象就是代表场景的对象，描述对象行为或用户（发生在用户身上的）脚本，光线、程序控制和硬件设备支持。进行涉及存储方法及对象描述方法的研究
脚本和对象行为	虚拟现实系统需要定义对象动作，当用户（或其他对象）与之交互时，对象执行自己的行为。可以将脚本分成三个基本的类型：动作脚本、触发脚本和连接脚本
交互反馈	当虚拟光标选择或触摸对象时，用户必须给出某些交互反馈的指示。简单系统仅仅让用户看见光标（虚拟手）穿透对象，这样用户能够抓住物体或者选择物体，然后被选择的物体以某种方式被加亮。另外，产生声音信号可以表示碰撞
硬件控制和连接	虚拟世界数据库可能包含关于硬件控制以及它们如何集成到应用程序中的信息（它们也有可能是程序代码的一部分）。一些虚拟现实系统把这些信息放到配置文件中。硬件映射部分定义了输入/输出口、数据速率和用于每个设备的其他参数，它也把设备的逻辑连接提供给虚拟世界的某些部分

2.3.2　可获得的虚拟现实软件系统

1）EDS 软件公司（http://www.eds.com/products/plm/teamcenter/）。EAI 系列软件，包括 VisConcept、VisMockup、Jack 等。

2）Sense8 公司（http://www.sense8.com）。提供 World Toolkits（提供 C、C++库的软件包）、World Up（虚拟场景的建模工具，可以读取 dxf、3ds、nff 等格式文件）、World To World（网络环境下的虚拟现实软件）。

3）Multigen-Paragim 公司（http://www.multigen-paragim.com）。提供 Multigen（强大的虚拟现实建模工具，支持多种文件格式）、Vega（视景仿真软件，提供强大的 C++、C 接口）。

4）CG2 公司。提供 VTree，其中 CG2 产品包括 FACETS、VTree SDK、VTree Pro SDK 和 Mantis，通过 VTree 的图形工具 Splice Tree 和 Audition，可以方便地实现视觉仿真、实时场景生成、娱乐冒险环境模拟、任务训练、事件重现等应用。

5）RealAx 公司（http://www.realax.com）。提供 RealAx 系列软件（虚拟现实建模、仿真软件）。

6）SGI 公司（http://www.sgi.com）。提供 Performer（开发工具集，可实现实时渲染）。

7）PTC 公司（http://www.ptc.com）。提供 dVision（类似 EAI 的应用程序）。

8）IBM 公司（http://www-306.ibm.com/software/applications/plm/enovia/）。ENOVIA DMU 解决方案可以使工程和工艺主管人员对任意复杂程度的数字样机和技术数据实现协同式工作，包括高性能可视化、浏览、审核、分析、仿真等，并提供 ImmersiveVR 模块。

2.4　虚拟现实系统的开发工具

虚拟现实开发的工具非常多，常见的有 VRML、OpenGL、Multigen Creator、VEGA、WTK 等。其中 VRML 是一种虚拟现实的建模语言，是目前最流行的虚拟现实开发工具。

2.4.1　虚拟现实建模语言（VRML）

（1）VRML 的特点

VRML 融合了二维、三维图像技术, 动画技术和多媒体技术, 借助于网络的迅速发展, 构建了一个交互的虚拟空间。其基本特点如下:

1) 与其他 Web 技术语言相比, 其语法简单、易懂, 编辑操作方便, 学习相对容易。

2) VRML 能够创建三维造型与场景, 并可以很好地实现交互效果。而且可以嵌入 Java、JavaScript 等程序, 使其表现能力得到极大的扩充。它能够实现人机交互, 形成更为逼真的虚拟环境。

3) 具有强大的网络功能, 文件容量小, 适宜网络传输, 并可方便地创建立体网页与网站。

4) 具有多媒体功能, 在其程序中可方便地加入声音、图像、动画等多媒体效果。

5) 具有人工智能功能, 在 VRML 中具有感知功能, 可以利用各种传感器节点来实现用户与虚拟场景之间的智能交互。

6) 在当前各种浏览器中不能直接运行, 必须安装 VRML 的相关插件才能看到其效果。

（2）VRML 编辑器与浏览器

VRML 程序是一种 ASCII 码的描述程序, 可以使用计算机中任何一种具有文本编辑器的编辑器 (如 Windows 中自带的记事本 (NotePad)、写字板 (WordPad) 等) 来编辑 VRML 源程序代码, 但要求程序存盘时文件的扩展名必须是 .wrl (World 的缩写) 或 .wrz, 否则 VRML 的浏览器将无法识别。为了提高编辑效率, 最常用的开发设计软件是 VrmlPad, 它是由 Parallelgraphics 公司开发的 VRML 专用可视化开发工具。

要在浏览器中观察 VRML 场景, 就必须要安装 VRML 浏览器插件。目前, 有许多 VRML 浏览器插件, 如 CosmoPlayer、Blaxxun、Contact、Cortona、WorldView 等, 这些浏览器各有不同的特点, 但是在使用上有许多相似之处。图 40.7-19 所示为 VRML 的编辑器及浏览器。

 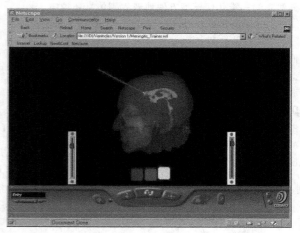

图 40.7-19　VRML 的 VrmlPad 编辑器及 CosmoPlayer 浏览器

（3）VRML 文件的语法及结构

VRML 文件语法主要包括文件头、节点、原型、脚本和路由等。当然并不是所有的 VRML 文件都必须有这六个部分, 一般只有文件头是必需的。VRML 的立体场景与造型由节点构成, 再通过路由实现动态的交互与感知, 或使用脚本文件或外部接口进行动态交互。在 VRML 文件中, 节点是核心, 没有节点, VRML 也就没有意义了。节点可以有一个或多个, 当然也可以创建新的节点, 称为原型节点。以下为一个较为通用的 VRML 文件语法结构:

```
#VRML V2.0 utf8    #VRML 文件的第一行必须
                   有这一行, 这是 VRML 文
                   件标志
节点名              #VRML 的各种"节点"
域      域值        #对应"节点"的"域"
                   与"域值"
  ⋮      ⋮
         ⌇
Script   ⌇         #脚本 Script 节点
         ⌇
ROUTE
```

2.4.2　实时场景开发工具——OpenGL Performer

（1）OpenGL Performer 简介

IRIS OpenGL Performer 是 SGI 公司开发的一个可扩展的高性能实时三维视景开发软件包, 主要用于仿真可视化、娱乐、虚拟现实、视频媒体以及计算机辅助设计等领域。目前最新版本为 3.2.1。OpenGL Performer 提供了一组标准 C 或 C++ 语言绑定的编程接口，通过一个使用灵活的三维图形工具集提供高性能渲染能力。

OpenGL Performer 分为内层和外层，外层功能有采集、控制多个不同的显示通道及利用数据库快速完成交互式任务，而内层是一个执行模块。内外层紧密结合，并行工作。尤其重要的是，OpenGL Performer 可以并行地安排图形任务，提交给处理系统，这对于配置有多 CPU 的系统非常重要。

OpenGL Performer 提供一组数据库载入器，每个载入器读入按一定格式组织的数据文件或数据流，并将其转化为一个 Performer 视景图形。载入器的库文件依据相应文件的扩展名命名，通过一个 pfdLoadFile 函数可以调用多个文件载入器。该函数根据要载入文件的扩展名，使用特殊的动态共享对象定位相应的载入器。这就使得 MultiGen、Maya、3D MAX 等建模工具建立的三维几何模型方便地载入到仿真环境中。

（2）OpenGL Performer 组成

SGI 提供的 Performer 是开发实时可视化仿真和其他图像应用程序强大的可扩充的编程接口，其同时支持 IRIS 图形库（IRIS GL）和工业标准的 OpenGL 图形库。SGI Performer 软件包主要包括 5 个 DSOs（对 IRIS、Linux 系统）或者 DLLs（对 Windows 系统），由相应的支持文件和例程源代码组成。Performer 是 ANSI C/C++ 编写的类库，它包含有两个主要的库 Libpr 和 Libpf 和五个相关的库 Libpfdu、Libpfdb、Libpfui、Libpfutil 和 Libpfv，如图 40.7-20 所示。

图 40.7-20　Performer 的类库结构

1）Libpr 库。Libpr 的功用是使图形硬件的使用达到最优。

① 该库的四个基本元素为：
- 高性能的几何图形渲染模式。
- 高效的图形流水线（Graphic Pipeline）状态

管理。
- 快速灵活的交叉点测试。
- 通用底层编程工具。

② 该库的一些重要特征为：
- 封装图形库状态。
- 层次受限。
- 不完全管理所有的图形库函数。
- 允许自由混合图形库及 Libpr 调用。
- 提供底层图形库不具备的功能。
- 是一个简单的应用目标端口。

Libpr 提供了对立即模式几何图元（如点、线、三角形和三角带）的高性能渲染功能。渲染几何图形时，几何图形的外观由几何图形流水线（Geometry Pipeline）的当前状态决定。高效地管理这些状态是取得良好性能的关键。为了达到最高的性能，状态的变化必须最少，渲染回路必须自主。为此，IRIS Performer 主要使用了两个机制：pfGeoSet 和 pfGeoState。

2）Libpf。Libpf 库在 Libpr 库之上，主要提供高性能场景组织以及可扩展的多进程渲染体系。

3）Libpfdu 库。数据库应用库 Libpfdu 定义三维物体的定义数据以及属性数据。

4）Libpfdb 库。数据库 Libpfdb 包含了工业标准的各种三维定义格式输入包，如 OpenFlight™、Open Inventor™. iv、OpenGL Optimizer™、Csb 等 70 多种。另外，OpenGL Performer 提供本地 PFB 格式，VRML 文件输入包目前已经由三方软件公司 Open World 公司提供。

5）Libpfui 库。Libpfui 库包含了用户界面等操作部件，用来定义人机接口。

6）Libpfutil 库。Libpfutil 库是一个很有用的应用库，提供了一系列的系统配置接口，如多处理器配置、多通道支持、纹理管理、场景遍历函数等。

7）Libpfv 库。模块化 Libpfv 库提供了快速构建 Performer 的高层次应用结构。通过简单定义 XML 的配置文件，就可以定义显示配置、模块操作、漫游、拾取等，是 Performer 的最新功能。

最新版本 OpenGL Performer 3.2 的工具包延伸了很多已有的功能，增加了一些新的功能，包括：

1）曲线参数和表面参数设置。新的节点类型增加相应的 OpenGL Optimizer 的 opRep 类层级。

2）PFB、CSB 和已经更新的 Inventor loaders 等支持新的数据类型。

3）表面细分（Subdivision surfaces）功能改进：新的节点类型已经增加到 Loop and Catmull-Clark 细分功能中。

4）增加 Small object culling：Small object culling

是一种自动识别不同程度细节的技术。

5）增加 Clip-Texture Emulation 执行功能。

6）增加 pfGeoArray：支持顶点对齐功能。PfGeo-Array 是一种 OpenGL Performer 的数据结构，用于替代以前的 pfGeoSet。GeoArrays 允许用户自定义新的属性，此外增加标准顶点坐标、标准坐标、材质坐标或者色彩坐标。该属性在顶点和面片使用中优化。

7）支持顶点和面片。

8）支持 Maya 输出功能。Maya Exporter 是 Maya4.5 的插件，用于输出 Maya 内容到 OpenGL Performer PFA 和 PFB 文件格式中。

9）增加 CATIA v4 converter。cat2pfb 有效提供一个将 CATIA v4 格式文件转换成 Performer PFB 的功能。

（3）应用开发的基本框架

一个 OpenGL Performer 程序只需几十行代码，而且基本结构与复杂程序基本相同。因此，一旦掌握应用程序开发的基本框架，就可以进一步开发更为复杂的 OpenGL Performer 程序。

基本框架都是从配置 channel、pipe 定义窗口，然后启动仿真循环，如图 40.7-21 所示。Performer 提供两个应用开发框架，一个是基于 Libpf 的应用框架，一个是基于 Libpfv 的开发框架，具有很大的方便性。

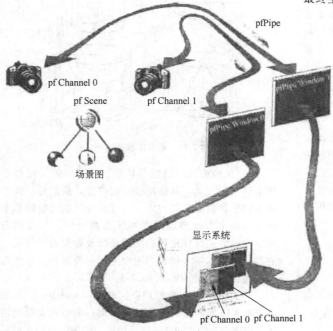

图 40.7-21　Performer 应用开发元素流程

3　基于虚拟现实技术的新一代 CAD 技术

3.1　基于虚拟现实的 CAD 的特点

虚拟设计涉及众多的学科和专业技术，属于多学科交叉技术，在工程设计上，目前提出了两种基于虚拟现实的工程设计方法。

一种是利用现有的 CAD 系统产生模型，再将其转换成虚拟现实软件支持的格式，然后将模型输入到虚拟现实软件的环境中，完成虚拟产品的设计，用户充分利用各种增强效果设备，如头盔显示器等产生临境感。

另一种是基于虚拟现实的新一代 CAD（即 VR-CAD 系统），将虚拟现实技术引入 CAD 环境，这种设计环境中的对象不仅具有外形，而且具有重量、材料特性、表面硬度以及一些内在的物理性能、功能作用等信息。

VR-CAD 采用的输入设备是：数据手套、三维鼠标、语音系统以及其他跟踪设备。它是基于多媒体的、高交互的、沉浸式或半沉浸式的三维计算机辅助设计环境。在这样的设计环境中，设计者不仅能够自始至终在三维空间里观察和分析设计结果，而且能够直接在三维空间中通过三维操作、语音指令、手势等高度交互的方式进行三维实体建模和装配建模，并且最终生成精确的几何模型以支持详细设计与变型设计。这种设计方法目前还处在研究阶段，这是产品虚拟设计平台的发展方向。新一代基于虚拟现实技术的 CAD 技术，其主要特点如下。

（1）自然的人机交互方式

1）灵活的导航。可以采用手势、语音、身体其他部位的运动跟踪等导航方式。

2）逼真的视觉。首先对几何模型进行三角化剖分，然后再基于左右视点计算出一对图像以供立体显示，再通过纹理、光照、渲染场景，让用户身临其境。

3）三维、多通道的信息反馈。如三维立体声音反馈、设计过程力的反馈。

（2）实时的约束识别和求解机制

满足物体精确定位，支持详细设计。现有的虚拟设备，因为精度问题，不能使物体完成精确定位，为此，必须进行实时的约束识别和快速求解的研究，保证物体的设计、装配、形状分析、功能分析得以进行，支持详细设计。

（3）适当的几何约束模型

虚拟环境的三维属性和高保真性，给设计者更好的沉浸感，带来观察、分析模型的巨大优势。但对几何约束模型也提出了非常苛刻的要求，如支持多媒体的信息、识别手势、跟踪身体运动、反馈声音和力等，这些要求必须包容在几何约束模型中。

3.2 VR-CAD 的几何建模技术

VR-CAD 中的几何建模指利用自然交互方式在虚拟场景中进行三维建模的过程。这里简单介绍 VR-CAD 中简单模型的几何建模方法。

3.2.1 模型表示方法

（1）VR-CAD 中的 B-reps 表示

1）对于点的表示，采用了世界坐标系和局部坐标系下的双重坐标系表示。

2）扩展面、边、点的表示属性，VR 操作中经常需要对实体模型进行选择操作，因此增加"选取点"属性，可以在三维空间中方便地对面、边、点进行选取。

3）增加面、边、点的父节点与其子节点的联系指针，有利于在导航或者变动设计时定位与回溯。

4）增加节点与邻近相关点的联系指针，便于引入力反馈、面音源、体音源等功能。

（2）VR-CAD 中的 CSG 表示

CSG（Constructive Solid Geometry）是指结构实体几何，即由两个物体间的并、交、差等布尔操作生成一个新的物体。可以在基本体素的属性中加入形状控制点（SCP）、定位方式（LP）、以及辅助元素（AE）等，来方便构造复杂的物体。

设计产品的过程是一个构造性的过程，通过实例化一个基本体素，并将其附加到以前生成的相对简单的物体上形成更为复杂的物体。在这个过程中，尽管有可能会出现复杂的布尔运算，但绝大部分操作其实还是黏接（Glue）运算。此时，当基本体素的形状改变时，只要这种变化不影响到其父节点的拓扑结构，它的面、边、点的几何变化即可通过父指针逐级往上传递，达到目标物体。这样为快速变动传播提供了可能。

3.2.2 建模方法

（1）基本体素的处理

对于 VR-CAD 系统而言，如何规范设计者与几何模型的交互方式，以便有利于几何模型的定形定位，是一个不可回避的问题。

1）形状控制点。形状控制点是基本体素一个特殊的点，通过它可以确定基本体素形状参数的空间点，用户可以方便地拖动该点以改变基本体素的形状。例如，球体的形状控制点可以设在球心，而一个圆柱体，控制点设在底面与母线的交点上等。基本体素的形状参数通过形状控制点和有关映射自动生成，其过程如图 40.7-22 所示。

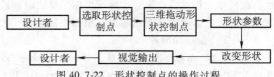

图 40.7-22 形状控制点的操作过程

形状控制点分为两类：主形状控制点和从形状控制点。其中主形状控制点只有一个，它用来控制基本体素的总体形状，如图 40.7-23 中的小圆点所示。而从形状控制点如果存在，一般会有多个，它们用于微调基本体素的局部形状，并可能直接影响到基本体素的形状参数，如图 40.7-23 中的小叉号所示。

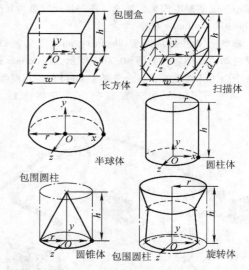

图 40.7-23 基本体素及其形状控制点

2）定位方式。设定形状定位点后，需设定基本体素的定位方式。具体地说，定位方式指的是借助于若干特定种类的几何约束，通过方位已经确定的基本体素来决定方位待定的基本体系的方向、位置的方式。定位方式保证建模的准确性以及虚拟造型交互过程的实时性。基本体素的定位方式有很多种，总结起来分为以下几类，见表 40.7-5。

3）定形约束。定形约束（Shape Constraints）是指约束基本体素形状的显式几何约束。定形约束分为两类：内部定形约束和外部定形约束。内部定形约束的一个最基本特征是它的约束几何元素均为该基本体素自身的几何元素，它在基本体素实例化时自动生成。而外部定形约束指的是借助其他基本体素的几何元素来定义作用于基本体素某一尺寸的几何约束。一般外部定形约束作为一种强制性的定形约束，只有在对基本体素完成定位后，外部定形约束才有意义，而且外部定形约束总是成对出现，共同决定基本体素的某一形状参数。

表 40.7-5　控制点的定位方式

类　别	定位描述	图形表示
Ⅰ类定位方式	通过一个"面-面"贴合约束和该贴合面间的两个二维约束来确定基本体素方位的定位方法	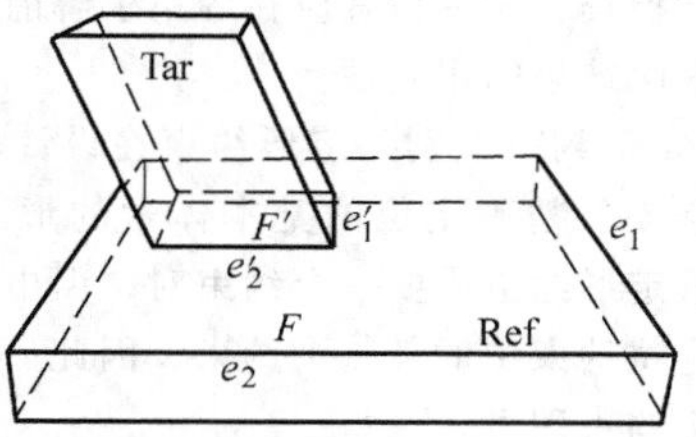
Ⅱ类定位方式	此定位方式是通过三个"面-面"距离约束（包括距离为零的"面-面"距离约束，即"面-面"贴合约束）来确定基本体素方位的定位方法	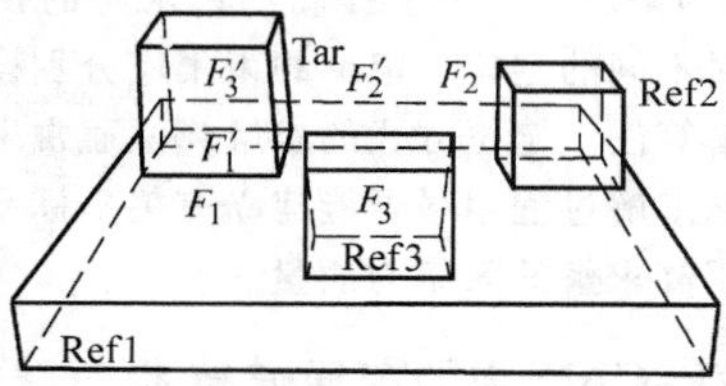
Ⅲ类定位方式	此定位方式是通过一个"轴-轴"重合约束和一个"面-面"距离约束来确定旋转类基本体素方位的定位方法	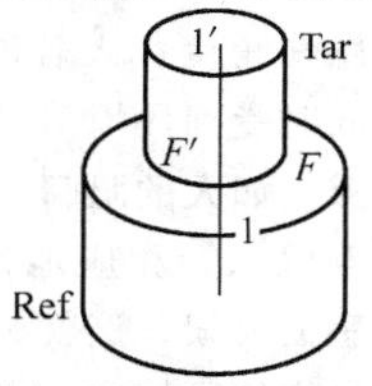
Ⅳ类定位方式	此定位方式是通过一个"轴-轴"平行约束和一个"面-面"贴合约束和一个角度约束来确定旋转类基本体素的方位	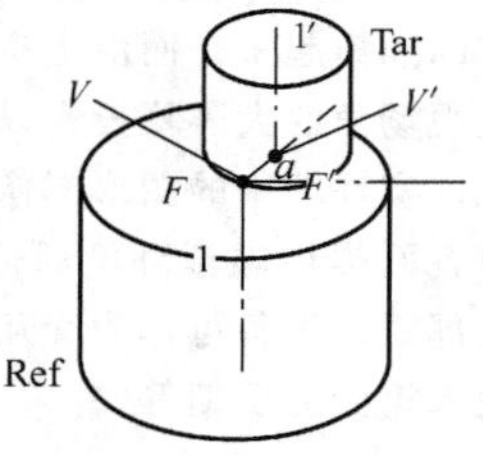
Ⅴ类定位方式	将Ⅰ～Ⅳ类定位方式不能表示的对基本体素定位的其他方式称为Ⅴ类定位方式	

（2）约束识别与求解

为了提高约束识别的效率，减少设计者与 VR-CAD 系统的交互，必须设计一种有效的约束识别方法。下面介绍一种方法，使几何约束采用动态输入，即用约束识别程序进行自动识别与由设计者通过交互方式进行指定共存于约束识别过程中。

约束识别主要包含两种：定位约束识别和定形约束识别。定位约束识别在基本体素的初始定位完成后启动，而定形约束识别则在设计者通过形状控制点修改已经确定为基本体素的形状时自动触发。

1）定位约束识别。定位约束识别受基本体素定位方式的导引。当设计者通过语音命令为基本体系制订了定位方式，完成对它的初始定位后，定位约束识别算法即自动启动。定位约束识别算法根据指定的定位方式确定所需识别的定位几何约束数目及约束识别的效率。例如，对具有Ⅰ类定位方式的基本体素而言，首先有目的地识别一个"面-面"贴合约束并由设计者对其进行确认；然后只要在贴合的两个面之间进行有关的二维约束识别即可。

为了保证所要求的所有约束均被有效地识别出来，可以在约束识别过程中采用动态误差。以"面-面"贴合约束的识别为例，其首要条件即是在目标基本体素 Tar 和参照基本体素 Ref 之间存在平行平面。若在默认的误差下，Tar 与 Ref 之间不存在平行平面，此时，误差将倍增，直到约束识别程序认为 Tar 和 Ref 之间存在平行平面而成功中止，或误差过大超过某一阈值而以失败告终。

动态误差的好处是能提高约束识别的效率，但同时也带来了不一致或无效的定位。为此需要对约束进行有效性检查，这些检查应在约束求解前完成，以确保约束求解结果的正确性。

2）定形约束识别。定形约束在设计者通过形状控制点修改已精确定位的基本体素的形状时自动触发，尽管定形约束需要一个约束对，但由于其中之一一定是定位约束中的某一个约束，因此，只需额外再识别一个约束即可。

3）约束求解。为了提高约束求解的鲁棒性与效率，针对不同的定位、定形约束集应分别设计特定的约束求解算法。定位方式的求解算法通常采用解析方法，并在求解过程中尽可能建立有关坐标系间的相对变换以提高求解的效率与质量。

3.3　VR-CAD 中的多通道技术

从人的生理感知角度，人若能与环境自然交互，并且多种感官能同时受到环境信息激励时，人将有真实环境中的沉浸感。如人的眼睛、头、手的位置变化以及语音作为交互输入，相应地，人同时得到视觉、听觉、触觉和力感的反馈，这就称为多通道技术。

要使人沉浸在虚拟环境中，必须尽量把人的感官通道从物理空间隔离起来，而由虚拟环境提供感知信息。例如，宽视场角的大屏幕投影以及头盔显示器为眼睛提供虚拟现实环境中的图形图像，耳机隔离了物理环境中的声音而提供虚拟环境所需的听觉信息，数据手套和头部跟踪设备可作为交互输入，抗荷服和数据手套可使人得到力反馈等。

3.3.1　三维鼠标

拾取所使用的主要输入设备是三维鼠标，它有 6 个自由度，能提供鼠标的位置和方向参数，如图 40.7-24 所示。实际上三维鼠标就是一个跟踪器。为了在计算机屏幕上准确地反应三维鼠标的方位信息，进而方便设计者利用三维鼠标在三维设计空间中操纵物体和进行三维导航。三维鼠标传给计算机的方位数据在使用前必须进行一些处理。

首先，由于三维鼠标的发射装置发出的超声信号有一定的覆盖范围，如果接收装置的活动范围超越其覆盖范围，此时的方位数据实际上是无效数据，必须过滤掉。

其次，三维鼠标提供的是有关方位的绝对坐标值，而对于设计者来说，更关注其相对坐标，因此，

vrpcsystem

图 40.7-24　三维鼠标

需要将三维鼠标的绝对物理坐标变换到世界坐标系，映射为相对逻辑定位。

同时，还要定义一些操作方法，如鼠标复位、屏蔽操作、三维锁定等。

3.3.2　三维物体选取机制

三维物体选取通常需要利用虚拟鼠标或者虚拟手，简单的方法是实时地判断这些虚拟输入设备是否与物体发生碰撞，或者输入设备的发射线、姿态以及其他的定义与物体的选取点是否形成交点。但是这些方法一般需要大量的运算，同时目前的求解算法并不成熟，因而求解效率不高。

可以借助于其他的设备以及在模型的算法本身上经过改进，而达到方便、灵活的选取。

（1）语音命令选取

设计者通过语音命令发出选取物体的指令，系统即进入物体选取状态，所有物体的选取点都显示出来供设计者参考，同时会有声音反馈，让设计者知道正处在物体选取状态。选取点的状态可以和视点结合起来，例如，离视点最近的选取点高亮度显示，移动鼠标，设计者在三维物体间穿行，当设计者按下鼠标，即确认，或者用语音命令确认。

（2）结合语音与数据手套选取

语音命令发出选取物体的指令，系统即进入物体选取状态，所有物体的选取点都显示出来供设计者参考，每个选取点都有标识，用语音选取选取点的序号（ID），系统切换视图，如果选取点较近，直接利用虚拟手拾取即可。

3.3.3　三维菜单设计

三维菜单，有时称为虚拟菜单，是目前虚拟环境中一种较为典型的交互方式，它的存在从某种角度说是因为要适应人们以前的习惯。三维菜单提供了一种与虚拟环境交互的强有力的手段。图 40.7-25 所示为一个三维菜单。

图 40.7-25　三维菜单

三维菜单是由文字或者图标组成的一个顺序表，按照一定的几何形状排列而成。通常在虚拟现实环境中是隐藏的，当需要时，由语音命令或者其他触发方式激活三维菜单。在虚拟环境中与菜单的交互一般是通过数据手套或三维鼠标来完成的。

三维菜单与二维菜单的显著区别如下。

1）定位。由于在虚拟环境中，设计者可能位于三维空间的任何地方，三维菜单也是一样，这就要求三维菜单应该适当放置，才可以使用户有效地观察到三维菜单。

2）菜单的交互。传统的二维菜单的交互方式不适合于虚拟环境中的三维菜单，靠鼠标的点击势必效率不高。菜单是三维的，可以和应用环境结合起来，尽可能和应用目的直接结合起来。

3）菜单的放置。如果允许菜单在空间中浮动，设计者可以在不需要的时候将其移到视线外去，但是当设计者需要时，可能又找不到。采用的方法是将菜单隐藏起来，当设计中需要的时候，及时将其唤醒。

3.3.4　语音系统

（1）声音系统

在虚拟现实环境的声音信息中，三维空间声可为用户提供导航、状况警示（Situation Awareness），以及目标机的位置和运动方向，所以声音的定位是虚拟现实环境中声音渲染的主要内容。

为使耳机提供精确的三维声音信息，涉及三项技术：三维双耳声的建模；数字滤波器的设计，以及仿真声音运动的时变滤波器的设计和交叉衰减技术；快速卷积计算，以及长时间声音信号处理。这里仅对双耳声建模以及声音信号处理做简要介绍。

1）三维双耳声的数学模型。传统的立体声只能给听者以空间感（左/右），即使用多个扬声器的环绕立体声只能提供二维的声音信息（左/右、前/后），而虚拟环境需要三维空间声才能给人全方位（OmniDirectional）的听觉信息。从物理声学角度，应建立三维双耳声的数学模型。当人在真实环境中感知声音信息时，实际上处于一个由声源、传播途径、接收者共同组成的声传播系统中。从系统分析的角度，这样的系统可用图 40.7-26 表示。其中，$x(t)$ 是空间中某位置的声源发出的信号；$h(t)$ 是声音传播环境的脉冲响应，反映了环境的声音反射、混响特性以及环境中材料的声特性；$f_1(t)$ 和 $f_r(t)$ 分别是人的左、右耳对来自各个方位的冲击声信号的脉冲响应，即头部相关传递函数（Head-Related Transfer Function，HRTF）；$y_1(t)$ 和 $y_r(t)$ 分别是人的左、右耳鼓处所感受到的声音信号，人的听觉神经可根据这两个信号感知声源的空间位置。在声学领域，$y_1(t)$ 和 $y_r(t)$ 称为双耳声（Binaural Sound）。

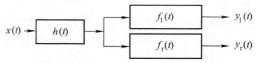

图 40.7-26　双耳声的传播、感知模型

2）虚拟现实环境中三维声音生成方案。

① 用卷积处理生成三维声音。在虚拟现实环境的三维声音生成系统中，如图 40.7-27 所示，采用对数据块的卷积处理来生成三维立体声。声音块的处理生成在前台，后台通过声卡播放。需要注意声音数据块大小的选取，在前台生成、后台播放之间折中。

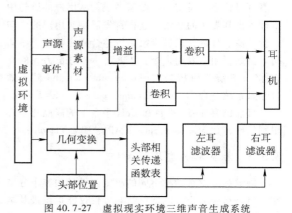

图 40.7-27　虚拟现实环境三维声音生成系统

② 离线的预处理工作。

a. 声音文件的录制、分析与存储。可从 CD、录像带、磁带上或在虚拟现实环境现场录制所需的声音文件，然后根据傅里叶（FFT）分析，并结合人的

听觉，对声音文件进行编辑，确定声音文件的长度，即声音信号的持续时间。把各种声音素材存在硬盘上，在系统初始化时，调入内存，以供各种声音事件的实时调用。

b. HRTF 表的预处理。由于测量的 HRTF 是已知的，可以预先把测量的 HRTF 通过 FFT 算法，将其从时域变换到频域。

③ 三维双耳声流水线实时生成。

a. 获取虚拟物体的状态，启动固定位置的背景声音。

b. 获取环境中与声音信息相关的事件信息，从而确定所需的前景声源。

c. 获取声源位置、人的位置，以及跟踪系统采集的头部位置。通过几何变换计算声源相对人头部的方位和距离，后者控制声源的增益强度。

d. 查找该相对方位对应的 HRTF，若未测量，则需要插值生成。

e. 在频域内，声音数据块和 HRTF 进行乘积处理。

f. 把乘积结果经逆傅里叶（IFFT）算法变换到时域，得到立体声数据块，送后台播放到耳机。

（2）语音命令

虚拟环境下的语音命令，其实就是一个语音识别（Voice Recognition）的问题。用户通过话筒，将声音传入系统，经过系统的语音识别功能将声音解析，大概了解用户语音的含义，然后与系统定义好的命令进行匹配，达到语音控制的目的。

在语音识别时，系统需要解析用户的话，挑出关键词，然后按照定义好的命令，实现虚拟交互动作。一般可以让系统设定一个专家系统，从用户的语句中推理得出其真实的想法，这样首先需要对用户的语句进行过滤、分解，通过专家系统整合成完整的一条语句。例如，用户发出指令："建立一个边长为 5 的立方体"，系统将解析为"create + cube + length + 5"，通过专家系统整合为：create cube，cube length = 5。

目前已有在 NT 平台和 Unix 平台下的商品化语音识别软件，如 Microsoft Speech API、IBM Viavoice。

3.3.5 触觉和力觉反馈系统

触觉和力觉是两种不同的感觉。触觉内容十分丰富，但是迄今为止，触觉反馈装置仅仅能提供最基本的"触到了"的感觉，无法提供材质、纹理、温度等感觉，在虚拟设计中应用很少，且都停留在实验室阶段。

力觉反馈系统目前主要采用操纵杆时力反馈装置，通过机械臂传递给操作者力和力矩，力反馈系统一般对力经过适当缩放，主要应用于虚拟雕刻、装配仿真。

3.4   VR-CAD 中的可视化技术

在基于虚拟现实技术的新一代 CAD 技术中，如何显示几何模型，进行可视化，是提高系统交互性能最重要的问题。一般地，VR-CAD 系统中的可视化技术涉及如下三方面技术。

1）真实感图形的实时绘制。传统真实感图形绘制追求图形的真实感和高质量，对每一帧绘制速度不限制，对于 VR-CAD 系统，必须在给定时间内完成对场景的绘制，否则设计的沉浸性会得到很大的削弱，但是过度的渲染又影响了设计本身关注的内容。

2）模型的多面体表示。VR-CAD 系统中，几何造型过程是模型从无到有的不断变化的复杂动态过程。设计者不可能事先对几何模型进行渲染、着色，而是要在造型过程中，及时地生成几何模型的多面体表示，以备渲染。如何将几何模型转化为多面体模型的算法成为影响系统显示的重要方面。对一个待绘制的几何模型而言，如果采用过多的细节表示其外形，势必降低显示速度，影响系统的交互实时性。而过于简略的细节程度又影响了身临其境的感觉，失去了虚拟现实的内涵，所以要结合现有的软硬件条件，达到系统交互性与真实感间的平衡。

3）大规模复杂场景的漫游。CAD 场景通常由大量多边形组成，且存在大量可见多边形，任何高端图形系统也难以达到场景的实时绘制，因而需要对复杂场景数据进行高效管理和调度。

3.4.1   VR-CAD 真实感图形实时绘制技术

（1）消隐

真实感场景生成中，必须在给定视点和视线方向上，确定场景中哪些物体表面可见，仅对这些可见物体表面进行各种计算和变换，就可以极大减轻系统计算。所有涉及隐藏面的消隐算法都涉及景物表面距视点远近的排序。一个物体离视点越远，它越有可能被另一个距离视点较近的物体遮挡。因此，消隐可以看作一个排序问题，消隐算法效率在很大程度上取决于排序的效率。

消隐算法按照其实现方式可以分为景物空间消隐算法和图像空间消隐算法两大类。景物空间消隐算法直接在景物空间（摄像机坐标系）中确定视点不可见的表面区域，并将它们表达成同原有面一致的数据结构；图像空间（屏幕坐标系）消隐算法以屏幕像素为采样单位，确定投影于每一像素的可见景物表面区域，并将其颜色作为该像素的显示光亮度。

1）景物空间消隐算法。在景物空间实现的消隐算法主要有：表优先级算法、BSP 算法、Atherton 算法。

2）图像空间消隐算法。在图形空间实现的消隐算法主要有：Z 缓冲器算法、扫描线算法、光线追踪算法。

消隐涉及对场景中景物的排序，是最为耗时的部分。需要考虑利用相邻帧画面的可见性、连贯性及图像、景物空间连贯性等实时消隐算法来加速消隐的过程。目前主要方法有以下两种：

① 层次 Z 缓存算法。将明显不可见面片和需计算面片用包围盒的方法层次化，通过建立一棵消隐树，共享多个消隐计算和判定的结果。主要创新在于引入屏幕包围盒树来快速判别景物中的明显不可见表面。

② 可见性预计算方法。采用预处理技术，将一些计算量大的信息预先计算好并存储起来，绘制时只需要调用这些信息即可实现对场景的快速绘制。在预处理时，首先将景物空间剖分成一系列网格，然后对每一网格，计算当视点位于该网格内时沿每一视线方向可见的面片集合（PVS），并存储在数据结构中，当视点在该网格内移动时，场景的绘制可以简化为对该网格中记录的沿给定视线方向潜在可见面片的绘制。

（2）光亮度

光亮度计算是真实感图形生成的重要环节，它决定了画面的最终视觉效果。光亮度计算和光照明模型是密不可分的。光照明模型主要有 Lambert 模型、Phong 光照明模型等。

图形学中常用增量方法来计算光亮度，主要有以下两种方法。

1）Gouraud 明暗处理。Gouraud 明暗处理将曲面表面的光亮度取为近似表示该曲面的各多边形顶点光亮度的双线性质值。其保证由多边形近似表示的曲面上各处光亮度的连续变化，但在相邻多边形公共边界上光亮度的一阶导数不连续，产生马赫带效应。

2）Phong 明暗处理。也称为法向量插值明暗处理，能够正确模拟高光，可以大大减轻马赫带效应。其对多边形顶点处法向量做双线性插值，在多边形内构造一个连续变化的法向量函数，将依据此函数计算的多边形内各采样点的法向量代入光亮度计算公式得到多边形近似表示的曲面在各采样点处的光亮度。

3.4.2 VR-CAD 中多细节程度模型生成技术

（1）网格简化

对于虚拟现实系统，维持一个稳定的具有交互式

特点的帧速率是最重要的。虚拟场景依赖稳定的帧速度使人的活动融入虚拟环境中，以保证人机交互。不稳定的帧速率，特别是帧与帧渲染之间延迟太长，会破坏可视化的连续性。然而数据量本身非常庞大，对其进行可视化本身需要大量的 CPU 时间和内存，同时对虚拟场景的操作也增加了系统的负担。因此，如何提高实时性成为可视化面临的难题。

物体的几何模型常用多边形网格表示（称多面体模型），最典型和最常用的就是用三角面片拟合的多面体模型。一个自然的解决办法就是在不致影响视觉效果或保证物体视觉特征还可以接受的前提下，对物体多面体网格模型进行简化处理，使用较少的三角面片来表示物体。国内外学者已提出了多种网格简化算法，其中以 Hoppe 的累进精简算法使用最为广泛，但是这种精简方法大多用于对静态几何模型进行精简。网格精简算法的类型主要有以下几类。

1）拓扑结构保持型算法/拓扑结构非保持型算法。

① 拓扑结构保持型算法。必须保持模型的拓扑结构（包括局部拓扑结构以及全局拓扑结构），模型的精简不会精简到很低的程度，大多数算法对输入的模型有要求，如果模型包括退化情形（如多边形重叠、边由 2 个以上面片共享等），则不能进行处理。绝大多数的简化算法不属于此类。

② 拓扑结构非保持型算法。不保持模型的局部或全局拓扑结构，精简模型只要其图形生成效果和原模型一致，则可以不保持原模型的拓扑结构。这类算法约束条件较少，因而简化程度较高，在要保持较高帧速率且视觉效果可以一定程度下降时，可以使用这类算法，但是这种精简可以将一个复杂的城堡简化成 1 个面片。

2）自适应细分型/采样型/几何元素删除型。

① 自适应细分型。这种方法首先建立原始模型的最简化形式，然后根据一定规则通过细分把细节信息增加到简化模型中，从而得到较细的 LOD 表示。这种方法不常用，因为在一般情况下构造最初网格的最简模型相当困难，主要用于均匀的网格，如高度场。

② 采样型。这种方法类似于图像处理中的滤波方法，有时不能保持拓扑结构不变。它对原始模型的几何表示进行采样，一种方法是从它的表面选择一组点，另外一种方法是把一个三维网格覆盖到模型上并对每个三维网格单元进行采样。在用第二种方法选择一组点时，又可分为随机点或根据一定规则选择特征点，显然选择特征点方法的近似程度高，但计算量大。

③ 几何元素删除型。通过重复地把几何元素

（点、边、面）从三角形中删除来得到简化模型。这种删除一般有三种情形：一种是直接删除，一种是通过合并两个或多个面来删除边或面，还有一种是对边或三角形进行折叠。删除操作一直进行，直到模型不能被简化或达到用户指定的近似误差为止。绝大多数算法要求对几何元素进行删除时，需要判断几何元素是否可以删减，不要破坏模型的拓扑结构。

3）局部算法/全局算法。全局算法对整个模型或场景模型的简化过程进行优化，而不仅仅根据局部的特征来确定删除不重要的几何元素。主要方法有：Turk 的表面上更新分布顶点的方法，Hoppe 使用全局能量最小化方法，Cohen 提出包络网格以及 Eck 的小波表示方法。

局部算法应用一组局部规则，仅考虑模型的某个局部区域特征对模型进行简化，主要方法有 Schroreder 的顶点删除、Rossignac 的顶点折叠、Hoppe 和 Cueziec 的边折叠以及 Hamann 的三角形删除。详见表 40.7-6。

表 40.7-6　常见的局部算法

算法名称	求解思路
Schroreder 的顶点删除法	指定一个最小的距离阈值，如果模型中某顶点到由该顶点定义的平均平面的距离小于该阈值，则删除该顶点，并采用递归循环分割法对删除顶点后遗留的空洞进行三角剖分，通过调整距离阈值大小可生成层次化模型。Schroreder 算法简单，执行效率高
Turk 的重新布点法	指定一个新模型所包含的顶点数，首先将这些点布置在曲面上，原则是面积大的多边形内多布一些点，曲率变化大的多边形内多布一些点，新点集合中可以包含原模型中的点；第二步生成由新旧顶点共存的网格，即将新点插入到原模型中，修改原模型网格；最后删除模型中不在新点集中的顶点，得到由新布点集合中的顶点组成的简化模型。通过调整新模型中的顶点数，可以生成层次化模型。这种方法仅适用于光滑曲面，且简化模型中引入了新点
Hoppe 的能量函数法	用能量函数（包括距离能量、表示能量及弹簧能量三部分）的变化指导网格简化，通过在能量函数中加入一项表示能量，将网格简化视作一个网格优化过程，通过能量函数中的距离能量变化反映出简化后的模型对原始模型的逼近程度。Hoppe 给出了对三维扫描仪测量的数据模型进行简化的实例，效果十分理想，但算法的执行效率很低
Hinker 的合并共面多边形法	通过找出最大法矢夹角在某一给定值之间的一组多边形，将其局部作近似共面的多边形，把这组多边形合并成一个多边形，对合并后的多边形进行三角剖分
Renzen 的非结构化网格简化法	Renzen 的方法实际上可分为两步：第一步是删除顶点后遗留的空壳体进行剖分；第二步是解决剖分后存在的拓扑不相容问题

（2）多分辨率模型生成

高精度的扫描测绘手段为复杂物体基于多边形网格表示的三维几何建模提供了新的高效手段，但由于采样精度高，由此建立起的三维模型的复杂程度远远超过了当前计算机实时的图形处理能力。如何降低这些模型的复杂程度，减少图形系统需处理的多边形数目，实现实时交互，已经成为计算机图形学研究中的一个重要课题。为此，人们提出了各种方法，细节层次 LOD（Level of Detail）便是其中一种非常有效的控制场景复杂度的方法。

所谓 LOD 技术，就是在实时显示系统中所采用的细节省略（Detail Elision）技术。这项技术首先由 Clark 于 1976 年提出，基本思想是：如果用具有多层次结构的物体集合描述一个场景，即场景中的物体具有多个模型，模型间的区别在于细节的描述程度，那么实时显示时，细节较简单的物体模型就可以用来提高显示速度。实时显示时，模型的选样取决于物体的重要程度，而物体的重要程度由物体在图像空间所占面积等多种因素确定。在计算机图形学中，场景中的物体通常是用多边形网格描述的，因此 LOD 模型的自动生成就转化为三维多边形网格的简化问题。

LOD 模型的缺点是所需存储量大。当使用 LOD 模型进行绘制时，有时需要在不同的 LOD 模型间进行切换，这样就需要生成多个 LOD 模型。此外，离散 LOD 模型无法支持模型间的连续过渡。为此，人们开始研究多分辨率模型。

严格地讲，多分辨率模型是指一种紧凑的模型表示方法，从这个表示中可以生成任意多个不同分辨率的模型。一个典型的代表是 Microsoft 公司的 Hoppe 提出的累进网格。不过，由于有些网格简化方法能够生成连续的 LOD 模型，因而在一些文献中，也把这类模型统称为多分辨率模型。LOD 的关键技术不外乎以下问题：

1）数据的存储布局。数据在内存中的布局必须要方便算法的实现，同时最好还要降低操作系统缺页中断的次数，也就是降低内存和外存之间数据交换的次数。

2）如何在生成连续的 LOD 化的模型网格。在模型 LOD 化过程中，要让两个由不同程度的细节的区域之间能平滑地过渡。

3）节点评价系统。这个系统必须使生成的网格能尽量减少几何形变，尽量使画面质量能接近全分辨率时候的模型，同时还要保证实时性。

3.4.3　VR-CAD 系统中的复杂场景实时漫游技术

三维导航的目的是使设计者能方便地改变观察产品模型的方位，以对产品模型的某一局部进行细致的观察、分析，可以深入到模型的内部，查看模型的内部细节。一个恰当的导航机制有利于设计者快速、自然地达到想去的任何位置。

（1）相机模型

相机模型在计算机图形学上已有相当深入的描述，但虚拟现实技术的相机模型，要考虑到两眼的视图。

图 40.7-28 所示为相机模型图，其中除了单眼视图的所有参数外，还增加了左右眼的视差（Parallax）参数，对于非对称立体视图，还要有收敛距离（Convergence Distance）等参数。

相机模型的主要操作和语义见表 40.7-7。

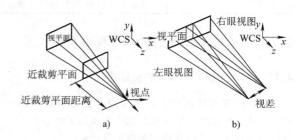

图 40.7-28　相机模型

a）单眼视图　b）双眼立体视图

表 40.7-7　相机模型的主要操作和语义

相机操作	语　　义
Dolly：移动相机	目标点不变，沿视线方向移动视点
Orbit：盘旋	目标点不变，视线绕目标点旋转
Track：来回移动镜头	同时移动视点和目标点
Roll：翻滚	视点和目标点不变，改变转角
Zoom：推拉镜头	视点和目标点不变，转角不变，只改变视角，分为推镜头（Zoom in）和拉镜头（Zoom out）

（2）三维导航机制　设计并建立高效的场景数据树后，为便于设计者在虚拟环境中方便地调整观察方位，防止在虚拟环境中迷失，可以采用基于语音、三维鼠标、虚拟手套等设备的三维导航操作，具体操作名称及内容见表 40.7-8。

表 40.7-8　三维导航操作的名称及内容

操作内容	操作方法
设置默认相机参数（Default）	在设计某一具体的模型时，总有一个观察位置和方向较适合于该模型的观察和分析。可以将此状态下的各种参数，设置为相机的默认参数。这种参数的获取一般可以采用计算或者在虚拟环境的漫游结果中取得，用语音输入到系统中
相机默认参数的重置（Reset）	默认的相机参数可以非常方便地观察、分析物体，但用户在设计中需要经常转换位置和视角来建模，当视角变化后，用户可能迷失在虚拟环境中，需要重新回到初始状态，这种功能非常重要
设置地标（Landmark）	如果设计者觉得某一观察位置、方向较有利于对模型的观察分析，可以将其设置为地标。地标的作用是储存当前的视点、视线方向等相机参数，使设计者很容易获得某一位置的视角模型
基于三维鼠标的漫游	三维漫游的本质是在三维空间如何操纵立体相机模型。利用三维鼠标多自由度的优点，可以这样来实现三维空间的漫游：语音命令发出三维漫游指令，就可以通过移动三维鼠标控制视点。定义好三维鼠标各个键的功能，获取用户按的键，确定用户漫游的方向，漫游速度可以用语音命令来给出
基于语音的漫游	设定语音操作语句，解析后即可用于漫游。例如发出开始漫游命令，可以定义前进、后退、左转、右转，还可以精确到前进多大距离，转动多大角度，就可以方便地在三维空间中漫游
基于手势的漫游	结合语音操作来确定漫游命令和漫游速度等，用手势来确定漫游方向、视角等
推拉镜头（Zoom）	镜头的推拉是通过改变视角来实现的，将三维鼠标的往前移和往后拉对应推镜头和拉镜头，即三维鼠标前移用于缩小视角，而后拉用于放大视角

（续）

操作内容	操作方法
物体聚焦（Focus）	物体聚焦功能将视线聚焦到某一选定的物体上，也就是使物体显示在视角中心。这不仅有利于对该物体进行细致的观察，而且将显著提高该物体相关的三维造型操作的效率。物体聚焦是通过改变视线方向和视角来实现的，依据物体的大小、位置和相机当前的位置，自动调整视线方向和视角的大小，以使物体显示在中心
翻滚（Roll）	与 Zoom 操作类似，将三维鼠标绕某一轴的旋转角度用于控制镜头的视角，从而使得翻滚操作更加直接、自然
动态观察	通过对预先设置的地标进行插值，可以生成相机的运动轨迹，对相机的运动过程进行仿真。在动态观察过程中，设计者沿着定义的路径观察系统的物体，可以发现模型的合理性和设计缺陷

4　应用于虚拟设计的科学计算可视化技术

4.1　科学计算可视化技术概述

科学计算可视化技术是虚拟设计的重要技术基础，该技术与虚拟现实技术的融合可实现工程分析数据沉浸可视化，从而真正实现虚拟设计。

（1）科学计算可视化

科学计算可视化（Visualization in Scientific Computing），指的是运用计算机图形学和图像处理技术，将科学计算过程中及计算结束后产生的数据转换为图形或图像在屏幕上显示出来，并进行交互处理的理论方法技术。

科学计算可视化是计算机图形学的一个重要领域，它的核心是将三维数据转换为图像，涉及标量、矢量、张量的可视化，流场的可视化，数值模拟及计算的交互控制，海量数据的存储、处理及传输，图形及图像处理的向量及并行算法等。目前广泛应用于医学及医疗、地震勘探、气象预报、分子结构、流体力学、有限元分析、天体物理、海洋观察、地理信息、洪水预报、环境保护等领域。

（2）工程分析数据沉浸可视化

随着虚拟样机技术的发展，如何应用科学计算可视化技术来表达虚拟样机的功能、性能显得尤为重要。虚拟现实技术的融合更为科学计算可视化带来了新的应用领域。所谓工程分析数据沉浸可视化是指融入虚拟现实技术的工程分析数据可视化。利用这种沉浸可视化的方法来显示工程分析数据，有助于使设计者更直观、更准确地理解数据，更快速、容易地找出设计中存在的问题，从而加快产品设计开发的周期。

工程分析数据可视化系统的意义在于以下因素：

1）诸如 MSC/Nastran、ANSYS 等工程分析软件，虽然提供了对分析结果进行后处理的可视化模块，但是可视化功能仍有限，使设计者难以发现大型、复杂模型中的细小、隐蔽问题。

2）一个产品的开发往往需要考察多种性能，各种不同的性能需要不同的分析工具实现，将多种分析数据集成在一起，使得人们认识产品的性能是站在一个全局的视图上，而不是局部。

3）虚拟现实技术的引入，使得人们认识产品性能提高了一个层次，现有分析软件都不能接入虚拟现实技术。

（3）科学计算可视化研究层次

科学计算可视化按研究需要可以分为以下三个层次：

1）科学计算结果数据的后处理。将计算过程和可视化过程分开，在脱机状态下对计算的结果数据或测量数据实现可视化。由于不要求实时地用图形、图像显示数据，因而这一层次的可视化功能对计算功能的需求较之下面两个层次要低一些。

2）科学计算结果数据的实时处理和显示。在进行科学计算的同时，实时地对计算的结果或测量数据实现可视化。这一层次的功能较之上一层次需要更强的计算能力。

3）科学计算结果数据的实时绘制和交互处理。在这里，绘制（rendering）指的是由物体的几何模型生成屏幕图像的过程。这一层次的功能不仅能对数据进行实时处理和显示，而且如有必要，还可以通过交互方式修改原始数据、边界条件或其他参数，使用户对计算结果更为满意，实现用户对科学计算过程的交互控制和引导。很显然，这一层次的功能不仅要求计算机硬件具有很强的计算能力，而且要求可视化软件具有很强的交互功能。

4.2　数据模型准备

工程设计过程中，大量应用到三维 CAD 模型，典型的 CAD 面模型是通过数学方法进行描述的，通常都会利用非均匀有理 B 样条曲线（Non-Uniform Rational B-Splines，NURBS），这种描述方法有利于对设计曲面进行操纵与修改。NURBS 曲面具有极好的连续性，多边形网格曲面虽然也能保持一次连续性，但面与面之间存在棱边，利用 NURBS 的方法能将数据存储在更小的内存空间和更小的文件中。通常一个完整的模型不是由一个 NURBS 曲面构成的，而是通过多个 NURBS 曲面连接而成，这样每一个 NURBS 曲面被称为 NURBS 块。这些模型一方面用于几何外形、结构设计，一方面用于分析（CAE）。而虚拟现实环境中的模型是基于面的模型，并非是 NURBS 曲面，需要将 CAD 的表面或实体模型数据格式转换成多边形面片，以满足虚拟环境中场景的实时绘制需求。这种转换通常会导致在计算出的网格中出现边界处面片的不连续、错误的面法矢和一些洞孔，基于多边形的数据格式转换在工程虚拟现实应用中是一件非常重要的工作。

目前大多数 CAE 分析软件工具的数据（标量或矢量数据）可视化方式还只限于三维数据的二维投影，不是特别直观，因此也有必要在虚拟环境下进行 CAE 数据的沉浸可视化。因而也同样存在 CAE 数据到虚拟环境的转换。

如图 40.7-29 所示，通过 CAD 软件造型后的三维数据需要进行数据格式的转换和数据量的精简；经 CAE 计算后得到的标量或矢量数据也需经过适当的转换，转换成满足虚拟环境需求的一些较为通用的数据格式，常见的有 VRML 等。

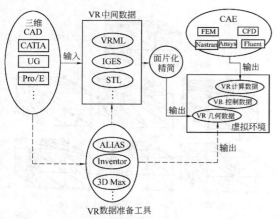

图 40.7-29　到虚拟环境的数据转换与准备

4.2.1　CAD 数据的精简

将基于 NURBS 的 CAD 数据转换成多边形的数据，是一个网格化的过程，为了能更逼真地表现出模型，通常将产生成千上万的多边形。对于现今的计算机硬件水平，有必要将多边形的数量控制在 10000～80000 个之内。这种精简是非常必要的，在虚拟现实环境中，如果需要产生一个具有沉浸感的场景，必须保持每秒 10～25 帧的计算速度。

对于 CAD 数据，存在两种不同的渠道来限制多

边形的数量。数学上的任意形式的曲面不存在一个统一的多边形描述的方法，因此，一个可行的方法是在网格剖分时，选择一个适合的网格数量，从而使得到的多边形不会超过某一特定的数量值。大多数 CAD 系统也允许定义基于多边形的数据格式，但是如果没有一个多边形的精简算法就无法对这种数据进行删减。而且，多数情况下，这种基于多边形的数据精简算法也能应用于其他众多领域。通过高质量的网格划分，先得到一个精确的多边形面片的模型，然后将其删减以控制其复杂程度。如图 40.7-30 所示，对驾驶员座椅进行多边形精简，多边形数据由原来的 3517 缩减为 1957，外观并无太大变化，但更能满足虚拟现实实时性的要求。

目前已有不少常用商品化软件具有数据删减的功能，但对一些特殊定义格式的 CAD 数据，还是需要特定的数据精简工具来完成数据的简化。本节只讨论边界缩叠法的实现，这种方法通过反复应用简单的边界缩叠操作来达到降低模型复杂度的目的。如图 40.7-31 所示，在这种操作中，两个节点 u 和 v（边界 uv）被选中，其后 u 被"移动"或"缩叠"到另一个节点上（在本例中设为 v）。

操作步骤如下：

1）删去所有既包括 u 又包含 v 的节点（也就是删去边界 uv 上的三角形）。

2）将所有包含节点 u 的剩下的多边形更新为用节点 v 替代 u。

3）删去节点 u。

反复进行这一操作直到达到所需要的多边形数。在每一步中，通常删去一个节点、两个面和三条边。图 40.7-32 所示为一个边界缩叠操作的例子。

生成低多边形模型的关键是选择的缩叠边界应尽可能少地改变模型的外观。研究者提出了各种各样的方法来决定每一步所应缩叠的"最小代价"的边界。以下介绍一种简单而快速的选择方法，可以得到相当好的低多边形模型。

很明显，首先去掉小细节是可行的。需要注意，接近共面的表面需要较少的多边形来表达，而高曲率的表面需要较多的多边形，故用边界长度乘以曲率项来定义缩叠边界的代价。缩叠边界 uv 的曲率项是通过比较表面法向量的点积以找出与 u 相邻而离沿 uv 的其他三角形最远的面。式（40.7-1）以更正规的形式显示了边界代价公式。

$$\text{cost}(u, v) = \|u - v\| \times$$
$$\max_{f \in T_u} \{\min [(1 - f.\text{normal} \cdot$$
$$n.\text{normanetuvl}) \div 2]\} \quad (40.7\text{-}1)$$

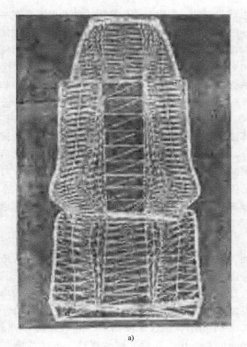 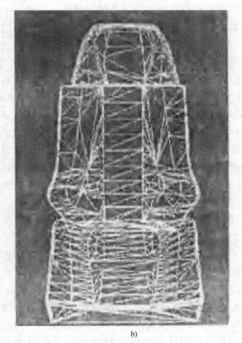

a)　　　　　　　　　　　　　　　b)

图 40.7-30　驾驶员座椅进行多边形精简前后的对比
a）简化前　b）简化后

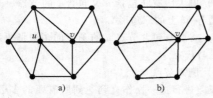

a)　　　　　　　b)

图 40.7-31　最简单的边界缩叠操作
a）操作前　b）操作后

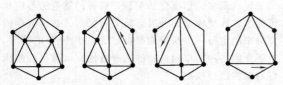

图 40.7-32　边界缩叠操作的例子（从左到右共三次缩叠）

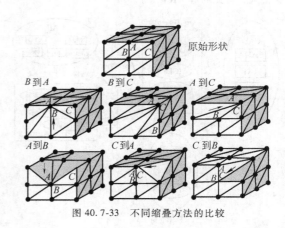

图 40.7-33　不同缩叠方法的比较

从式 40.7-1 中可以看出，这一算法在决定缩叠边界时兼顾了曲率和大小。需要注意，将节点 u 缩叠到节点 v 与将节点 v 缩叠到节点 u 的代价是不同的。此外，这个公式对于沿棱的缩叠是有效的。如图 40.7-33 所示说明了这个问题。很明显，在平面中点的节点 B 可以缩叠到 A 或 C，顶点 C 应该保留。如果把上棱边的节点 A 缩叠到内部节点 B 效果将很差，但是，A 可以沿棱边移到 C 上面，不影响整个模型的形状。

4.2.2　CAD 数据的转换

工程分析中的 CAE 计算仿真分析如 FEA、CFD 等产生的仿真数据，种类繁多，不同的软件系统会有不同的数据定义方式，见表 40.7-9 和表 40.7-10。

由于现有科学数据的种类繁多，数量大，因而把所有的数据都转换为一种标准格式是不现实的。然而，为方便在不同的应用系统之间进行数据交换和共享，仍然有必要建立标准的科学数据格式。目前，研究人员已提出多种数据格式，其中常用的有层次数据格式 HDF（Hierarchical Data Format）、公共数据格式

CDF（Common Data Format），还有网络公共数据格式 NetCDF 等，见表 40.7-11。HDF、NetCDF 等数据格式是通用的数据格式，通用性在带来广泛兼容性的同时，必然在用于特定目的时（如仅矢量场可视化）产生效率低下，或至少不是最优的问题。

表 40.7-9　有限元分析（FEA）软件产生的数据格式

软件工具	数据格式
ABAQUS	Direct 格式 for binary 或者 ascii. fil 文件
ANSYS	Direct 格式 for binary. rst、. rth、. rmq、. rfl 文件
FENSAP	可以输出多种文件，用户自定义读取
I-DEAS	Translator for I-DEAS Universal file
LS-DYNA	用户自定义格式 for PLOT3D 文件
MSC/Dytran	用户自定义格式 for MSC/Dytran archive（. arc）文件
MSC/Nastran	用户自定义格式 for binary OP2 文件
PATRAN	Converts PATRAN neutral 文件 to MOVIE. BYU 格式
ADAGIO	可以输出多种文件，用户自定义读取
ALEGRA	可以输出多种文件，用户自定义读取

表 40.7-10　计算流体力学（CFD）软件产生的数据格式

软件工具	数据格式
CFD++	Exports EnSight Case 格式
CFD-ACE	DTF 格式
CFD-FASTRAN	DTF 格式
CFDESIDN	TECPLOT 格式
FAST Unstructured	NASA FAST unstructured 格式
FIDAP	FIDAP neutral（FDNEUT）文件
FINE/Aero	PLOT3D 或者 CGNS 文件/格式
FINE/Turbo	PLOT3D 或者 CGNS 文件/格式
FIRE	Code EnSight 格式
Flow-3D	用户自定义格式 f 或者 FLOW-3D results（flsgrf）文件
FLUENT	Converts Fluent Particle file to EnSight 格式
POAM	Contact developer（Imperial College）
PHOENICS	PLOT3D 文件/格式/ensight
PLOT3D	Direct 格式 f 或者 PLOT3D and FAST structured f 或者 mats
STAR-CD	Code EnSight Casefile

FEA 软件（Ansys、Nastran、Patran、Dytran 等）以及一些计算流体力学软件（STAR-CD、FLUENT、CFX）等产生的数据有矢量场数据也有标量场数据，这些数据往往满足某些特定要求，如果不进行二次处理，难以满足虚拟环境中的可视化要求。通过仔细分析上述数据的结构类型，在通用的数据标准 VRML、

PLOT3D、NetCDF、VTK 以及 XML 的基础上，构建了面向矢量场和标量场通用的可以扩展的数据交互标准，可视化的数据应能满足下述要求（部分或全部）。

表 40.7-11　一些通用数据格式

数据格式	描　　述
ENSIGHT5	Original, unstructured EnSight format
CASE（ENSIGHT6）	Native EnSight formats
HDF	NASA 层次数据格式标准
MOVIE. BYU	MOVIE. BYU 格式
NetCDF	NASA 通用网络数据传输标准
POLY-3D	变形数据格式
SILO	SILO API 通用读取数据标准
STL	STL 几何数据格式
TECPLOT	TECPLOT 结构和非结构数据标准
Telluride	EnSight 格式
VTK	Visualization toolkits 数据格式
PLOT3D	NASA 数据格式（二进制/ASCII 格式）
XML	扩展标志语言,通用的数据交换标准
VRML/X3D	网络图形交互标准

1）提供读/写数据的一般方法。

2）对数据进行有效组织，以方便数据的处理。

3）用户可接受的响应时间，用户能与数据交互。

4）数据管理和单纯的数据访问分开。

5）冗余性控制。

6）能更改传递，避免不一致。

7）存档设施。

8）安全性策略。

9）数据完整性的维护。

4.3　科学计算可视化的基础技术

4.3.1　可视化数据的组织形式及物理分类

科学计算可视化的数据由有限空间内的离散采样数据点构成，每个采样点上的采样值代表在该点上的一个或多个物理属性值。可视化处理的数据可分为三类，见表 40.7-12。

根据数据的类型进行划分，数据场可以分为标量场和矢量场。标量场是指数据只有大小而无方向的数据场，比较常见的有密度场、温度场等，标量场的可视化主要是揭示各分类物质的空间分布；矢量场（也称向量场）数据不仅有数值的大小，还有方向的变化，典型的矢量场是流场。矢量场的可视化除了揭示各类物质的空间分布外，还要反映其变化的趋势。

表 40.7-12　可视化处理的数据分类

类别	分类标准	举　　例
第一类	来自对现实世界的测量结果	如医学上的计算机断层扫描（CT）数据和核磁共振（MRI）数据
第二类	来自对现实世界进行模拟计算产生的数据	如工程上有限元分析和计算流体动力学的方法产生各种模拟数据
第三类	来自对现实世界相关的物理量进行计算处理后产生数据	如工程中常用变换域计算的结果，如信号处理中的离散傅里叶变换（DFT）、离散余弦变换（DCT）、离散小波变换（DWT）等

4.3.2　矢量场数据可视化流程

可视化的流程一般分为四个步骤：数据生成、数据精炼及过滤、数据映射和绘制，如图 40.7-34 所示。

（1）数据生成

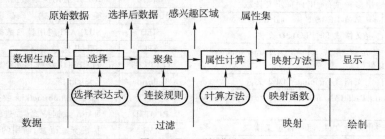

图 40.7-34　可视化流程

矢量场数据通常由计算流体动力学仿真数值模拟或者科学实验产生，目前的数据格式有很多种，比较常用的是 PLOT3D、AVS、NDF、CDF 格式。

（2）数据精炼及过滤

矢量场包含大量的数据，经过选择、聚集，或者属性计算后，既可以减少数据量，又可以最大限度地减少有用信息的丢失。需要对数据进行消除噪声、参数域变换和法向计算等。

（3）数据映射

将处理后的数据转换为可以绘制的几何图素和属性，或者转换成其他感官可以认知的信息，如声音等。映射是整个可视化系统的核心，主要包括如何用形状、光亮度、颜色以及声音等属性来表示原始数据中人们感兴趣的性质和特征。

（4）绘制

将产生的几何图素或者声音音符转换为可供显示的图形、声音，图形所用的方法是计算机图形学的基本技术，如透视变换、光照计算、隐藏面消除等；声音显示提供被人感知的、乐于接受和可理解的声音流，经常需要将声音转换为乐音。

4.3.3　矢量场特征可视化

目前工程计算的数据规模呈指数级增长，矢量场更是蕴含惊人的数据量和维度，显示大规模矢量数据蕴涵的所有信息非常困难。虚拟现实系统虽然具有强大的计算能力和图形显示能力，但是即使最高档次的计算机也不能应付目前的工程需要。虚拟现实要求很高的沉浸感、实时的交互性，延迟会破坏虚拟现实营造的真实感，因此基于特征的可视化显得尤为重要。基于特征的可视化是指计算数据作子集选择、结构分析、特征提取，显示典型特征、关键结构、局部变化或用户感兴趣区域。

目前最常用的特征可视化技术是基于拓扑结构分析的，斯坦福大学的 J. Helman 和 L. Hesselink 首先提出基于拓扑结构来揭示、分析矢量场结构的理论和技术，指出矢量场拓扑由关键点、连接关键点的积分曲线和曲面组成。

4.4　矢量场数据的沉浸可视化关键技术

沉浸虚拟现实（Immersive VR）给人一种身临其境的感受，人融入在计算机创建的虚拟世界中。当人们沉浸在一个大的视野中，伴随三维声音、带力反馈的交互、逼真的表面纹理和材质，有助于人们对环境的感知和对计算机提供的上下文信息进行理解，辅助空间判断等。

高速计算环境的成熟使得研究人员有更大的空间对复杂工程进行性能仿真，许多复杂的现象因此能够获得研究，尤其是对复杂流场的计算成为可能。科学计算可视化在三维矢量场上的探索使科学家和工程师在洞察工程问题时看到了曙光。科学计算可视化本身不是终点，而是整个科学任务的一部分。它将复杂的数据进行可视化,用来寻找模式、特征、关系、异常和相似形等问题,使原来不易观察的现象有了直观的观察方式。然而工程产生数据的能力超过理解数据的能力,这种差距正在扩大,因此需要寻找一种办法让人参与在可视化的循环中(Human-in-the-loop Visualization)。计算机在仿真、数据过滤、数据精简上占有优势,而人具有高度发达的模式识别能力,可以看透纷繁复杂数据中的特征与异常。

融合虚拟现实技术和科学计算可视化,称为沉浸可视化(Immersive Scientific Visualization),当观察者进入计算可视化后的虚拟环境,可形成良好的沟通环境,自然、直观的可视化方式帮助人更清楚地了解事物的内部特性。通过使用多种辅助视图来提供全局数据的上下文提示,可以更自然、更快捷地理解三维或多维数据,以人为中心来判断三维空间将变得自然,可以识别和理解三维结构,同时立体的三维深度信息使得矢量的空间判断非常容易。

尽管科学计算可视化的研究很早,但是可视化技术与计算机图形技术的发展并不同步。早期认为点、线等几何图标因为其指向的二义性以及图标的相互叠聚集,无法清楚表达矢量场,然而随着虚拟现实技术、人机交互技术的逐渐成熟,点、线图标的表达被实践证明非常适合在虚拟环境下表达矢量场。立体显示技术将指向的二义性和图标重叠比较好地解决,相反以纹理映射的矢量场表现方法却受到限制。究其原因,是因为视觉的沉浸依赖图形深度暗示、线积分卷积等方法,虽然较好地表示了某个截面的矢量场结构,但是只能看到其外部,不能透视其内部。正是在这种背景下得到启发,研究融合虚拟现实的矢量场可视化的最佳表达方法,如流线、流管、流面、流球以及三维实体图标。

相应的算法有:适合各种网格单元的自适应步长快速流线生成算法;流面生成算法;颜色映射方法等。

5 虚拟概念设计

5.1 虚拟概念设计概述

5.1.1 概念设计在产品设计阶段的重要性

概念设计处于产品设计的早期,目的是提供产品方案。研究表明,产品大部分成本(约 60% ~70%)在概念设计阶段就已确定。概念设计不仅决定着产品的质量、成本、性能、可靠性、安全性和环保性,而且产生的设计缺陷无法由后续设计过程弥补。但是,概念设计对设计者的约束最少,具有较大的创新空间,最能体现设计者的经验、智慧和创造性。因此,

概念设计被认为是设计过程中最重要、最关键、最具创造性的阶段。

概念设计的内涵可用图 40.7-35 来表示。一般认为,概念设计是指以设计要求为输入、以最佳方案为输出的系统所包含的工作流程。通常,概念设计输入功能要求输出结构方案,因此,它是一个由功能向结构的转换过程。概念设计的基本过程包含了综合与评价两个基本过程。综合是指由设计要求推理而生成的多个方案,是个发散过程;评价则从方案集中选择出最优方案,是个收敛过程。

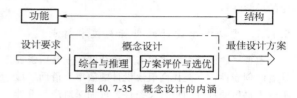

图 40.7-35　概念设计的内涵

概念设计具有创新性、多样性和递归性的特点;从设计对象看,概念设计又具有层次性和残缺性的特点。其中,创新性是概念设计的本质和灵魂。虚拟设计为概念设计提供了一个良好的服务平台,虚拟概念设计可使设计者在可视、可听、可触、可闻等多感知的环境下,进行产品的概念设计,极大地提升了设计者的创造性。

5.1.2 虚拟概念设计的定义

虚拟概念设计(Virtual Conceptual Design)是指将虚拟设计相关技术与概念设计结合起来,用于在虚拟环境下进行产品概念设计的方法。虚拟概念设计是根据用户对新产品的各项需求信息,通过在数字世界中构建产品的技术方案,并通过仿真及性能优化确定最佳方案的一种数字化概念设计方法。按照人机交互感知的多少,可以将虚拟概念设计分为基于虚拟现实技术的概念设计平台和基于 CAX(CAD/CAE/CAPP/CAM)技术的概念设计平台。

(1)基于虚拟现实技术的概念设计

基于虚拟现实技术的概念设计是将虚拟现实技术与概念设计内容紧密结合起来,用于在虚拟的环境下进行产品的概念设计,包括虚拟概念的产生以及虚拟构型的创建等内容。在虚拟现实概念设计系统中,产品设计工程师采用语音识别和手势跟踪的交互系统代替了传统的鼠标、键盘,使人机交互更直观、更自然。其核心技术包含了两方面内容,即概念可视化以及虚拟人机交互。随着与虚拟现实技术相关的硬件和软件技术的不断进步,在虚拟环境下将产品开发、设计、评价一体化已经成为学术界和工业界的一个热点问题。

(2)基于 CAX 技术的概念设计

基于 CAX 的概念设计是在现有 CAX 技术的基础上,结合计算机辅助推理技术进行概念设计的方法。借助于三维虚拟的设计环境,设计者可以方便地操纵产品和零件,进行各种形状的建模与修改,从而更加科学地确定产品的设计方案,并增强了设计者的创造性。与基于虚拟现实的、具有沉浸性的概念设计系统相比,基于 CAX 的概念设计系统在感知上通常仅具有可视性,另外用户的参与程度也不如虚拟现实概念设计系统高。但是 CAX 概念设计系统所需的软硬件投入远低于虚拟现实概念设计系统,其应用上具有一定的灵活性。

5.1.3 虚拟概念设计的目标与技术特点

虚拟概念设计系统主要有两个功能,一是增强设计者的创新性,二是提高概念设计的效率。借助于虚拟技术提供的良好的可视化条件,可加深对产品设计方案的理解,从而极大地增强了设计者的创新性。借助于虚拟概念设计平台,设计者又可以快速搜寻可行方案或快速表达出自己的设计意图,从而加速了概念设计的进程,提高了效率。为此,虚拟概念设计的目标可以描述为:为提升设计者的创造性、提高概念设计的效率,采用各种数字化手段,构建满足性能要求的概念设计平台。

虚拟概念设计过程不同于传统概念设计,具有 3 个显著特点,如图 40.7-36 所示。

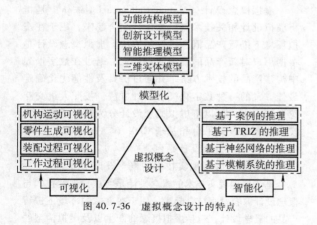

图 40.7-36 虚拟概念设计的特点

(1) 概念设计模型化

在虚拟概念设计过程中,模型是概念设计系统处理的主要对象。推理系统、仿真系统均依靠模型来获得最终的设计结果。在虚拟概念设计系统中,涉及的模型包括功能结构模型、创新设计模型、智能推理模型以及用于性能仿真的三维实体模型。

(2) 设计过程可视化

在虚拟概念设计过程中,设计过程可视化是其最重要的特点。不同于传统的概念设计,设计人员借助于虚拟概念设计系统,可以将自己的设计思想通过可视化的模型以及可视化的仿真拟实地表达,从而更加便于设计者之间以及同用户的交流。涉及的可视化内容包括机构运动、零件生成、装配过程、工作过程等。

(3) 推理过程智能化

在虚拟概念设计过程中,经验以及简单的类比将不再是概念设计的主要手段,代之以智能化的推理。智能化的推理是借助于人工智能技术来实现机械产品的方案设计。通过智能化的推理将确定最优的设计方案,从而增强产品的竞争力。概念设计过程中的智能推理涉及基于案例的推理、基于 TRIZ 的推理、基于神经网络的推理、基于模糊系统的推理等。

5.2 虚拟概念设计系统

5.2.1 基于虚拟现实的概念设计系统

为了充分发挥设计者的创造性,人们开始把虚拟现实技术引入 CAD 系统中进行概念设计,将虚拟现实技术和概念设计有效结合起来,利用丰富直观的交互手段,在虚拟环境中进行概念设计,从而节省产品精确描绘和尺寸定义的时间,这就是基于虚拟现实技术的计算机辅助概念设计,即虚拟概念设计。

基于虚拟现实的概念设计系统强调以可视化、三维交互来实施概念设计。近年来,国外一些研究人员在这方面做了大量探索性的工作,并开发研制出了一系列虚拟概念设计系统,见表 40.7-13。

表 40.7-13 典型的虚拟概念设计系统

系统名称	研制单位	特点
Design Space 系统	斯坦福大学	该系统通过在一个网络化的虚拟环境中使用语音和手势,允许进行概念设计和装配
Conceptual Design Space 工程	佐治亚理工学院	允许进行三维的建筑空间设计
3-Draw 系统	伊利诺依芝加哥分校	使用三维的输入装置,让设计人员在三维空间"草绘"出其构思
JDCAD	JDCAD	使用一对三维输入装置和三维用户交互菜单,允许用户进行零件的设计
COVIRDS 系统	威斯康星大学	采用语音识别和手势跟踪的交互系统代替了传统的鼠标和键盘,使设计者可在一个三维虚拟环境中创建和修改三维形体

（1）虚拟概念设计系统的实现方法

虚拟概念设计系统克服了传统概念设计的种种缺陷，利用虚拟现实技术为设计者提供了基于语音识别和手势跟踪的输入方式，设计者可以方便地在三维虚拟环境中操纵产品及零件，进行各种形状建模和修改，具有很高的推广和实用价值。

一般的虚拟概念设计系统都是采用客户机/服务器的结构模式，用一个基于 Windows 系统的 PC 处理数据输入工作，几何建模和输出部分的任务却是在SGI 工作站上运行。虚拟概念设计的系统框架结构如图 40.7-37 所示。

创建基于虚拟现实的概念设计系统需主要处理好两方面内容，分别是虚拟现实环境下的概念可视化和虚拟现实环境下的人机交互。

1）虚拟现实环境下的概念可视化。概念可视化是指设计者透过画面或者模型，将市场的需求转换成可视化的具体形态。概念设计是否能符合目标用户的要求，"眼见为凭"的图面或者模型是最具有说服力的。因此要对物体/场景按照需要进行 2D/3D 的建模研究。

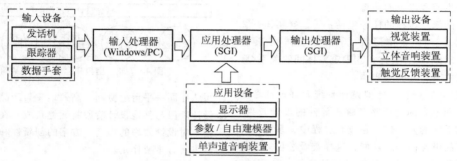

图 40.7-37　虚拟概念设计系统框架结构

2）虚拟现实环境下的人机交互。和谐的人机交互环境是有效实施虚拟概念设计的基础，随着虚拟现实技术的发展，三维交互、触觉感知、语音识别、手势识别等技术均可以应用在概念设计中。用户借助必要的设备以自然的方式与虚拟环境中的对象进行交互作用、互相影响，产生等同于真实环境的感受和体验，从而促使设计者产生创新性设计思维。

（2）应用虚拟概念设计系统进行产品设计

在基于虚拟现实的概念设计系统中进行产品设计，与传统的方法有着显著的不同。下面以零件概念设计为例加以说明。

一般说来，设计者在产品零部件的概念设计中要进行三大类基本活动：生成，修改，查看。"生成"是指零件从无到有的设计活动；"修改"是指对现有零件的更改；"查看"是指对设计结果从不同方向、不同角度的考察。这三个基本活动相互影响，缺一不可，构成了零部件的概念设计。设计者可以利用虚拟现实技术提供的诸如语音识别、手势跟踪、立体视觉、听觉、触觉等丰富的感知功能和交互手段，完成零部件的快速概念设计。

1）零部件的生成。零件是产品的最基本单元，一般包括各种形体属性。在生成一个零件时，设计人员向系统发出语音命令，系统就会根据命令提供一个具有默认尺寸的形体，然后便可在其上添加不同的属性，可设定零件或属性的尺寸、位置和方向，这样属

性就被添加到零件上，零件即可生成。虚拟现实技术可以使一些不符合形体标准的形状属性的生成更加方便，如自由曲面，设计者可以实时地向计算机"表述"，即用双手像进行泥塑造型一样在设计空间来回运动，塑造自由曲面直到满意为止，这时就用到了触觉反馈系统。

部件的生成涉及对现有零件或小部件的修改、平移、旋转和组合的过程。虚拟现实接口为设计者提供了更为直观的部件生成手段。设计者可以用双手拿住两个零件或小部件，使它们的接合面靠近，等靠近到一定程度时，发出组合的语音命令，这样计算机就把它们组合成新的部件。

零部件的生成过程包含如下几种任务：①生成默认实体/调用已有实体；②调整实体尺寸/调整实体形状；③移动实体/旋转实体；④组合实体/拆分实体；⑤限定实体间的关系/修改实体间的关系。这里的实体指的是一个或多个参数尺寸、相对关系、点、棱、面、属性、零件或部件。

2）零部件的修改。零部件的修改主要是指对其形状、尺寸、位置以及属性间关系的修改。在进行修改时，首先要选定接受修改的实体，对于简单的几何体可以在它的上面标明实体的编号，设计者可以直呼其编号进行选择。对于复杂的几何体，一般要隐藏实体编号以减少环境的混乱，设计者可利用虚拟现实技术提供的手势跟踪技术，直接用手指向实体并辅助语

音命令来选择。当一个实体被选中后,便可以利用眼、手的运动和语音命令进行修改。例如,要改变阶梯轴中某段轴的长度,设计者可以选择该段轴的长度尺寸,发出如"将长度改为50mm"的语音命令,也可直接用手将轴拉伸或压缩到理想尺寸。部件的修改涉及装配关系的改变,包括诸如从部件上选择零件、拆卸零件、将拆下的零件删除或安装到其他位置上等,与在真实环境中修改零件属性的过程相似。需要注意的是,在部件的修改过程中,一般要对现有的零件进行修改和生成新的零件,可以说,零件的生成和修改是部件生成和修改的子集。

零部件的修改过程的任务包括:①选择实体;②调整实体尺寸/调整实体形状;③移动实体/旋转实体;④组合实体/拆分实体;⑤限定实体间的关系/修改实体间的关系;⑥删除实体。

3)设计效果查看。虚拟设计系统允许设计者从不同的方向和不同的角度来考察零部件的设计效果。为了不增加系统的复杂性,在查看过程中,系统一般不提供对产品设计的修改功能,这样查看过程只涉及两项设计任务:①零件、部件属性的选择;②零件、部件属性的查询。查询是指对设计对象某个方面信息的询问。例如,通过询问来断定属性在零件上的位置,设计者可以结合手势跟踪发出"位置"这样的语音命令,接着系统就会有语音输出或用视觉反馈来回答设计者的询问。

5.2.2 基于 CAX 软件平台的概念设计系统

基于 CAX 的概念设计系统是将传统的 CAX 技术与概念设计方法学相结合,创建具有可视性、智能性、快捷性、方便性的新型概念设计系统。可以按照如图40.7-38 所示的三层架构,来构建基于 CAX 的概念设计平台,分别为概念设计方法学层、计算机应用层(包括应用基础层和应用技术层)和综合实施层。

(1)概念设计方法学层

概念设计的灵魂在于创新性和人性化,只有以技术美学为根基,使审美和实用相结合的设计,只有让用户全程参与概念设计,设计者挖掘用户潜在需求并超越用户导向的设计,才是最能创新的设计,才是最具有人性的设计。其中设计心理学、设计信息学、设计符号学、人机工程学、设计管理学等是概念设计方法学的重要支撑内容。

(2)计算机应用层

随着智能概念设计技术、需求驱动概念设计技术、网络化设计技术等的进一步发展,虚拟概念设计系统将向数字化、智能化、网络化的方向发展,其交互方式将更加自然,可以支持用户和设计师以及设计

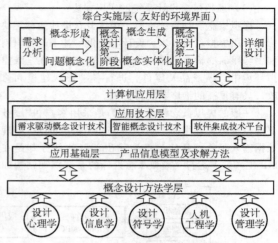

图 40.7-38 虚拟概念设计体系结构图

团队在同一平台上协同、高效地参与产品创新;概念设计阶段与其他设计阶段将无缝集成,在产品设计过程中对设计效率的提高、方案的创新性和人性化的提升将具有重要作用。

(3)综合实施层

概念设计阶段需要综合考虑功能设计、原理设计、形状设计、布局设计、初步的结构设计和人机工程设计,其中包含了大量的不确定和确定信息,而且由于概念设计内部的各个环节相互依赖、互为驱动、无法割裂,因而将概念设计阶段分为两个阶段:第一阶段主要解决概念形成问题,可以解决更多具有创新性的设计前期活动;第二阶段主要解决概念生成和概念可视化问题,可以解决其他规则性的设计活动。综合实施层强调向设计工程师提供友好的图形化操作界面,便于用户进行案例搜索、参数化建模、性能仿真等概念设计操作。

5.3 虚拟概念设计实现方法

以下主要以基于 CAX 的概念设计为例说明其实现方法。

5.3.1 虚拟概念设计基本流程

广义的概念设计包含了从产品规划到最终方案生成的全部过程,这里以广义概念设计来规划虚拟概念设计的基本流程。虚拟概念设计是实际概念设计过程本质的映射,只是在其设计过程中大量应用计算机辅助化手段,来增强设计师的想象力、决策的科学性以及提升概念设计的速度。如图 40.7-39 所示为以 CAX 为基础的概念设计的基本流程,包含了顾客需求分析与处理、需求转换成设计规范、智能化推理等 7 个关

键步骤。

虚拟概念设计流程大体上包含了以上 7 个关键步骤，对于具体的产品，其概念设计的流程会有所不同，例如，对于有明确功能及性能指标要求的产品，可从第三步开始进行。

5.3.2 关键步骤实现方法

实施虚拟概念设计的过程，实质上就是按照概念设计流程，对每一个概念设计步骤计算机化或数字化

的过程，以下对几个关键步骤做简要的说明。

（1）需求的处理

概念设计要面向产品的功能要求，而产品的功能要求则要通过对顾客需求的分析及相应的处理来得到。虚拟概念设计强调整个概念设计的全程可视化，即要通过计算机的辅助来快速、准确地获知用户的需求，以提高概念设计的效率。顾客需求的处理包括多项内容，如顾客需求调查、顾客需求重要度评价、顾客的模糊聚类等。

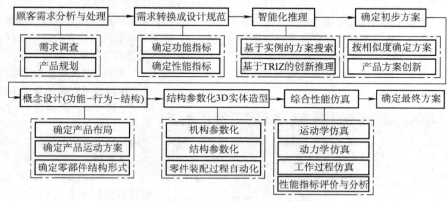

图 40.7-39　基于 CAX 的概念设计基本流程

1）顾客需求调查。顾客需求对产品开发有着重大的影响，只有充分考虑顾客需求，所开发的产品才能立足于市场。通常一个企业在开发一种产品之前，都要做一个市场调查来获得顾客需求（目前比较流行的方式是通过互联网进行顾客需求的获取）。

2）顾客需求重要度评价。在顾客需求调查中，通常每一个被调查的顾客都会按照自己的喜好，提出多项需求，随着被调查人数的增多，需求的数量也会增加很多。在概念设计中，要对这些需求加以评价，确定出重要程度大的需求作为设计目标，而抛弃重要程度小的需求。因此，如何科学地评价顾客需求重要程度并开发出重要程度评判系统，是顾客需求处理的一个重要问题。

在虚拟概念设计系统中，可以考虑利用编程软件开发顾客需求重要度评价系统来实现对顾客需求重要度的快速评价。基本功能模块包括：顾客需求录入模块、顾客需求统计模块、顾客需求评判模块、数据存储与管理模块等。

创建顾客需求重要度模型和确定重要度评判方法是完成该评判系统开发的重要基础。图 40.7-40 所示为针对振动筛的顾客需求重要度评判系统主界面。

在本实例中，顾客对振动筛的需求共 9 项，分别

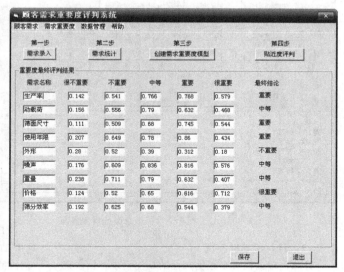

图 40.7-40　顾客需求重要度评判系统主界面

是生产率、动载荷、筛面尺寸、使用年限、外形、噪声、重量、价格和筛分效率。用真值模糊数的三元组模型来描述顾客需求的重要度，用贴近度来最终确定各项需求的重要度。

3）顾客的模糊聚类。当前，顾客对产品的需求越发个性化，不同的顾客对产品的要求存在很大的差异性。这就要求企业要越发地了解顾客，面向不同的

顾客群生产不同的产品，企业只有充分了解顾客才能占领市场。顾客的模糊聚类是围绕顾客对特定产品的需求，将顾客分成若干类别，从而使决策者科学地定位自己的产品。模糊聚类方法是对顾客进行科学分类的一种行之有效的方法。

模糊聚类分析的基本流程包括：获得待处理数据、数据标准化、建立模糊相似矩阵、聚类、分类的 F 检验等步骤。图 40.7-41 所示为针对用户对振动筛的功能需求而开发出的模糊聚类分析主界面，顾客的需求项包括生产率、动载荷、筛面尺寸、价格、噪声、重量等。按聚类分析的流程在主界面中设定相应的按钮，用户按步骤点击按钮就会把待分类的数据科学地加以聚类，整个操作过程均以可视化的方式进行。聚类分析的结果可以在主界面上及专用的报表生成界面上显示与管理。

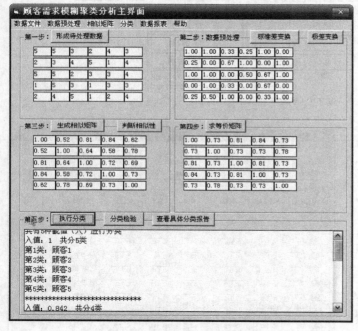

图 40.7-41　顾客需求模糊聚类分析主界面

（2）计算机辅助推理

计算机辅助推理是根据产品的功能要求，初步确定产品方案的过程，在这个阶段需要利用大量的人工智能技术，如神经网络、模糊推理等。

1）基于实例的推理。在机械产品概念设计的过程中，很大程度上是针对需求对已有方案进行修改，让其达到新的要求。根据这个特性，基于实例的推理（Case Based Reasoning，CBR）可以应用到产品概念设计过程中。

基于案例或实例的推理方法是一种基于人工智能

的问题求解方法，它能够模拟设计者的设计过程，其核心就是利用已经设计好的方案，根据新的需求找出最合适的方案进行改进。具体推理过程可利用人工神经网络 ANN 的学习行为、演化算法 EC 的优化行为以及模糊系统（Fuggy System）的问题描述和逻辑推理等来确定合理的方案。

基于实例推理的概念设计一般包括以下四个关键步骤。

① 利用基于人工智能的推理技术，从知识库中获取和设计要求相似的实例。

② 将获取的实例复用到新的应用场景当中。

③ 根据需求以及设计者的评估进行改进。

④ 将改进后的实例存放到知识库中。

可见，产品设计知识库的创建以及确定合理的推理方法是基于实例推理研究的关键。图 40.7-42 和图 40.7-43 所示分别为面向振动筛设计的知识库系统主界面和利用计算向量间的贴近度来进行实例搜索的运算界面。

2）TRIZ 推理。TRIZ 是拉丁文中发明问题解决理论的词头。该理论是苏联 G. S. Altshulder 等人自 1946 年开始，花费 1500 人·年的时间，在分析研究各国 250 万件专利的基础上所提出的，是解决技术难题的原理和知识体系。20 世纪 80 年代中期前，这种理论对其他国家保密，随着苏联解体，一批科学家移居美国等西方国家，逐渐把该理论介绍到世界产品开发领域，并对该领域产生了重要影响。TRIZ 方法不是针对某一具体的机构、机械或过程，而是建立思考问题、解决问题过程的科学化依据。经过 50 年的研究，TRIZ 已形成了一系列方法与工具，特别是提出了设计冲突理论、标准解、ARIZ 算法等。

如图 40.7-44 所示描述了 TRIZ 方法的简化过程，利用 TRIZ 方法解决设计问题时，设计者首先要将待设计的产品表达成为 TRIZ 问题，然后利用 TRIZ 方法中的工具求出 TRIZ 问题的模拟解。借助于 TRIZ 理论，设计者可以进行初期方案的创新设计。

（3）参数化造型形成概念产品

参数化虚拟造型技术是虚拟概念设计的辅助技术，用于将提出的设计参数快速转换成产品的机构模型、整机模型等，为下一步的性能仿真做准备。参数化造型技术是设计方案的 CAD 实现过程，在概念设计阶段起着重要的作用。

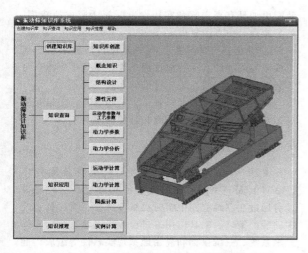

图 40.7-42 面向振动筛设计的知识库系统主界面

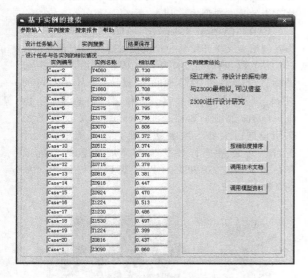

图 40.7-43 实例搜索的运算界面

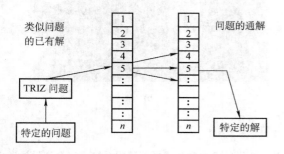

图 40.7-44 TRIZ 方法的简化过程

（4）功能性能仿真

通过推理获得的技术方案还要通过相应的工程分析软件进行功能与性能仿真，最终确定满足需求的技术方案。功能、性能仿真需借助工程分析软件或自行开发的设计计算系统来完成。

6 虚拟装配技术

6.1 虚拟装配的概述及其国内外研究简介

6.1.1 概述

（1）虚拟装配的定义

装配设计是产品设计过程的关键环节之一。装配通常要占整个制造成本的 30%～50%，甚至更高。装配对产品质量也有着重要的影响，因此，众多学者倡导面向装配的设计（Design for Assembly，DFA）。虚拟装配技术（Virtual Assembly）可以模拟产品的装配过程，检验零件的可装配性，发现装配干涉，优化装配工艺，因而成为面向装配设计最重要的支撑技术。

虚拟装配一般被定义为：无需产品或支撑过程的物理实现，只需通过分析、虚拟模型、可视化和数据表达等手段，利用计算机工具来安排或辅助与装配有关的工程决策。虚拟装配是一种将 CAD 技术、可视化技术、仿真技术、决策理论及装配和制造过程研究、虚拟现实技术等多种技术加以综合运用的技术。

虚拟装配的含义理解为两个层次映射的关系，即底层用产品数字化模型映射产品物理模型，顶层用虚拟的装配仿真过程映射真实的装配过程。第一层次的映射免除了产品模型的物理实现，同时使得工程分析、装配仿真成为可能；第二层次的映射使得产品装配规划、验证及评价成为可能。图 40.7-45 表示了这两个层次的映射关系。

（2）虚拟装配的实现方法

可以通过两种方式实现虚拟装配，一种是基于 CAD 爆炸图的虚拟装配，另一种是基于虚拟现实环境的虚拟装配。

1）基于 CAD 爆炸图的虚拟装配。其装配过程可描述为：设计者利用定位技术逐个调入零部件，选取相匹配的几何特征并输入几何约束，系统反馈给用户一些约束信息，如一致性检查、碰撞等，系统经过几何约束求解后，零部件就装配在所约束的位置上，同时系统显示装配后的模型，可以演示其装配过程。

其优点是实现较容易，可以初步判定所设计零部件的可装配性，因而得到了广泛的应用。但是，这种传统的装配过程，用户必须事先确定好路径，这与装配者在真实环境中的装配差距较大，因而这种"爆炸图"式装配还有很多缺陷，从某种意义上讲，它并不

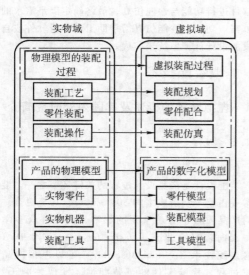

图 40.7-45　虚拟装配层次映射模型

是真正的虚拟装配；另外，用户采用的是二维的鼠标和输入设备，对零件的装配不自然，指导用户的装配功能非常有限，给用户带来的视觉信息也不够充分。

2）基于虚拟现实环境的虚拟装配。其装配过程是在虚拟现实环境下进行的，有以下三个明显的特点：

① 设计中通过三维输入设备直接对零部件进行三维操作，非常直观而且具有较高的交互性。

② 三维显示设备让设计者可以像在真实世界中一样观察物体，虚拟装配比传统的 CAD 系统的动态

装配更加具有真实感和实用性，更能适应虚拟造型、装配规划、仿真的要求。

③ 完全自由的装配过程，通过自然的装配，可以模拟装配者的实际装配过程，这样不仅可以检查可装配性，还可以研究装配过程的人机工程。

国内外对虚拟装配都做了大量的研究，但是要使虚拟装配得到普遍适用还有相当长的路要走。

6.1.2　国内外研究简介

美国 Northrop 公司的自动飞机机身装配程序（AAAP）是一个图形化的装配模拟环境，它允许设计者通过在三维空间中实时操纵零部件，对飞机装配中的装配策略、工具应用等进行验证。该系统由立体显示系统、三维鼠标和商用虚拟现实软件等组成，能实现实时碰撞检测、零件穿透预防、装配件的三维配合（Snap）等。Northrop 公司将其用于美国空军 F18 战斗机的改进造型中。

VADE（Virtual Assembly Design Environment）是华盛顿州立大学开发的一个沉浸式虚拟装配系统，在 SGI ONYX2 工作站上实现。立体视觉由 VR4 头盔提供，设计者手的移动可以被 Ascension 公司的 Flock of Bird 跟踪；手指和手腕的运动由 Cyberglove 数据手套监控；Tactools 触觉反馈系统在用户的指尖处产生触觉反馈。该系统中，设计者可以对公差进行评估，选择最理想的装配顺序，生成装配/拆卸路径以及观察最终结果，如图 40.7-46 所示。

a)　　　　　　　　　　　b)

图 40.7-46　VADE 虚拟装配环境

德国 Bielefeld 大学的 B. Jung 等人基于构造工具箱（Construction Kits）的概念建立了一个装配系统 CODY。所谓构造工具箱，是指在制造领域中可重复使用的、具有多重功能的标准零件库。CODY 是一个

基于知识的三维交互式虚拟装配系统，它允许设计者在虚拟环境中通过直接三维操作或简单的自然语言命令与系统交互，利用标准的机械零件构造复杂的装配体。在 CODY 中，物体间可匹配性的知识用于支持如

装配、拆卸、子装配件的旋转等各种操作。事实上，CODY 的一个最主要的贡献在于它开发了知识表达与推理机制 COAR（Concepts for Objects, Assemblies, and Roles），并将其用于建立和维护虚拟装配体模型，从而使用户能够在虚拟环境中利用直观的交互方式设计新的虚拟原型，如图 40.7-47 所示。

a)

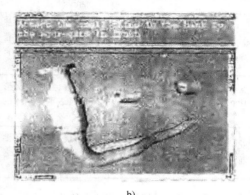
b)

图 40.7-47　CODY 系统

德国弗朗荷夫工业工程研究所（Fraunhofer Institute for Industrial Engineering）的 A. Roessler 等断言，目前的虚拟现实系统精确性尚不足以满足虚拟装配的要求，他们利用空间约束（Space Restriction）算法开发了一个帮助设计者在虚拟环境中对零件进行装配和拆卸操作的系统。而 B. Antonishek 等认为，采用 HMD 的完全沉浸虚拟环境尽管能够使用户在计算机创造的虚拟环境中体会到真实的现场感，但同时也隔绝了用户间的交流，这对于大型设备的装配并不合适，他们基于并行技术公司（Concurrent Technologies Corporation）的 Virtual Workbench 和数据手套，在 SGI 工作站上用 WorldToolKit 开发工具开发了一个半沉浸式的虚拟装配系统，如图 40.7-48 所示。Virtual Workbench 是一种水平显示设备，用户戴上立体眼镜后观察的物体就像浮在桌面上一样，更加适合装配，该系统采用模拟人手自然交互方式的双手手势交互，使得诸如对物体抓取、平移、旋转等操作更加自然直观。

目前，国内在虚拟装配研究上也取得了很多成果，例如，浙江大学 CAD&CG 国家重点实验室在四面投影虚拟环境 CAVE 中开发了完全沉浸式虚拟装配原型系统 IVAS（Immersive Virtual Assembly System），上海交通大学在 PowerWall 环境下开发了面向大型复杂零件的虚拟装配系统。

6.2　虚拟装配关键技术

6.2.1　虚拟装配模型

（1）基于 CAD 的传统装配模型

图 40.7-48　Virtual Workbench 平台

装配模型是指一组零件经过一系列的装配操作后生成的具有确定关系的模型，是对装配体的一种抽象表达。一般而言，产品的装配模型包括零件的实体信息、零部件之间的装配关系，以及由装配关系所决定的空间位置关系。装配建模的目的就是描述装配零件间的关系，因此不论采用什么方法建模，都必须满足两个条件：首先包含零件本身的所有特征约束关系，其次还要包含零件间的所有功能尺寸关系。

零件的实体信息是装配体中各零件、部件实体信息的总和，如点、线、面、精度等几何信息以及表面材质、颜色等物理特征。

零件几何信息建模的表达方式通常有三种，见表 40.7-14。

建立在产品装配模型上的装配关系可表示为：MR =（MT, ME）。其中，MR 表示零件之间的配合关系；MT 表示零件的配合几何元素，通常指零件间配合的点、线、面几何元素，这些特征类型又隐含了零件的装配或拆卸方向；ME 表示零件之间的配合类型。

表 40.7-14　零件几何信息建模的表达方式

类　别	特　点
CSG	易于表达零件形状抽象信息和零件创建的过程信息，它把复杂的实体看成是由若干较简单的最基本实体经过一些有序的布尔运算而构造出来的
B-Rep	表达模式就是用面、环、边、点来定义形体的位置和形状，它擅长表达零件具体的几何/拓扑信息
CSG 和 B-Rep 混合表达	综合了两种表达方式的优点，既支持多层对象的几何抽象，又便于以交互方式进行基于特征的设计

装配关系是建立零部件之间约束的关键。由一般的机械知识可知，产品的装配关系可以分为以下三类：

1）定位关系。定位关系分为平面贴和、平面对齐、直线对齐、柱面贴和、相切、点面接触等类型。通过零件的定位关系能够描述装配体中零件的空间位置和配合关系。

2）联接关系。联接关系分为螺纹联接件、键和花键、销、联轴器等类型。联接件一般是标准件，可以预先定义其模型库，设计过程中可以随时提取。

3）运动关系。零部件之间的运动关系可分为相对运动和传动两类。相对运动关系包括旋转运动、平面运动等；传动关系包括齿轮传动、带传动、链轮传动和螺旋传动等类型。

目前，装配模型已从由图表达的拓扑结构转换为由树表达的层次结构。如图 40.7-49 所示是一个简单的树结构模型。

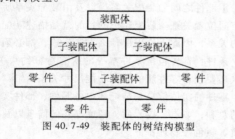

图 40.7-49　装配体的树结构模型

其中，树的根节点表示用户最终需要的装配体，非叶节点表示子装配体，子装配体由零件或子装配体构成，零件在这个树状结构中用最底层的叶节点表示。允许一个零件节点即叶节点有多个父节点，表示同一个零件可在同一个装配体中应用多次，系统自动复制零件实例。

虽然树状结构有操作简便、维护方便、存储量小的特点，但在装配模型上仍存在一些问题：

1）信息量不够，难以满足后续装配规划对装配体信息的需求。

2）装配模型较复杂，建模的难度大。

3）不能充分利用信息存储结构，造成结构表达的资源浪费。

4）装配建模技术是基于几何的，而工程设计过程中包含了大量的非几何信息，基于几何建模的设计系统不可能支持产品设计的全过程。

而虚拟现实技术为设计者提供了视、听、触觉一体化逼真的设计环境，避免了物理样机的使用。随着虚拟现实技术的日益成熟，虚拟装配将逐步代替主流的传统装配方式，成为主要的应用手段。

（2）虚拟环境下的装配建模

虚拟环境具有很高的逼真性，因此对虚拟装配模型提出了更高的要求：

1）装配模型的信息高度集成。

2）装配模型的结构表达便于信息的高度提取。

3）由于虚拟环境是现实世界的真实映射，对装配体的物理特性信息有特别的要求。

目前，虚拟环境下模型的表示方法有以下几种：

① 分层次的零件信息表达。将 CAD 系统中的零件设计信息以中性文件的形式进行存储，然后在虚拟环境中通过读取中性文件来获得零件的设计信息。例如，将零件信息分为零件层、特征层、几何层及显示层，并通过数据映射与约束映射，实现零件信息的层次间关联。分层次的零件信息模型在满足 VR 交互实时性的同时，保存了 CAD 信息的完整性，并有利于在建模过程中根据不同的任务对不同层次的零件进行操作。

其中的零件层以零件为基本节点。零件节点信息包括零件的标识、名称、形状包围盒、物理属性、运动属性、方位属性、显示属性。零件层中零件间的关联体现为各属性参数间的约束关系，特征层以特征为基本节点，特征节点描述的信息包括特征的类型、特征的方位及特征的参数，特征节点间的关系主要体现为特征间的父子关系与约束关系。几何层以面为基本节点，面的节点信息包括该面的 NURBS 曲面描述以及组成该面的环、边、点等边界信息。显示层以三角形小面片为基本节点，记录了组成零件的各小面的顶点坐标、顶点法矢、面片颜色及纹理信息。显示层数据主要用于虚拟环境中模型的显示控制与装配过程中的碰撞检测。

② 使用装配树结构。由于普通的装配树结构仅能表达装配层次信息，而如拓扑信息、约束信息等很

多有用的信息却无法表示出来，因此从使信息全面、提高信息的搜索效率方面对模型加以改进；增加装配体部件的标识，增加上层装配体同下层成员的联系，在结构表达中，装配体的组成成员以链表的形式记录便于增加和删除，改进装配体约束信息的存储结构。基于装配体的树状模型，在成员节点上增加装配体的约束信息，同样以链的形式加以存储。装配体的第一层每一个成员都指向与自身定位相关的装配约束链表，在约束链表中，每一个节点包含一个地址域，该地址指向与头节点成员发生约束关系的同层其他成员节点。最后增加装配体的拓扑关系信息，由于装配工艺路径规划和公差分析都以拓扑信息为操作对象，因此每一个装配体的结构又能引出组成部件的连接拓扑信息。而要在一个虚拟环境中规划出符合实际要求的装配序列和路径，不仅要考虑装配体零件的几何特性，还要考虑产品的物理属性。一般而言，装配体的物理属性可分为两类：一类是基本物性，它是指装配体最基本的属性，而且一般在工程设计中不再进行分解，如密度、体积、重心位置、硬度、材质等，它们的值在几何建模时就可以确定；另一类是二次物性，一般是由基本物性和装配体几何信息共同推导出的属性，如质量、惯性矩、惯性张量、摩擦因数等，这些信息对于以物性分析为主要特征的虚拟装配设计尤为重要。关键问题是如何在装配树结构上加入物性信息。

由于现实世界中装配体的复杂程度难以估计，如果每个零件均携带物件结构信息，则会造成加入装配体的树状结构的规模庞大，不便于存取、操作。另一方面，并非每个零件的物性信息在装配规划中都会被利用，而且在装配体中还存在大量被重复使用的零件，它们的物性完全相同，因此没有必要把信息种类和信息量均很丰富的物件特征完全加入到整个装配体结构中，可采用一种动态存储制，即在系统中建立一个统一的基本物性库，主要记录装配体的基本物性。

目前，CAD 系统与虚拟装配系统之间常用的信息转换方式包括以下两种：

① 直接利用 CAD 系统提供的标准信息转换接口进行产品模型的转换，其中，VRML 是最常用的格式。这种信息转换方式虽然直接方便，但往往会造成零件拓扑信息、精确的几何信息即几何约束、设计意图、设计历史等信息的丢失。

② 在 CAD 系统中进行二次开发，将 CAD 系统中零件的设计信息用可扩充的中性文件形式进行表达。现有的三维软件大都有草图、零件设计、部件装配设计、总装设计模块。如 MDT、UG、Pro/E 等，可用来生成三维装配模型，可用现有 CAD 系统提供的二

次开发工具，如 MDT 提供的 Object ARX 类库供 Visual C++开发；Pro/E 具有 Developer 与 Toolkit 开发模块设计接口。这种方法的优点是能够根据虚拟装配的需要自定义中性文件的格式与内容，但需要对每一个 CAD 系统定义相应的数据转换接口。

在虚拟装配环境下获取产品装配关系主要有两种途径，一种是由设计者交互指定装配体中零件间的装配关系。首先指定待装配零件与已装配零件中的几何体素或目标实体，然后指定待装配零件与目标实体之间的装配关系。如果待装配零件的数量比较大，那么设计者的交互设计工作量将会十分庞大。另一种是由系统自动识别零件间的关系，即系统根据设计者的交互操作，实时地捕捉设计者的装配意图，达到能够识别并建立零件间的装配关系。

6.2.2 虚拟装配过程

进行虚拟装配操作时，规划者佩戴好数据手套、头盔显示器等虚拟环境的输入输出设备后，就可以通过特定的操作界面获得存放在数据库中的关于装配零部件、工具的信息，还可以通过操作界面以各种形式交互地操纵装配产品的各个部分。

从虚拟装配的过程模式来看，以装配仿真为核心的虚拟装配与以"变装为拆"的装配规划为核心的虚拟装配是当前两种主流的虚拟装配过程模式。

（1）以装配仿真为核心的虚拟装配过程模式

首先，在商用 CAD 系统（如 Pro/E）中建立产品的装配模型；然后，在虚拟环境中模拟产品的实际装配过程，分析装配过程中零部件的运动形态，检查装配过程中的干涉，评价装配过程中的人机因素，从而验证与改进产品的装配性能。这种虚拟装配过程模式实际上是对 CAD 系统的装配仿真技术。

（2）以"变装为拆"的装配规划为核心的虚拟装配过程模式

首先，在商用 CAD 系统中建立产品的装配模型；然后，对 CAD 系统生成的装配模型（包括零件模型及其在装配体中的最终位置、装配约束关系、装配层次关系）通过数据接口转化到虚拟环境中。对虚拟环境中的装配模型进行人工拆卸操作，根据拆卸过程中产生的拆卸顺序与拆卸路径，并基于"可装即可拆"的假定，获取产品的拆卸序列与拆卸路径。最后，在以"变装为拆"的装配规划为核心的虚拟装配过程模式中，主要利用 CAD 系统装配建模提供的装配约束关系进行运动导航，即虚拟拆卸过程中根据零件所受的装配约束拆卸零件的可自由移动方向，并将零件的初始拆卸方向强制为其可自由移动的方向，直到零件与其约束零件完全脱离。

根据零部件之间的装配关系和约束条件，在虚拟环境中进行设计组装，并进行相应的检验，从而对设计进行分析评价，对不合理的设计进行修改达到设计优化的目的。虚拟装配过程包括产品结构分析、装配关系确定和产品组装，进行设计分析评价及设计修改和装配效果检验等。

虚拟装配过程中首先进行装配过程规划，它必须包含足够的过程信息来支持过程选择决策，并获得更详细的过程定义，如构成顺序（有可选择性）、特征数据、装配轨迹、零件方位以及公差数据等。同时，虚拟装配要考虑模型的物理学属性，例如，在现实世界进行装配操作，用木头或泥土等建模材料建造物理模型时，装配零件的惯性属性不同于真正零件的属性；而在虚拟环境中，装配部分的惯性属性将不再起作用，所以应将速度、加速度等合并起来，使虚拟装配过程得到加强。另外，可利用听觉来驱动对物体的各种操作，因此模型应该是一物理模型，应考虑物体的重量、大小、外形、摩擦力等物理特征。

其次，在虚拟装配过程中，还需要考虑产品零部件之间的层次关系、装配关系及约束关系等。判断装配的可能性和通畅性，确定各对象之间的公差分配，选择好的装配方法和装配路径（装配可达性）。因此，装配系统如何精确表示产品的装配过程是一个必须解决的问题。需要记录各部件在空间中的运动轨迹，这样的轨迹形成软区域，需要实现创建、存储和显示这些软区域。将轨迹传输到 CAD 系统之前，需要整理零件的装配轨迹，轨迹数目要减少，轨迹需要优化。

虚拟装配过程应形成装配工艺，即把产品在 VR 系统中的装配描述映射到装配工艺中。虚拟装配过程将产生一些有用的信息（装配顺序、装配轨迹等），这些信息应被送到 CAD 系统中，以便于进一步修改。

6.2.3　碰撞检测

（1）虚拟装配中的碰撞检测

在虚拟装配过程中，碰撞检测技术是一项关键的技术。众所周知，在装配过程中不可避免地会出现碰撞现象，需进行碰撞检测。碰撞检测包括静态干涉检测和动态碰撞检测。其中，静态干涉检测又称为可装配性检测，它检查零件包容体的干涉情况；动态碰撞检测又称为可达性检测，它可通过由装配路径等信息形成虚拟体的方式转化为静态干涉检测而实现。碰撞检测问题关键之一是如何减小计算量。

碰撞检测算法用于两个方面：一方面是在用户引导的拆装过程之前，用精确的碰撞检测算法检查零件间是否发生干涉，进行静态干涉检查；另一方面是当用户引导的拆装开始后，碰撞检测算法用于避免零件在拆装的过程中与其他零件碰撞。

在虚拟现实系统中，由于系统苛刻的实时性限制，对碰撞检测算法有非常高的要求，目前常用的是精确碰撞检测算法，该算法可以有效地处理任意形状的多面体间的碰撞问题，为装配体在世界坐标系中建立一个包围盒。当正在拆装的零件仍位于装配体包围盒内部时，它需要与其他仍未拆卸的零件进行碰撞检测；一旦零件被完全移出装配体包围盒，即可对该零件的装配检测进行精简处理。同时，对装配的空间和装配零件的状态也进行限制，因为可以认为装配体拆卸的零件尽管放在虚拟环境中，但不必对它们进行碰撞检测。有几种方法可达到此要求，例如，设定装配状态，对于装配在一起的零件其空间装配状态设为真，而拆开的零件状态设为假；或者利用零件距装配体的远近来判断是否要进行碰撞检测，假定工作台位于 $Y=0$ 的平面上，正在拆卸的零件 P 与工作台间的碰撞检测简化为只需判断零件 P 的多面体表示中，其最低的顶点的 Y 值是否小于零即可，若小于零，则存在碰撞，反之，零件与工作台无碰撞。

（2）公开算法软件包

成熟的碰撞检测算法有很多，如层次包围盒算法、AABB 树算法、集合操作算法，读者可以查阅相关资料。目前有一些成熟碰撞检验算法的软件包在网上公开，可以自由使用，它涵盖了目前主要的碰撞检测算法，可以根据应用需要选择使用。

1) RAPID。

网络地址：http：//www.cs.unc.edu/~geom/OBB/OBBT.html

RAPID 用于精确检测两个物体间碰撞的库，其采用 OBBTree 算法，输入的模型为"多边形场"，即物体模型仅是一组无结构的多边形，不包括任何连接信息和拓扑约束。RAPID 比较适合检测两个距离非常近的物体间的碰撞。

2) I-Collide。

网络地址：http：//www.cs.unc.edu/~geom/ICOLLIDE.html

I-Collide 用于精确检测环境中包含多个凸多面体的碰撞检测情况，输入模型要求是凸多面体，它利用物体的"凸性"来加速。它采用包围盒排序法找出可能发送碰撞的物体对，利用 Lin-Canny 算法来精确检测两个物体间的碰撞。

3) V-Collide。

网络地址：http：//www.cs.unc.edu/~geom/VCOLLIDE.html

V-Collide 用于大的动态环境中的碰撞检测，输入模型可以是"多边形场"，它结合了 I-Collide 的高层处理多个物体碰撞的包围盒排序法和 RAPID 的处理两个物体的碰撞检测算法，比较适合于包含大量静态或动态多面体的场景，并允许动态地增删物体。

4）V-Clip。

网 络 地 址：http：//www.cs.unc.edu/projects/vclip

V-Clip 可以跟踪计算多个多面体间距离的算法库。它对 Lin-Canny 算法作了改进，可以处理一对凸多面体，或一对表示成凸多面体层次的非凸多面体。除了可以计算出两物体间的距离外，还可以报告两物体的穿透位置，以及发生穿透的物体对间的近似距离。

5）Enhanced GJK。

网 络 地 址：http：//www.comlab.ox.ac.uk/oucl/users/stephen.cameron/distance.html

Enhanced GJK 可以跟踪两凸多面体间距离的算法库，为获得最佳性能，它要求输入模型中提供一个包含两个物体所有边的表。

6）SOLID。

网 络 地 址：http：//www.win.tue.nl/cs/tt/gino/solid/index.html

SOLID 用于多个物体间碰撞检测的算法库，采用 AABB 树算法，输入物体模型可以是多个多面体或"多边形场"，适用于处理可变形物体的碰撞检测。

7）QuickCD。

网 络 地 址：http：//www.ams.sunysb.edu/~jklosow/quickcd/QuickCD.html

QuickCD 用于两个物体间碰撞检测的算法库，其中一个场景指场景中的静态部分，另一个指在场景中飞行的一个物体，采用 K-dop 算法，输入模型是"多边形场"，适用于处理一个物体在大环境中飞行，如场景漫游系统。

6.2.4 虚拟装配路径规划和仿真

虚拟装配路径规划和仿真的目的在于对装配体进行可装配性分析，给出一个可行的装配方案，如装配顺序、各零件的装配路径等信息。基于"可拆即可装"的假定，通过用户引导的拆装过程，来获取零件的拆装信息，然后再将拆装信息予以反向推演，即可获取与零件相关的装配信息。

进行零件拆卸时，系统记录了每一个采样点，要在每一个采样点上零件都与其他零件不发生碰撞，这样记录了零件的全部位置信息。但当利用三维鼠标、数据手套直接操纵零件对其进行拆卸时，具有相当的随意性，显然带来了数据的冗余，在系统进行求解时

是不经济的。这时需要对路径进行优化。

（1）合法采样点

指的是记录下来的满足下列条件的零件拆卸路径的采样点：

1）零件在装配体的初始位置，即拆卸路径的第一个采样点是合法采样点。

2）零件在拆卸路径的第二个采样点也被强制定义为合法采样点，这是因为，第一、二采样点的位置决定了零件可以自由移动的方向，即初始拆卸方向。

3）零件在拆卸路径的最后一个采样点，即零件被放置到工作台上的位置，也是合法采样点。

（2）有效路径

零件的有效路径指的是由该零件的合法采样点依次连接而成的路径，且在该路径中的每一个位置，零件均不与其他零件发生碰撞。可以将零件的有效路径作为用户指导零件拆卸时记录的一种优化路径。

尽管设计者可以在三维工作空间中随意地移动零件，只要不发生碰撞，但是，零件在其拆卸过程的路径上应该具有一致性，即沿着某一运动方向具有一定的惯性。

6.3 典型虚拟装配系统功能介绍

目前很多国家都致力于虚拟装配技术的研究，而且开发出了一些系统。其中较为突出的有美国华盛顿州立大学和国家标准技术研究所（NIST）联合开发的虚拟装配设计环境 VADE 系统。开发 VADE 的目的是通过生成一个用于装配规划和评价的虚拟环境来探索在设计和制造中运用虚拟环境的技术可能性。

该系统以 SGI Onyx2（6 个 processors，2 个 Infinite Reality Pipes）为平台，以 Flock of Birds、Cyberglove 和 VR4 头盔为虚拟现实交互设备。VADE 系统的结构和信息流如图 40.7-50 所示。

VADE 的主要功能特性如下。

1）从 CAD 系统到 VR 的自动数据转化。VADE 自动将参数化 CAD 系统（如 Pro/E）中的产品装配树、零部件的几何形状传递到 VR 系统中。

2）从 CAD 系统中捕捉装配意图并应用于虚拟环境。VADE 通过对 CAD 系统中装配约束的捕捉，实现对零件运动的引导与装配序列的生成。

3）零件的交互动力学模拟。在物理模型基础上进行实体的碰撞检测，模拟用户、零件、装配工具以及装配环境之间的动力学作用。

4）扫掠体积生成的轨迹编辑。VADE 允许用户记录、编辑零件的装配轨迹，然后在虚拟环境中生成与显示零件的扫掠体积。

5）虚拟环境中对零件结构参数的修改。首先，

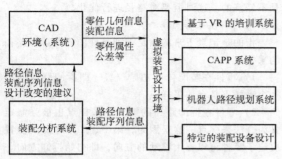

图 40.7-50 VADE 系统的结构和信息流

VADE 将 CAD 系统中标识的零件模型的关键参数提取出来，供用户在虚拟环境中修改，最后将修改后的零件重新传入 VADE。其中，参数传递与 CAD 系统对零件结构的参数修改均在后台进行，无须用户干涉。

6）装配环境与零件初始位置的生成。整个装配环境可以在 CAD 系统中定义，同时用户可指定零部件的装配初始位置。

7）双手装配与灵活操作。VADE 同时支持单手与双手操作。双手操作时，佩戴的手套设备很灵活，已有的算法支持能对其拿着的部件进行紧密操作，另一只手可用地抓住和操纵子装配的基础部件，使得其他零部件能够装配到它上面。

8）支持虚拟装配工具。虚拟装配工具是装配环境的重要组成部分，VADE 提供了"手-工具"与"工具-零件"两种交互方法，并通过这两种方法的协同进行虚拟环境中零件运动的控制。

而在实际生产应用中，虚拟装配技术的优势已得到很大体现。目前已有虚拟装配技术应用于大型企业的成功实例，例如，美国波音公司采用虚拟装配技术检查波音 777 飞机装配过程中零件间的干涉情况，并确保所有零部件对不同身材的装配工人来说都是可接触的；福特公司较早地将虚拟现实技术应用于装配仿真中，在 C3P 项目中，采用虚拟现实技术进行汽车的设计与装配，以确保产品的可装配性、易装配性和人机性能。

7 面向产品开发的工程应用

7.1 应用背景介绍

某型低底板城市客车是上海某公司的最新车型，现应用于上海市的主要道路交通，该型客车完全是虚拟设计的产物。2000 年，上海市提出要提高城市交通车辆的整体水平，并在排放、乘坐舒适性、稳定性、适合上海路况要求等多方面严格要求，国外的城市客车造价昂贵，且设计不完全符合中国人习惯。国内传统的客车设计方法不能够解决这些问题，要求在半年时间甚至更短时间内就要设计出合格产品，并且出样车，在这些要求下，虚拟设计迎合了这种需求。

1）在客车没有造出来之前，就可以在计算机中产生客车的模型，不需要制造实物模型，可以节约成本。

2）修改客车样式，只需在计算机中更改，一处更改，其他立刻更新，极大缩短了设计时间。

3）客车的各种性能，通过计算机可以随时仿真模拟，改变不合理设计。

4）客车的舒适性可通过中国人体模型来验证。

7.2 虚拟客车车身开发系统的集成平台

在多家开发单位分布、异构的环境下，建立基于创新设计的虚拟车身开发的集成平台，实现基于 PDM 的产品数据及开发过程的集成化管理，以支持虚拟客车车身的分布异构环境下的集成开发。

应用系统集成平台的体系结构分为控制层、应用层、对象管理层和支撑层，如图 40.7-51 所示。控制层完成对过程的监控与管理。应用层面向产品开发的不同应用领域，完成不同的任务，如 CAD、CAE、CAM、DFA、各种专家系统等，该层是数据的产生器和接收器，它通过应用工具接口封装在对象管理框架中，实现"即插即用"。在系统中应用层分成总布置设计、外形设计、结构设计、内饰设计、虚拟样车和工艺设计几个大模块（这些模块的内容将在后续章节中论述，工艺设计模块除外），启动应用层执行的是产品预研后得到的设计任务书，工艺设计完成后进入生产设计。对象管理层以 EDS 公司 MetaPhase 的 OMF（对象管理框架）为核心，实现对车身设计过程中所涉及的对象进行定义和管理的目的。支撑层为上层提供支持，包括网络、操作系统和数据库以及分布、异构的计算机环境。

围绕汽车车身复杂产品的开发过程，进行分布异地的多单位合作，产生了极其庞大的数据并形成复杂的开发流程。下面将对集成平台开发中的数据仓库规划和流程管理进行论述。

7.2.1 数据仓库规划

通过对数据仓库进行逻辑上分层、数量上分散、控制上分级、物理上分布的"四分式"规划，可以让用户对数据仓库的访问更加合理、高效和安全。

分层表现在将元数据（所谓元数据，是用来描

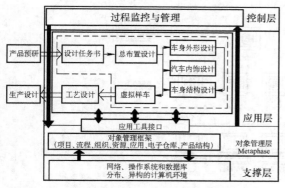

图 40.7-51 虚拟客车车身开发的应用系统体系结构

述应用数据的数据对象,用户通过查询元数据获取与之相关联的应用数据)与应用数据分开存储。元数据库存放在服务器中,应用数据仓库则单独存放于数据库系统之外,在 Metaphase 环境下,采用称为"文件系统"的存储空间来予以实现。文件系统是 Metaphase 系统用来存放应用数据文件的地方,一个文件系统对应操作系统中某一个指定的目录。一般来说,用户的文件在共享之前都放在个人工作区,个人工作区必须放在文件系统中,因此为了便于管理用户的个人数据,必须在每台主机上都至少设定一个文件系统。当然,过多的文件系统,也会给管理带来不便。因此,除个别用于测试或特殊用途的主机外,每台主机上仅设置一个文件系统。

分散表现在将用于共享的应用数据仓库离散成多个子仓库。将产品开发人员按其承担的角色分成多个用户组,每个用户组设有一个用于共享的子仓库。系统中共定义了 13 个主要用户、11 个对应角色。

分级即按照用户与数据仓库之间的访问权限关系,将数据仓库分成个人工作区、局部共享区和全局共享区三个级别。

(1) 个人工作区

在 Metaphase 环境下,个人工作区称为 Work Location。一般情况下,每个设计、开发人员在其能够登录的主机上至少拥有 1 个个人工作区,用于存放私有数据。由于个人工作区是用来管理每个人自身的私有数据的,所以 Work Location 的管理权完全由各个用户自己控制。用户可以根据自己的需要创建 1 个或者多个 Work Location,在存放一个数据文件时指定个人工作区作为存放位置。

(2) 局部共享区

在 Metaphase 环境下存放共享信息的空间称为 Vault。共享信息包括元数据信息和应用数据信息,对于元数据来说,其信息存放于数据库中,不需与文

件系统发生关系;对于应用数据来说,其信息存放于文件系统中,因此需要指定具体的存放子目录,称为 Vault Location。与一个用户可以拥有多个 Work Location 一样,一个 Vault 可以拥有一个或多个 Vault Location。

(3) 全局共享区

在系统中共设置了两个全局共享区,一是 AdminVault(对应的应用数据存储空间为 Admin VLoc),二是 ShareVault(对应的应用数据存储空间为 Share VLoc)。前者用于设计数据的归档,权限控制极为严格,对这一共享区的更新(包括添加和修改等)操作都由流程自动完成;后者用于存放设计过程中全局性的共享信息,如产品设计规范、项目进度计划等,普通用户对该数据仓库拥有查看的权限。这种多级规划的整体结构如图 40.7-52 所示。

分布操作将分散操作形成的多个数据仓库按照访问其内容的设计者所在地域特征的不同予以适当的分布,通过优化数据的传输路线来达到降低网络负载和提高访问效率的目的。分布操作的宗旨是让用户尽可能从离自己近的数据仓库中查找到所需要的数据。

7.2.2 流程管理

(1) 流程分析与规划

流程管理的重要内容是在系统中建立与实际过程相符合的电子化设计流程,而建立电子化设计流程的前提是要对产品开发过程的各个环节进行信息需求分析,确定车身开发过程中各个模块及子模块之间的输入输出关系。

经过分解与细化并详细分析活动间的依赖关系,形成了贯穿客车车身开发过程的流程,如图 40.7-53 所示。图中每个节点除了标明活动名称外,还标明开发人员及其所属的合作单位。该流程在 Metaphase 中的表达形式所示如图 40.7-54 所示,由于受篇幅所限,图中仅给出了一级流程。一级流程中的每一个节点都分别包含一个子流程,有些子流程下还有更下一级的流程,整个系统采用嵌套的方式逐层实现,子流程的具体表达细节在此不再赘述。

(2) 多反馈机制及实现

在多数 PDM 产品提供的流程管理模块中,一个签审过程被拒绝后,只能将流程反馈到一个指定的过程。但在实际企业产品开发中,通常一个过程的反馈是不确定的,不同条件下的签审过程被否决后会反馈到不同的前序活动,由此可见目前 PDM 系统所提供的流程管理功能有着不完善的地方。

由于车身开发流程中涉及的活动较多,为了尽可能真实地反映车身的设计过程,引入多点反馈机制。

实现的途径是利用 C 语言以及 Metaphase 软件提供的　　　Model 语言等工具进行二次开发。

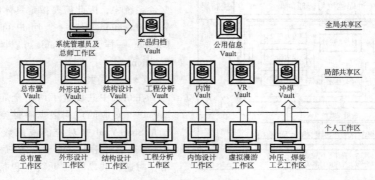

图 40.7-52　多级数据仓库规划

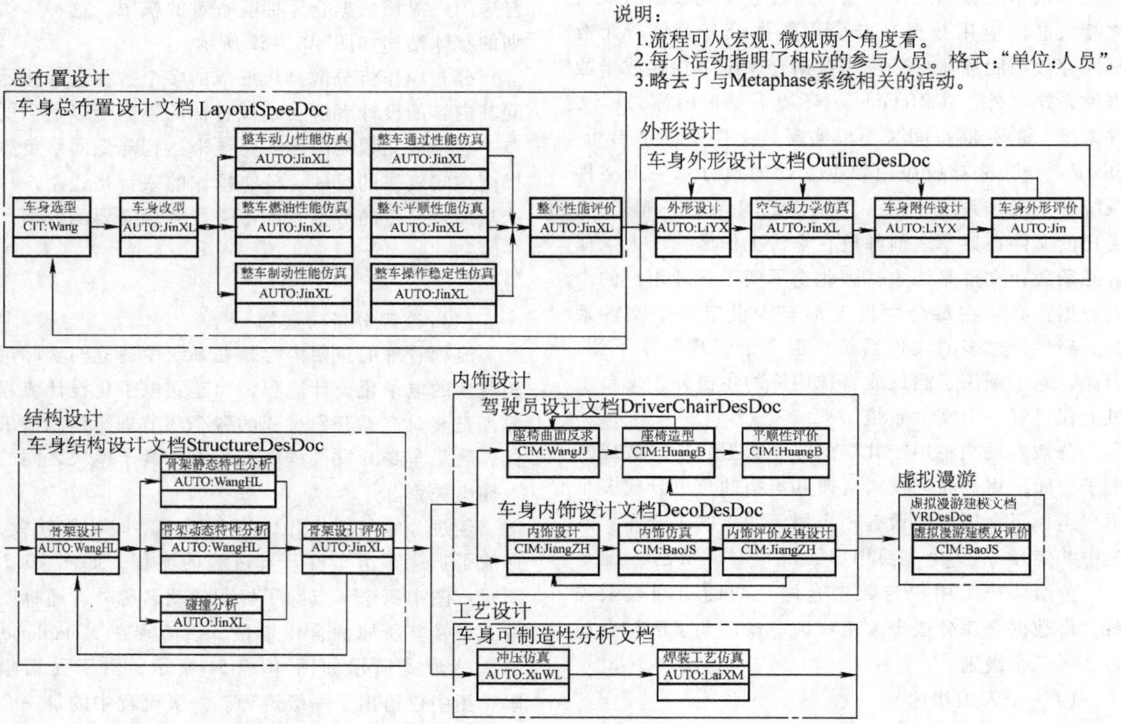

说明：
1.流程可从宏观、微观两个角度看。
2.每个活动指明了相应的参与人员。格式："单位:人员"。
3.略去了与Metaphase系统相关的活动。

图 40.7-53　车身开发流程

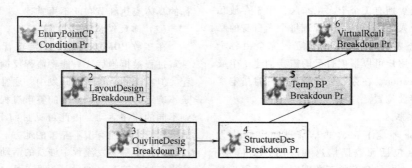

图 40.7-54　车身开发的一级流程 （在 Metaphase 中的表示）

二次开发的基本思路是在 Metaphase 界面中的 Signoff 菜单下增加一个名为 Return to process 的菜单项（见图 40.7-55）。签审活动中用户单击该菜单项时，出现一个对话框，在对话框的列表框里显示出同一个流程中当前签审活动前的所有开发活动的名称（见图 40.7-56）。这样用户就可以在这个列表框中看到要反馈到的开发活动的名称，从而可将流程反馈到该开发活动。

在图 40.7-56 中，右侧对话框的列表框中列出的是在当前过程前面已经流过的设计活动名称，当用户选中其中之一并单击"OK"按钮后，该活动名称便会显示到左侧对话框的文本框中，接着单击左侧对话框中的"OK"按钮和图 40.7-55 中的"Reject"菜单

项，便可以将流程反馈到选取的设计活动。

图 40.7-55　新增菜单项

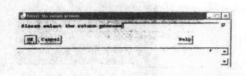

图 40.7-56　反馈点选取

7.3　车身外形设计与性能分析

车身的外形设计流程如图 40.7-57 所示。

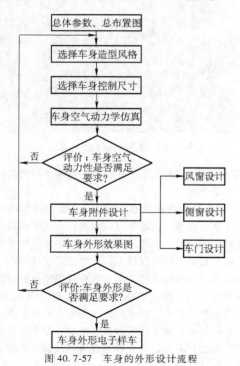

图 40.7-57　车身的外形设计流程

7.3.1　客车车身曲面设计

客车车身是由几个曲面组合而成的，每个曲面的外廓是设计者在造型的基础上拟合而得到的，并通过比较模拟，使车身外廓线连接光滑、过渡平顺，使客车整体统一、比例协调，并具有动感。常规曲面成形法有两种：一是曲线平移法；二是曲线绕某个轴线旋转成形法。在客车车身造型中，经常使用的是圆锥曲线。对圆而言，它是一条封闭曲线，形状简单易于掌握；同一圆周上任一点曲率相同，没有变化，在造型上显得呆板，不生动。对于椭圆、抛物线、双曲线而言，其上任一点的曲率都是变化的，而且随着点的移动，变化逐渐减慢或加剧，呈一定的规律，在造型上显得生动，有"弹性"。椭圆是一个封闭结构的曲线，而抛物线和双曲线不是封闭曲线，因此，此处车身曲线以椭圆曲线为主。车身各曲面的结构曲线参数是由车身布置图的曲线上采点拟合而成的，并将得到的数值经过适当的调整，以便车身曲面间更协调。

客车车身前围俯视曲线通常为一段圆弧、椭圆或三段圆弧相切，中心侧视曲线一般为两段圆弧相切、椭圆与圆弧相切或椭圆曲线，前围曲面的形成是以前围俯视曲线为截面线，前围的中心侧视曲线为轨迹线构造的，两条曲线的参数是通过在图上量取合适的点，经过拟合和调整后得到的，两条曲线分别拟合为两个椭圆曲线。以同样的方式，分别得到客车车身侧围、后围、顶盖曲面的构造曲线参数。几个曲面的构造曲线拟合为直线或椭圆，利用平移法或旋转法形成曲面。因此，利用车身曲面横贯曲线或轨迹曲线的长短轴作为设计参数，通过调整这些设计参数就可以改变车身曲面的形状。

7.3.2 客车车身外形性能分析

对于客车车身在空气中运动时所受空气对车身作用力的问题，所研究的对象是不可压缩的黏性流体对车体的作用。当汽车速度超过 60km/h 时，汽车的空气阻力占总阻力的一半以上，这时就必须研究其空气动力学特性，降低阻力系数，提高汽车的动力性和燃油经济性，同时高速行驶对空气动力稳定性也有较大的影响，提高汽车高速行驶稳定性的要求也使得对汽车的空气动力学研究提出要求。

车身造型空气动力学特性的检测主要依靠风洞试验完成：将选定的车身造型缩小比例油泥模型放入风洞试验场，通过观察空气流场烟雾或观察经过处理的模型表面的变化来进行相关性能的测试。但是，风洞试验存在着以下问题：

1）由于模型与实物大小不一，试验结果与实际情况存在一定误差。

2）为了与实际情况符合，就必须使用 1∶1 的车身模型，而大尺寸的风洞造价昂贵、结构复杂，只有军工、航空航天等特殊部门和机构才拥有，且数量极少，汽车企业很难实现。

3）每当车身造型设计需要修改时，则必须重新制作实物模型，重新进行风洞试验。

在该低底板城市客车车身的设计中，利用计算流体动力学方法，通过沉浸可视化软件，在计算机上建立虚拟风洞，来评价车身外形的设计。

（1）客车气流场分析的数据准备

在 Pro/E 软件中设计车体的外形，如图 40.7-58 所示。以几何模型为基础，不考虑外形的复杂细节，因车身纵向轮廓对称，进行 CFD 计算时只需要计算一半，尺寸大小：11850mm×3250mm×2490mm。将一半车体放在一个足够大的空间中，去掉本身的车体，对剩下的空间区域划分网格，采用三角形网格，约包括 401910 个单元，如图 40.7-59 所示。客车在中速行驶时，表面的流体属性是黏流，表面速度为零。定义好边界条件、迭代方法等，利用 CFD 软件对其进行计算，计算结果如图 40.7-60 所示。从图中可知，流场数据可视化效果较弱，考虑借助沉浸可视化的虚拟环境，进行计算数据的直观显示。

（2）客车气流场的沉浸可视化分析

因为计算后的数据量非常庞大，一个工况的计算量，包括三个方向上的速度场、压力场，总共数据量为 131M，如果包括导出量，数据量要扩大 5～10 倍。用显式过滤方法，首先过滤掉网格模型，然后搜索所有关键点，构建流线拓扑结构，再计算流线的几何特

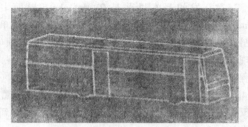

图 40.7-58 客车三维几何模型

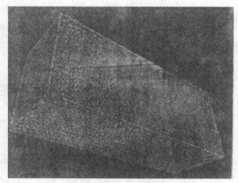

图 40.7-59 网格模

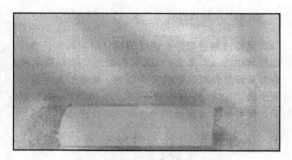

图 40.7-60 客车风洞 CFD 计算结果

征和物体属性。判断是否存在涡，只保留涡的拓扑结构，便于分析。

图 40.7-61 所示为渲染后具有真实感的客车风洞计算可视化模型。从图中可以看出，在汽车后面有两个垂直方向的涡，计算结果符合 Volvo 公司的风洞试验。结合真实感的几何模型，在虚拟现实环境中，通过可视化不同速度下的流场，观察流线的形态、涡的位置和强度，判断客车外形设计是否符合气动力学，是否需要修改外形。如通过修改接近角和离去角以及客车后部形状，减小尾部的涡，增加客车在运行过程中的平稳性和阻力，以获得具有最佳气动特性的客车外形。图 40.7-62a 中客车离去角为 6°，图 40.7-62b 中客车离去角为 8.5°，可以看出在离去角为 8.5°时，客车尾部涡最小，从而截面系数最小，在实际的生产中，则采用离去角为 8.5°的外形。

图 40.7-61　客车风洞计算可视化模型

 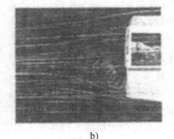

a)　　　　　　　　　　　　　　　　　b)

图 40.7-62　不同离去角尾部涡状态对比

7.4　结构设计与性能分析

车身的结构设计内容如图 40.7-63 所示。

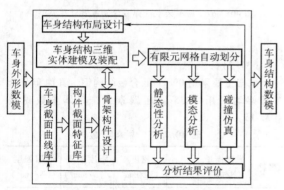

图 40.7-63　车身的结构设计内容

7.4.1　基于三维模型的车身结构设计及装配

低底板城市客车车身主要采用骨架蒙皮式结构形式。客车骨架结构是由抗扭刚性很高的矩形钢管构件焊接形成的空间框架。通常由底架，前、后围骨架，左、右侧围骨架和顶盖骨架六部分组成，如图 40.7-64所示。

利用基于特征的成组技术，使用零件主模型思想，建立车身骨架关键构件库。充分利用客车车身骨架构件截面特征和车身截面曲线特征较为规则单一的特点，将构件截面特征分为矩形、槽形、圆形、工字形、L 形（角钢）及薄板等类型，将车身截面曲线特征分为椭圆、圆弧、直线段等类型。应用成组技术，通过建立和使用零件主模型，快速生成特征相关、尺寸参数不同的零件族，并初步建立车身骨架关键零件库，有利于实现结构设计中装配建模的自动化和结构的快速再设计。

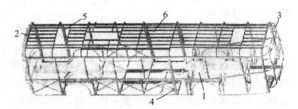

图 40.7-64　低底板城市客车车身骨架结构

1—底架　2—前围骨架　3—后围骨架　4—左侧围骨架

5—右侧围骨架　6—顶盖骨架

装配建模所要表达的主要信息是各零部件之间的相对位置关系（几何约束），对于像车身这样的大型的复杂装配体，存在装配层次、装配顺序和设计参数等诸多关键要素，通过合理确定装配层次、装配顺序，充分利用设计参数和几何约束的表达，能够方便快捷地修改和重构装配模型，从而实现结构设计过程的并行化。

利用 Pro/E 提供的布局设置（Layout）功能，可以在车身设计的开始阶段定义一个装配体的基本功能要求、基本结构和全局参数及参数之间的顺序依赖关系，其零部件可以是一个概念上的方块图形或参数草图，然后建立参数、尺寸之间的关系和零部件自动定位所需的全局基准。

7.4.2　基于三维模型的车身结构静强度分析

结合城市客车实际运行中出现的多种典型工况，如直线匀速行驶、路面高低不平出现单轮瞬间悬空、紧急制动及急速转弯等，研究相应载荷及边界约束条件施加的实现方法，分析车身结构强度、刚度。

对低底板城市客车车身结构，应用有限元法进行静力特性和动态特性分析，还分别用梁、板壳单元计算其截面应力和变形。梁单元仅能总体反映车身的应力分布情况，对于复杂的连接结构，通过使用与实际结构更为接近的板壳或实体单元能取得较高的计算精度。

通常对于城市客车，仅计算满载状态下的弯曲和扭转工况，但由于低底板城市客车采用空气弹簧悬架，在紧急制动和急速转弯时，纵向力和横向力必须通过推力杆传递，车身承载状况复杂，有必要校核其结构强度。结合城市客车实际运行中出现的多种典型工况，如直线匀速行驶、路面高低不平出现单轮瞬间悬空、紧急制动及急速转弯等，提出了相应载荷及边界约束条件施加的实现方法，进而对整车的静、动态特性进行了分析与比较，结果与实际使用情况基本相符。

（1）车身骨架结构离散模型

通过 IGES 接口，可将在 Pro/E 三维设计软件环境下建立的车身骨架结构模型转换进 ANSYS 有限元分析软件环境内。

由于车身骨架结构不对称，故有限元计算采用整体结构的模式。由于车身骨架由不同厚度的矩形管、槽钢、角钢和平板组焊而成，它们既可承受平板内的载荷，又可承受垂直于板平面的载荷，所以在建模时采用了弯曲板单元进行离散。初步计算时，考虑到计算精度和计算机容量与运算速度的协调，故单元划分得不至于过细，计 11690 个单元、13573 个节点。结构离散模型如图 40.7-65 所示。

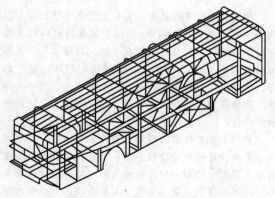

图 40.7-65　车身骨架结构离散模型

（2）空气弹簧悬架结构离散模型

为准确模拟各种计算工况下的边界条件，对后车架的空气弹簧悬架（见图 40.7-66）采用图 40.7-67 所示的等效计算模型，共计 5 个节点 4 个单元。单元 1、4 是线性弹簧单元，采用 combin14 模拟；单元 2、3 是大刚度梁单元，承载时变形极小，不致影响弹簧单元的计算。

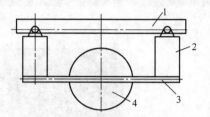

图 40.7-66　后车架空气弹簧悬架结构示意图
1—车架　2—空气弹簧　3—扁担梁　4—车轮

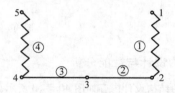

图 40.7-67　后车架空气弹簧悬架等效计算模型
1~5—节点号　①~④—单元

（3）材料

底架主要采用 09SiV 低合金结构钢，其他车身分片骨架均采用 Q235 普通碳素钢，具体参数见表 40.7-15。

表 40.7-15　材料参数

名称	弹性模量 /(N/mm^2)	泊松比	密度 /(kg/mm^3)	强度极限 /(N/mm^2)	屈服强度 /(N/mm^2)
09SiV	2.1×10^5	0.3	7.85×10^{-6}	550	330
Q235	2.1×10^5	0.3	7.85×10^{-6}	380	230

（4）计算工况

《汽车产品定型可靠性行驶试验规程》规定：样车必须以一定车速，在各种道路上行驶一定里程。典型工况主要包括高速道路、一般道路、弯道行驶，行驶时会出现静弯曲、扭转、紧急制动和急速转弯四种工况。大多数文献多集中讨论前两种工况，而对后两种出现频次较高（特别是城市客车）的工况未加分析。计算分析时，应对可能出现的各种工况均予以考虑，才可能确定车身结构强度和刚度是否满足要求，以及进一步进行优化设计。图 40.7-68 所示为静弯曲工况下的车身结构变形分布图。

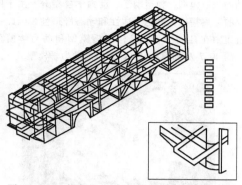

图 40.7-68　静弯曲工况下的车身结构变形分布图

7.4.3　基于三维模型的车身结构模态分析

客车在运行过程中，由于路面的不平整，会受到一定的动载荷作用。当所受动载荷的频率与车身结构的某一固有频率接近时，可能引起结构共振，从而产生很高的动应力，造成强度破坏或产生不允许的大变形，破坏汽车的性能，因此必须对客车的结构进行模态分析。

通过模态分析可以确定设计中客车的振动特性（固有频率和振型）。模态分析也是进行更详细的动力学分析的基础，如谐响应分析、瞬态动力学分析、谱分析。模态分析所用的离散模型与结构静态分析时所用的模型相同。

模态提取方法：典型的无阻尼模态分析求解的基本方程是经典的特征值问题。

$$K\phi_i = \omega_i^2 M\phi_i$$

式中　K——刚度矩阵；

ϕ_i——第 i 阶模态的振动向量（特征向量）；

ω_i——第 i 阶模态的固有频率（ω_i^2 是特征值）；

M——质量矩阵。

有多种数值方法可用于求解上面的方程。其中 Block Lanczos 法具有运算速度快，输入参数少，特征值、特征向量求解精度高的特点，特别适用于模型中包含形状较差的实体和壳单元的大模型。表 40.7-16 所示为低底板客车车身骨架的前五阶模态计算结果。

表 40.7-16　车身骨架前五阶模态计算结果

阶数	1	2	3	4	5
固有频率/Hz	3.42	5.061	6.355	7.441	8.585
振型	车身前部横摆	车身后部横摆	车身后部扭转	扭转	车身后部弯曲

7.4.4　大客车整车碰撞安全性的数值模拟

汽车碰撞过程是一个涉及大位移、大应变、大转动的复杂非线性问题。在分析求解这种问题时，除了考虑几何非线性，还要考虑材料非线性和状态非线性。其中，几何非线性包含两层含义：一是位移与应变之间的关系是非线性的，在小变形中忽略了二次导数项，简化为线性关系；二是变形过程中包含有刚体转动，在小变形中也忽略了刚体转动的影响。如要精确地解塑性大变形问题，这些因素就不能忽略，同时也大大增加了问题的复杂性。

有限元方法作为工程领域中复杂问题数值解析与模拟的重要工具，各发达国家都投入了大量的资金和人力对其进行研究和应用开发，其商用软件也日益增多。然而所有的有限元分析商用软件均可分为三种类型：动力显式软件（如 DYNA 3D，PAM-STAMP，OPTRIS）、静力显式软件（如 ITAS3D，ROBUST）和静力隐式软件（如 MARC，ABAQUS）。

建立客车的有限元模型，包括壳单元和梁单元，进行大客车的碰撞分析。共有节点 13312 个、壳单元 13227 个、梁单元 39 个，客车整车的碰撞模拟有限元模型如图 40.7-69 所示。图 40.7-70 所示为在某个时刻客车整车变形图。

图 40.7-69　客车的碰撞模拟有限元模型

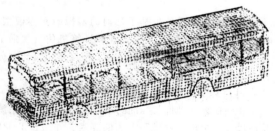

图 40.7-70　客车整车变形图

如图 40.7-71 所示为客车驾驶员座椅固定点的加速度曲线。可以看出，计算结果比通常轿车车身的加速度高得多。这是因为大客车的车身结构受到冲击后，没有轿车的前部碰撞吸能区，不能及时吸收碰撞动能。从整个客车车身结构也可以看出，车身的骨架结构为刚性连接，没有专门的碰撞性能结构。一般国内大客车的结构设计主要考虑强度和刚度，而汽车的结构耐撞性能还没有引起重视。

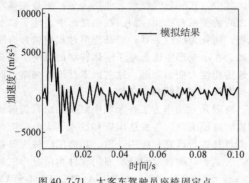

图 40.7-71　大客车驾驶员座椅固定点
的加速度曲线

7.5　内饰设计与性能分析

汽车的内饰很多，如座椅、仪表、控制器等，本节仅讨论座椅的设计分析问题。在利用虚拟产品开发技术进行客车内饰开发的过程中，客车驾驶员座椅的虚拟设计和分析是一个重要环节。大量调研表明，我国汽车座椅方面的设计主要是靠经验，厂家基本上没有做过相应的定量分析，这主要和座椅定量分析对技术的要求、费时费力有关。随着人体舒适性得到广泛关注，座椅的静态和动态性能成为汽车性能的重要评估内容。

汽车座椅的乘坐性能包括静态舒适性和动态舒适性，前者主要与尺寸参数、表面质量、调节特性等有关，后者则主要与座椅系统的动态参数，如刚度、阻尼系数及振动特性有关。

7.5.1　司机座椅分析模型的建立

产品开发的基础是基于几何的多视图实体模型。20 世纪 80 年代以来，知识工程和计算机仿真加强了基于几何的设计开发方法的应用。座椅虚拟设计与分析也是基于以下模型。

（1）基于几何的实体模型

在座椅设计理论与标准的基础上，设计座椅系统几何尺寸、结构、材料等方面的要素，并通过 Pro/E 软件建立驾驶员座椅的三维几何模型。如图 40.7-72 所示为座椅三维几何模型。

（2）动力学分析模型

按照各个分析模型视图的要求加入激励和约束，得到结构分析模型，如运动学、动力学模型等。由于座椅主要的考察指标是静态舒适性和动态舒适性，因此主要分析集中在几何模型、结构分析模型和动力学模型方面。图 40.7-73 所示为 ADAMS 中的动力学模型。

图 40.7-72　座椅三维几何模型

图 40.7-73　ADAMS 中的动力学模型

7.5.2　座椅的动态舒适性分析

座椅系统动态舒适性主要与坐垫的阻尼系数、刚度系数以及座椅悬架的阻尼与刚度有关。因此，对座椅系统进行动力学分析时，主要考虑上述几个参数的选取对座椅动态舒适性的影响，并通过分析结果选取合适的设计参数。图 40.7-74 所示为不同参数下人体振动加速度时域和频域谱。

通过对座椅系统的动力学仿真试验，得出结论：根据用户要求，设计的驾驶员座椅坐垫的刚度系数最佳取值范围为 12~14N/mm，阻尼系数最佳取值范围为 $0.2~0.4N \cdot s/mm$。

根据仿真分析的结果，可以确定如下参数：坐垫刚度系数为 13N/mm，阻尼系数为 $0.3N \cdot s/mm$，座椅悬架系统刚度系数为 100N/mm，阻尼器的阻尼系数为 $40N \cdot s/mm$。输入实测的汽车传入座椅系统激励时域谱，得出的加速度加权均方根值为 $0.7554m/s^2$，小于客车驾驶员座椅的动态舒适性指标 $1.12m/s^2$ 允许值。这个结果说明设计的座椅符合动态舒适性的要求。

如上所述，在座椅的虚拟设计和分析中，可以在虚拟的开发条件下测试座椅的静态和动态性能，从而可以在不经过建造物理样机的情况下，确定座椅的几何信息和非几何信息，并对其性能进行全面的了解，使得虚拟样机能够代替或部分代替物理样机。

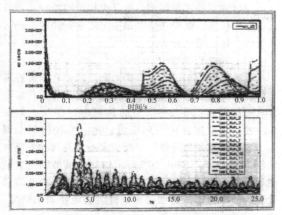

图 40.7-74　不同参数下人体振动加速度时域和频域谱

7.6 虚拟客车样机和人机工程分析

在客车的设计过程中，需建立精细的内饰模型以研究并评估人的因素和人体工程学问题。制作这些实物原型昂贵、耗时且难以修改，这样必然带来设计周期长的缺点。用虚拟原型取代实物模型，在设计的早期就考虑产品与其他各个部件的关系，在虚拟环境中模拟真实的运行环境，是当今世界先进制造技术发展的一个趋势。

结合超低底板的客车内饰设计，并考虑空间舒适性问题，用虚拟原型来代替实物原型。如图 40.7-75 所示，在 Deneb/Envision 环境中，进行虚拟客车样机的相关操作：客车内部布局和装饰；仪表、控制器的可见性分析；可及性分析；碰撞检测；人体空间舒适性分析；艺术造型和外观等。

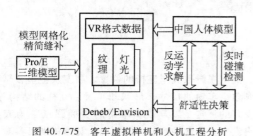

图 40.7-75　客车虚拟样机和人机工程分析

7.6.1 虚拟客车样机的建立

（1）实体数据的转换

构造虚拟原型过程中的难点之一是几何模型的精简，虚拟现实中的物体不需要实体模型，也不能是实体模型，是由点、线、面片构成的，而三维软件的实体模型往往包括大量自由表面（如 NURBS、B 样条曲面），需要大量的多边形来逼近模型，虚拟环境的沉浸程度取决于模型的真实程度，但是过多的细节程度（LOD）又会影响系统的实时性，在沉浸的漫游过程中，必须保证系统的实时渲染响应速度达到 20～30 帧/s，必须通过精简模型以达到系统的实时性要求，图 40.7-76 所示是模型精简的对照图。这里采用了边界跟踪算法，开发模型精简软件，可以高效地解决模型精简中的多边形重组、缝合等问题，同时维护了模型的拓扑结构。经过同样数据转换的还包括驾驶员座椅、仪表板、客车车身模型等。

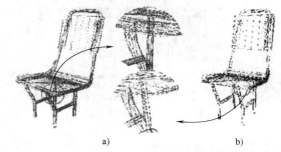

图 40.7-76　模型精简对照图
a）未精简的乘客座椅（2346 个面片）
b）精简后的乘客座椅（1348 个面片）

（2）渲染技术的应用

计算机图形技术是让模型核构生动地体现在用户眼前，其中主要的技术有纹理技术、光照技术、模型精简，让虚拟产品更加自然、逼真地体现在用户眼前，对于设计以及用户感受模型的演化非常重要。如图 40.7-77 所示为一个座椅渲染后的场景。

图 40.7-77　渲染后的乘客座椅

（3）人体模型的建立

建立数字化的人体几何模型，引入虚拟现实系统中。在 Deneb 的 Er90 模型的基础上，结合中国人口普查结果，建立符合中国人体的数字模型，建立头部、手部、躯干、腿部的运动链，模拟中国人的行走、站立等。

通过上述三方面的处理，进行客车内饰布置、纹理渲染等，建立虚拟客车原型（由于数据量有限，虚拟客车样机中没有包含客车的所有零部件），如图 40.7-78 所示。

图 40.7-78　虚拟客车原型

7.6.2　人机工程分析

根据人机工程学的知识，进行客车内饰的舒适性分析。按照全息产品建模的原理，对产品座椅进行分析。环境就是人体模型，研究的对象是座椅本身属性，人体模型与座椅的交互结果反映了座椅的设计是

否合理、是否符合人机工程。人的任何运动都是相互协调的，进行人体舒适性分析，必须基于反运动学计算，实现对人行为的跟踪，从而评价舒适性。借助 Er90 模型可以实现反运动学计算。

对所建立的客车原型，定义虚拟漫游路径，进行人体动作仿真，佩带立体眼镜，实现虚拟漫游，进行如下的人体舒适性分析。

（1）乘坐舒适性分析

驾驶员在行车过程中，精力高度集中，非常容易疲劳，因此驾驶员座椅的乘坐舒适性对于安全行车非常重要。在虚拟环境中，让人体模型"坐"上驾驶员座椅，调节座椅的空间位置，建立驾驶员驾车模型，感受座椅的舒适性。根据国家标准对驾驶员座椅的舒适性定义，图 40.7-79 所示的驾驶员驾驶位置的两种方案为不舒适情况。通过改变驾驶员乘坐的角度，以满足座椅舒适性要求，最终确定座椅的位置、座椅靠背的倾斜角度等。

乘坐空间指乘客座椅间的空间，如果太小，乘客感到挤，如果空间太大又影响到整个客车的乘员数目。这里乘客空间的确定，通过国家对乘客座椅的排列标准以及通过人体模型确定的舒适程度给定，在布置座椅时，将上述条件作为座椅的碰撞检测条件，使乘客空间的设计更加合理。

（2）可及性分析

a)　　　　　　　　b)

图 40.7-79　驾驶员的驾驶位置

通过人体模型来仿真驾驶员在行车过程中对不同仪表的操纵情况，用以验证仪表和操纵杆的可及性，使得驾驶员非常方便地操纵各种仪表和操纵杆。评价的标准是不影响驾驶员操纵的坐姿，方便操纵各种仪表。

（3）视野分析

视野是驾驶员操作时，不需改变操作姿势对道路及周围环境观察的可见范围。驾驶员的视野是保证汽车操纵方便和行驶安全的重要条件之一，必须满足正常驾驶坐姿下，随时可清楚地看到按道路法规所设置的一切指示和警告标志。

确定视野取决于座椅的位置、高度及坐垫和靠背的倾角、车窗的尺寸、形状和布置、立柱的结构等，对视野的评定是以驾驶员眼睛的"椭圆点"为起点画出汽车上各部件到前方的距离，具体规则可参看国家标准。传统的视野设计非常复杂，需要大量的二维投影计算，而在虚拟现实环境中，通过引入人体模型，建立视野模型去"看"，人体模型看到的就是真正的视野，比起传统的视野设计需要大量的计算要方便很多。同时可以实时地修改各种影响视野的参数，获得非常理想的视野。

参 考 文 献

[1] 闻邦椿. 机械设计手册：第 6 卷 [M]. 5 版. 北京：机械工业出版社，2010.

[2] 闻邦椿. 现代机械设计师手册：下册 [M]. 北京：机械工业出版社，2012.

[3] 机械设计手册编辑委员会. 机械设计手册：第 6 卷 [M]. 新版. 北京：机械工业出版社，2004.

[4] 秦大同，谢里阳. 现代机械设计手册：第 6 卷 [M]. 北京：化学工业出版社，2011.

[5] 莫蓉，吴英，常智勇. 计算机辅助几何造型技术 [M]. 北京：科学出版社，2004.

[6] 张洪武，等. 有限元分析与 CAE 技术基础 [M]. 北京：清华大学出版社，2004.

[7] 王霄，刘会霞，梁佳洪. 逆向工程技术及应用 [M]. 北京：化学工业出版社，2004.

[8] 施法中. 计算机辅助几何设计与非均匀有理 B 样条 [M]. 北京：高等教育出版社，2004.

[9] 武建伟. Internet 环境下产品协同设计支持方法和技术的研究 [D]. 杭州：浙江大学，2005.

[10] 李玉良. 面向过程的产品智能协同设计研究 [D]. 武汉：华中科技大学，2004.

[11] 罗天洪. 网络驱动的协同设计几何模型共享技术研究 [D]. 重庆：重庆大学，2005.

[12] 严隽琪. 虚拟制造的理论、技术基础与实践 [M]. 上海：上海交通大学出版社，2003.

[13] 刘宏增. 虚拟设计 [M]. 北京：机械工业出版社，1999.

[14] 邓岳辉，杨以涵，张智娟，等. 虚拟现实技术 [J]. 电力情报，1997（4）：7-9，18.

[15] 王洁，刘检华，刘伟东，等. 虚拟装配中几何精度可视化及其实现技术 [J]. 计算机集成制造系统，2012，18（10）：2158-2165.

[16] 孔令德. 计算机图形学 [M]. 北京：清华大学出版社，2014.

[17] 赫恩. 计算机图形学 [M]. 北京：电子工业出版社，2014.

[18] 许志闻，郭晓新，杨瀛涛. 计算机图形学 [M]. 上海：上海交通大学出版社，2013.

[19] 王志喜，何勇. 计算机图形学 [M]. 徐州：中国矿业大学出版社，2013.

[20] 沈一帆. 计算机图形学 [M]. 北京：清华大学出版社，2011.

[21] 王玉新. 数字化设计 [M]. 北京：机械工业出版社，2003.

[22] 熊光楞，王克明，郭斌. 数字化设计与虚拟样机技术 [J]. CAD/CAM 与制造业信息化，2004（1）：33-34.

[23] 于勇，陶剑，范玉青. 大型飞机数字化设计制造技术应用综述 [J]. 航空制造技术，2009（11）：56-60.

[24] 韦尧兵，聂文忠. 基于 UG 的发动机曲轴连杆机构的虚拟设计与运动仿真 [J]. 机电一体化，2005，11（1）：46-48.

[25] 罗垂敏. 数字化制造技术 [J]. 电子工艺技术，2007，28（1）：52-54.

[26] 吴昊. 中国 3D 打印产业的现状及发展思路 [J]. 经济纵横，2013（1）：90-93.

[27] 王雪莹. 3D 打印技术与产业的发展及前景分析 [J]. 中国高新技术企业，2012（26）：3-5.

[28] 卢秉恒，李涤尘. 增材制造（3D 打印）技术发展 [J]. 机械制造与自动化，2013，42（4）：1-4.

[29] 王华侨. 数字化设计制造仿真与模拟：上册 [M]. 北京：机械工业出版社，2010.

[30] 张颖. 数字化设计制造仿真与模拟：下册 [M]. 北京：机械工业出版社，2010.

[31] 苏春. 数字化设计与制造 [M]. 2 版. 北京：机械工业出版社，2009.

[32] 蔡勇. 反求工程与建模 [M]. 北京：科学出版社，2011.

[33] 金涛，陈建良，童水光. 逆向工程技术研究进展 [J]. 中国机械工程，2002，13（16）：1430-1436.

[34] 王霄. 逆向工程技术及其应用 [M]. 北京：化学工业出版社，2004.

[35] 陈雪芳，孙春华. 逆向工程与快速成型技术应用 [M]. 北京：机械工业出版社，2009.

[36] 芮延年. 协同设计 [M]. 北京：机械工业出版社，2003.

[37] 王宛山. 网络化制造 [M]. 沈阳：东北大学出版社，2003.

[38] 孙林夫. 面向网络化制造的协同设计技术 [J]. 计算机集成制造系统，2005，11（1）：1-6.

[39] 张友良，汪惠芬. 异地协同设计制造关键技术及系统实现 [J]. 工程设计学报，2002（2）：53-59.

[40] 黄洪钟，刘伟，李丽. 产品协同设计过程建模研究 [J]. 计算机集成制造系统，2003，9

(11)：955-959.

[41] 田凌，童秉枢. 网络化产品协同设计的理论与实践 [J]. 计算机工程与应用，2002，38 (5)：3-6.

[42] 史元春，徐光佑. 计算机支持的协同设计研究 [J]. 计算机研究与发展，1998 (7)：648-651.

[43] 魏宝刚，潘云鹤. 协同设计技术的研究 [J]. 中国机械工程，1999，10 (4)：454-457.

[44] 王潜平，林宗楷，郭玉钗. 计算机支持的协同设计 [M]. 成都：电子科技大学出版社，2007.

[45] 何宾，李宝隆. 模拟与数字系统协同设计权威指南：Cypress PSoC 集成开发平台 [M]. 北京：清华大学出版社，2014.

[46] 赵逢禹. 软件协同设计 [M]. 北京：清华大学出版社，2011.

[47] 王玉新，邰晓梅，姜杉. 3 维虚拟设计环境下的机械产品概念设计 [J]. 中国机械工程，2001，12 (3)：256-259.

[48] 郭蕴华，陈定方. 面向分布式虚拟设计的协同工作环境研究 [J]. 计算机辅助设计与图形学学报，2005，17 (1)：143-150.

[49] 韩伟力，陈刚，董金祥. 面向个性化服务的虚拟设计系统 [J]. 计算机集成制造系统，2001，7 (12)：13-18.

[50] 孙江宏. Pro/ENGINEER Wildfire 虚拟设计与装配 [M]. 北京：中国铁道出版社，2004.

[51] 王培俊，罗大兵，毛茂林. 虚拟设计系统 [M]. 成都：西南交通大学出版社，2012.

[52] 布伦登. 虚拟机的设计与实现 [M]. 北京：机械工业出版社，2003.

[53] 高航，陆颖，屈利刚. 虚拟设计中基于特征的零件实体建模技术研究 [J]. 计算机辅助设计与制造，2001 (9)：82-84.